JN094540

JIS Z 3410（ISO 14731）/WES 8103

特別級・1級

筆記試験問題と解答例

―2022年度版実題集―

（2017年春～2021年春実施分）

産報出版

まえがき

　WES 8103 による溶接技術者資格認定制度は 1972 年より認証が開始され，2001 年に ISO 3834 および ISO 14731 が JIS 化（JIS Z 3400 および JIS Z 3410 の制定）されたのに伴い，名称も溶接技術者から「溶接管理技術者」に変わりました。

　いまやこの JIS Z 3410（ISO 14731）/WES8103 資格は建築鉄骨，橋梁，圧力容器，造船，海洋構造物，重機械，化学プラント，発電設備等エネルギー施設など，あらゆる産業分野における溶接関係者必須のものとなっています。最近では工場認証あるいは官公庁における工事発注の際の要求事項として，WES 8103 認証者の保有や常駐が要請されるケースも増えてきており，まさに社会に完全に定着した溶接資格といえるでしょう。

　毎年春と秋の年 2 回，JIS Z 3410（ISO 14731）/WES8103 に基づく「溶接管理技術者評価試験」が行われていますが，日本溶接協会の機関誌「溶接技術」では，この評価試験が行われるつど，実際に出題された筆記試験問題と解答例を速報の形で掲載していますが，本書は【特別級・1 級】試験をとりまとめ全一冊にしたものです。

　【特別級・1 級】試験問題は 2 級の試験とは異なって，記述式問題が中心となっており，過去に出題された問題を知り，その対策を練ることは合格へのより近道となります。本書は実題集ということで，受験者にとっては評価試験の傾向を知る絶好の手引き書となっています。

　この実題集によって一人でも多くの合格者が誕生し，全国各地で溶接管理技術者資格をもつ方々が活躍することを願ってやみません。

2021 年 12 月

産報出版

※ 2020 年度前期　1 級・特別級試験問題掲載に関しまして

　新型コロナウイルス感染症の拡大防止のため，2020 年度前期 溶接管理技術者評価試験（筆記試験：2020 年 6 月 7 日）は中止となりました。

　そのため，本書には同試験問題を掲載しておりません。ご了承のほどよろしくお願い申し上げます。

JIS Z 3410(ISO 14731)/WES 8103

第1部

1級試験問題編

●2021年6月6日出題●

1級試験問題

問題1. 次の文章は，アーク溶接について述べている。以下の問いにおい
て，正しい選択肢の記号に○印をつけよ。ただし，正答の選択肢は
1つだけとは限らない。

(1) 溶接アークについて正しいものはどれか。

　　イ．アークへの供給電力はアーク電圧と溶接電流との積で与えら
　　　れる

　　ロ．溶接入熱は供給電力を溶接速度で除したものである

　　ハ．熱効率は溶接中の電極温度に対する母材の温度上昇の割合で
　　　ある

　　ニ．サブマージアーク溶接の熱効率は50%程度である

(2) 磁気吹きについて正しいものはどれか。

　　イ．磁気吹きは熱的ピンチ効果の著しい非対称性によって生じる

　　ロ．磁気吹きは直流溶接よりも交流溶接で発生しやすい

　　ハ．溶接線近傍に大きな鋼ブロックがあるとアークは鋼ブロック
　　　と反対側に振れる

　　ニ．母材端部に近づくとアークは母材中央部側に振れる

(3) 大気からの遮蔽にフラックスを利用する溶接法はどれか。

　　イ．被覆アーク溶接

　　ロ．プラズマアーク溶接

　　ハ．エレクトロガスアーク溶接

　　ニ．セルフシールドアーク溶接

(4) 非溶極式溶接法はどれか。

　　イ．被覆アーク溶接

　　ロ．プラズマアーク溶接

　　ハ．エレクトロガスアーク溶接

　　ニ．セルフシールドアーク溶接

（5）アルミニウム合金のティグ溶接について正しいものはどれか。
　　イ．直流定電流電源を用いる
　　ロ．シールドガスに窒素を用いる
　　ハ．棒プラス極性時に得られるクリーニング（清浄）作用を利用する
　　ニ．母材表面の酸化皮膜の融点は母材の融点と同程度である

問題2.　JIS C 9300-1に基づいて，交流アーク溶接機の使用率に関する以下の問いに答えよ。

（1）次の文章の（　　）内の数字又は語句のうち，正しいものを1つ選び，その記号に○印をつけよ。

　　溶接機の許容使用率は，①（イ．1，ロ．5，ハ．10，ニ．20）分間に対するアーク発生時間の割合（%）と規定されており，以下で定義される。

　　②（イ．（使用溶接電流／定格出力電流）×定格使用率（%），ロ．（使用溶接電流／定格出力電流）^{2}×定格使用率（%），ハ．（定格出力電流／使用溶接電流）×定格使用率（%），ニ．（定格出力電流／使用溶接電流)^2×定格使用率（%））

（2）定格出力電流200A，定格使用率50%の交流アーク溶接機を用いて，溶接電流150Aで動作させた場合に，溶接機の焼損のおそれのない連続溶接可能時間は何分か。整数値で答えよ。

（3）前問（2）の交流アーク溶接機を用いて30分の連続溶接を行う際に使用できる最大溶接電流値を求めよ。ただし，$\sqrt{0.5} = 0.7$とせよ。

問題3.　アーク溶接と比較したレーザ溶接の長所を3つ，短所を2つ挙げよ。
　　長所1：
　　長所2：
　　長所3：
　　短所1：
　　短所2：

問題４. 各種切断法について以下の問いに答えよ。

(1) 低炭素鋼のガス切断が容易に行える理由を２つ挙げよ。

理由１：

理由２：

(2) 以下の文章中の（　　）内に適切な言葉を入れよ。

(2-1) 薄鋼板の高速・高精度な熱切断には①（　　）切断が適している。

(2-2) 板厚30mmのアルミニウム合金の熱切断には②（　　）切断が適している。

(2-3) 金属やセラミックスの非熱切断には，③（　　）を混入した④（　　）切断を用いる。

(2-4) 炭素鋼のプラズマ切断の切断効率を向上させるために⑤（　　）を作動ガスに用いる場合には，電極材料に⑥（　　）を用いる。

問題５. 次の文章は鋼材及び溶加材について述べている。以下の問いにおいて，正しい選択肢の記号に○印をつけよ。ただし，正答の選択肢は１つだけとは限らない。

(1) 一般構造用圧延鋼材（SS材）で規定している元素以外に溶接構造用圧延鋼材（SM材）で規定している元素はどれか。

イ．P

ロ．C

ハ．S

ニ．Mn

(2) 建築構造用圧延鋼材（SN材）のC種において，板厚方向の絞り値が規定されているのはなぜか。

イ．十分に塑性変形してから破断させるため

ロ．じん性を高めるため

ハ．ラメラテアを防止するため

ニ．低温割れを防止するため

(3) TMCP鋼が同じ強度レベルの焼入・焼戻し鋼に比べて優れているのはどれか。

　　イ．線膨張係数が小さい

　　ロ．溶接熱影響部の硬化が少ない

　　ハ．溶接継手の疲労強度が高い

　　ニ．溶接変形が少ない

(4) 高温高圧ボイラなどの圧力容器に用いられる鋼種はどれか。

　　イ．9%Ni鋼

　　ロ．Cr-Mo鋼

　　ハ．フェライト系ステンレス鋼

　　ニ．Ni基合金

(5) ガスシールドアーク溶接用のスラグ系フラックス入りワイヤがソリッドワイヤに比べて優れているのはどれか。

　　イ．合金元素を添加しやすい

　　ロ．美麗なビード外観が得られる

　　ハ．深い溶込みが得られる

　　ニ．溶接金属中の酸素量が少ない

問題6.　溶接構造用圧延鋼材SM490のアーク溶接継手に関する以下の問いに答えよ。

　(1) 母材の組織は何か。

　(2) 最高硬さを示すのは熱影響部のどの領域か。

　(3) 最高硬さに及ぼす鋼の化学成分の影響を表す指標は何とよばれるか。

　(4) 冷却速度が大きくなると増加する組織は何か。

　(5) 冷却速度に影響する因子を2つ挙げよ。

問題7.　鋼の溶接材料に関する以下の問いに答えよ。

　　(1) 被覆アーク溶接棒における被覆材の役割を2つ挙げよ。

　　(2) サブマージアーク溶接用ボンドフラックスが，溶融フラック

スに比べて優れている特徴を1つ挙げよ。

(3) 20%炭酸ガス＋80%アルゴン混合ガス用のソリッドワイヤを
用い，100%炭酸ガスをシールドガスとしてマグ溶接した場合，
溶接金属中のSi，Mn濃度と引張強さはどうなるか。

問題8. オーステナイト系ステンレス鋼の溶接部で発生する腐食に関する
以下の問いに答えよ。

(1) 以下の文章中の括弧内に適切な言葉を入れよ。

オーステナイト系ステンレス鋼の溶接金属では，Crや①（　　）
が貧化した箇所で孔食が生じやすい。対策には，②（　　）℃以
上の熱処理により耐孔食性に有効な元素の偏析を緩和すること
や，Crや①の量が多い溶接材料の使用が有効となる。

(2) 応力腐食割れとはどのような割れか。また，応力腐食割れが発
生する環境中に含まれる代表的なイオン種は何か。

応力腐食割れ：

イオン種：

(3) 応力腐食割れが，溶接熱影響部より溶接金属で発生しにくい理
由を述べよ。

問題9. 丸棒引張試験では，標点距離の変化を計測し，ひずみ（公称ひず
み）を次のように求める。

ひずみ＝標点距離の変化量／初期標点距離

以下の問いに答えよ。

(1) 最大荷重点でのひずみの塑性成分を何というか。

(2) 最大荷重を過ぎて以降は，ひずみは2つの成分の和となる。

ひずみ＝（くびれ発生までの長さ変化量＋くびれによる長さ変
化量）／初期標点距離

破断後の第1項「くびれ発生までの長さ変化量／初期標点距
離」は，何を表しているか。

(3) 丸棒引張試験片の平行部内に2つの標点距離 l_1=20mm，

l_2=40mm を設けて破断伸びを測定し，次の値を得た。ただし，l_1 は l_2 の内側に設けられ，くびれは l_1 内で生じているものとする。

標点距離 l_1 に対して：破断伸び=0.4

標点距離 l_2 に対して：破断伸び=0.3

このとき，前問（1）の値を求めよ。

問題10.　ぜい性破壊について，以下の問いに答えよ。

（1）ぜい性破壊を生じる 3 要因を挙げよ。

（2）ぜい性破壊防止のためにはどのような材料を選定すればよいか。シャルピー衝撃試験の破面遷移温度と吸収エネルギーを用いて答えよ。

（3）溶接継手が溶接線に直角方向に引張荷重を受けるとき，角変形が大きいとぜい性破壊強度が低下するのはなぜか。

問題11.　次の文章は，溶接継手の残留応力について述べている。以下の問いにおいて正しいものを 1 つ選び，その記号に○印をつけよ。

（1）平板の突合せ溶接継手で，引張残留応力が最も大きいのはどれか。

　　イ．溶接始終端での溶接線方向の残留応力

　　ロ．溶接始終端での溶接線直角方向の残留応力

　　ハ．溶接継手中央部での溶接線方向の残留応力

　　ニ．溶接継手中央部での溶接線直角方向の残留応力

（2）前問（1）の最大引張残留応力は，軟鋼平板ではどの程度の大きさか。

　　イ．降伏応力の 2 倍

　　ロ．引張強さ

　　ハ．降伏応力

　　ニ．降伏応力の半分

（3）薄肉円筒の周溶接部では，周方向の残留応力はどうなっているか。

　　　イ．圧縮の残留応力

　　　ロ．引張の残留応力

　　　ハ．入熱が大きいと引張の残留応力，小さいと圧縮の残留応力

　　　ニ．入熱が小さいと引張の残留応力，大きいと圧縮の残留応力

（4）薄肉円筒の周溶接部では，軸方向の残留応力はどうなっているか。

　　　イ．円筒外表面，内表面ともに引張の残留応力

　　　ロ．円筒外表面，内表面ともに圧縮の残留応力

　　　ハ．円筒外表面では引張の残留応力，内表面では圧縮の残留応力

　　　ニ．円筒外表面では圧縮の残留応力，内表面では引張の残留応力

（5）T継手すみ肉溶接部の，溶接線方向の残留応力はどうなっているか。

　　　イ．圧縮の残留応力

　　　ロ．引張の残留応力

　　　ハ．入熱が大きいと引張の残留応力，小さいと圧縮の残留応力

　　　ニ．入熱が小さいと引張の残留応力，大きいと圧縮の残留応力

問題12.　図のような完全溶込み溶接によるT継手とすみ肉溶接によるT継手がある。荷重Pが図に示す方向に作用するとき，すみ肉T継手の許容荷重を完全溶込みT継手と同じ値とするには，すみ肉溶接の脚長はいくらにすべきか，解答手順にしたがって考えよ。ただし，すみ肉溶接は等脚長で脚長＝サイズとし，両継手の板幅（紙面に垂直方向）は500mm，許容引張応力は140N/mm²，許容せん断応力は70N/mm²で，応力集中は考えない。また，有効溶接長さには板幅をとり，$\sqrt{2}$=1.4とする。

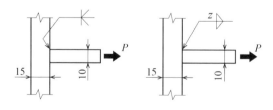

(1) まず，完全溶込み溶接T継手の許容荷重を求める。

のど厚は①（　　　）mm，有効溶接長さは500mm，許容応力は
②（　　　）N/mm²なので，許容荷重は③（　　　）kNとなる。

(2) 次に，すみ肉溶接T継手の許容荷重を求める。

脚長をz（mm）とすると，のど厚は④（　　　）mm，合計有効
溶接長さは⑤（　　　）mm，許容応力は⑥（　　　）N/mm²なの
で，許容荷重は⑦（　　　）kNとなる。

(3) 完全溶込み溶接T継手の許容荷重＝すみ肉溶接T継手の許容荷
重より，すみ肉溶接の必要脚長は⑧（　　　）mmとなる。

問題13.　鋼のアーク溶接に関する溶接施工要領を承認するための溶接施工
法試験がJIS Z 3422-1:2003で規定されている。この規定で，板の突合
せ溶接（完全溶込み）の継手に要求される試験の種類を5つ挙げよ。

種類1：

種類2：

種類3：

種類4：

種類5：

問題14.　完全溶込みの突合せ継手開先溶接時に行う裏はつりに関する以下
の問いに答えよ。

(1) 裏はつり作業の留意点を2つ挙げよ。

留意点1：

留意点2：

(2) 裏はつり方法を2つ挙げよ。

方法1：

方法2：

問題15.　鋼板をアーク溶接する場合，突合せ継手の両端部に鋼製のタブ板
を取り付ける場合がある。鋼製タブ板の効果を2つ挙げ，簡潔に説

　　　　明せよ。
　　　　　　効果①：
　　　　　　説明①：
　　　　　　効果②：
　　　　　　説明②：

問題16.　　高張力鋼の溶接で低温割れを防ぐため，下記の項目について有効
　　　　な手段を述べよ。
　　　　（1）鋼材（母材）
　　　　（2）被覆アーク溶接棒
　　　　（3）溶接法（被覆アーク溶接を除く）
　　　　（4）溶接施工
　　　　（5）溶接後の処理

問題17.　　鋼突合せ溶接部の表面欠陥を検出する非破壊試験方法について，
　　　　以下の問いに答えよ。
　　　　（1）溶接後の目視試験では，どのような不完全部を検査すべきか。
　　　　　　　4つ挙げよ。
　　　　（2）高張力鋼の溶接後に発生する微細な表面及び表面下の割れを検
　　　　　　　出するために磁粉探傷試験を実施する場合について，下記の（a）
　　　　　　　及び（b）について簡潔に説明せよ。
　　　　　　（a）適用する磁化方法の種類とその選定理由
　　　　　　（b）磁粉探傷試験を実施する時期

問題18.　　次の文章は，溶接部の非破壊試験について述べたものである。
　　　　（　　　）内の語句のうち，正しいものを選び，その記号に○印をつ
　　　　けよ。ただし，正答の選択肢は1つだけとは限らない。
　　　　（1）放射線透過試験では，X線又は①（イ．α 線，ロ．β 線，ハ．
　　　　　　　γ 線，ニ．δ 線）を試験体に照射して，透過写真を撮影する。後
　　　　　　　者は，②（イ．試験体の厚さが薄い，ロ．微細な割れを検出する，

ハ．他の作業と混在する，ニ．配管を内部線源で撮影する）場合に適している。

(2) 超音波探傷試験は，③（イ．融合不良，ロ．ブローホール，ハ．ラメラテア，ニ．アンダカット）の検出に有効である。また，放射線透過試験と比較して，検出したきずの④（イ．種類，ロ．形状，ハ．深さ位置，ニ．寸法）を推定するのに有利である。

(3) 浸透探傷試験で使用する浸透液の性能としては，ぬれ性があり，⑤（イ．粘性が高く引火点が低い，ロ．粘性が高く引火点が高い，ハ．粘性が低く引火点が低い，ニ．粘性が低く引火点が高い）ことが要求される。

問題19. 次の文章は安全衛生について述べたものである。（　　）内の語句のうち，正しいものを選び，その記号に○印をつけよ。ただし，正答の選択肢は1つだけとは限らない。

(1) アーク溶接などの業務に就かせる場合，少なくとも（イ．学科と実技，ロ．実技と設計，ハ．設計と学科，ニ．実技と保全）教育を含む特別教育を行わなければならない。

(2) 熱中症の危険信号は（イ．体温が高くなる，ロ．水ぶくれを生じる，ハ．めまいや吐き気が生じる，ニ．頻繁に咳をする）などである。

(3) 熱中症の対策として，（イ．防じんマスク，ロ．ファン付作業服（クールスーツ），ハ．溶接用前掛け，ニ．局所冷房）の使用が有効である。

(4) 溶接ヒュームは，高温のアーク熱によって（イ．電離したシールドガス，ロ．蒸発した金属，ハ．蒸発したフラックス，ニ．軟化したコンタクトチップ）が大気で冷却され，粉じん状になったものである。

(5) 呼吸用保護具を選択及び使用するとき，（イ．ISO認証，ロ．粒子捕集効率，ハ．顔面との密着性確保，ニ．吸湿性）の確認が重要である。

問題20.　溶接作業時に発生する可能性のある健康障害と防止対策につい
て，以下の問いに答えよ。

(1) 有害光によって生じる急性障害及び慢性障害をそれぞれ 1 つ挙
げよ。

急性障害：

慢性障害：

(2) 有害光に対する個人用保護具を 1 つ挙げよ。

(3) 溶接ヒュームによって生じる急性障害及び慢性障害をそれぞれ
1 つ挙げよ。

急性障害：

慢性障害：

●2021年6月6日出題　1級試験問題●
解答例

問題1.　(1) イ，ロ，(2) ニ，(3) イ，ニ，(4) ロ，(5) ハ

問題2.　(1)

　　①ハ，②ニ

(2)

　　許容使用率の式に，問題で与えられた数値を代入すると，許容使
用率＝ $(200/150)^2 × 50 = 88$（%）小数点以下を切り捨てて8分。

(3)

　　許容使用率の式に，問題で与えられた数値を代入すると，

　　$(200/I)^2 × 50 = 100$ （%）

　　$I = 200 × \sqrt{(50/100)} = 200 × 0.7 = 140A$

問題3　長所：以下より 3 つ挙げる。

(1) 小入熱で，熱影響部幅が狭く母材の劣化が少ない。

 (2)　ビード幅が狭く，1パスで深い溶込みが得られる。

 (3)　溶接ひずみや変形が少ない。

 (4)　磁場の影響を受けない。

 (5)　ミラーまたはファイバーでの伝送が可能である。

 (6)　タイムシェアリングやスキャナ溶接によって，1つの発振器で複数箇所をほぼ同時に溶接できる。

 (7)　薄板の高速溶接が可能である。

 (8)　高融点材料および非金属材料（セラミックスなど）の溶接が可能である。

 (9)　トーチ－母材間距離（ワークディスタンス）を長くできる。

短所：以下より2つ挙げる。

 (1)　材料の種類や表面状態によってレーザ光の吸収率が異なるため，溶込み深さや溶接現象が変化しやすい。

 (2)　アルミニウムや銅など，レーザ光の吸収率が低い材料の溶接が困難である。

 (3)　高い開先加工精度およびビームねらい精度が要求される。

 (4)　金属蒸気，溶接ヒューム，プラズマ化したシールドガスなどによってレーザ光が吸収され溶込み深さが変化する。

 (5)　レーザ光に対する特別な安全対策が必要である。

 (6)　装置が高価である。

問題4.（1）

 以下から2つ挙げる。

 (1)　鉄の酸化反応によって十分な発熱量（反応熱）が得られる。

 (2)　酸化鉄の融点が母材の融点よりも低い。

 (3)　予熱炎だけで，切断開始部を容易に発火温度以上に加熱できる。

 (4)　溶融金属／溶融スラグ（スラグ）の流動性がよい。

 (5)　ドロス（スラグ）の母材からのはく離が容易である。

 (6)　酸化反応（燃焼）を妨げる母材化学成分／不純物が少ない。

(7) 鉄の発火温度が母材の融点よりも低い。

(8) 切断材の燃焼温度が，その溶融温度より低い。

(2)

①レーザ，②プラズマ，③研磨剤（アブレシブ），④（アブレシブ）ウォータジェット，⑤空気（酸素），⑥ハフニウム（Hf）またはジルコニウム（Zr）

問題5. (1) ロ，ニ，(2) ハ，(3) ロ，(4) ロ，ニ，(5) イ，ロ

問題6. (1) フェライト＋パーライト

(2) 粗粒域（溶融線境界部）

(3) 炭素当量（Ceq）

(4) マルテンサイト（およびベイナイト）

(5)

次のうちから2つ挙げる。

①母材の板厚

②溶接入熱（溶接電流，アーク電圧，溶接速度，熱効率）

③予熱・パス間温度

④板の初期温度（外気温）

⑤継手形状

⑥溶接長

⑦風速

問題7. (1)

次のうちから2つ挙げる。

①ガスの発生および溶融スラグ形成による外気の遮断

②アークの安定化

③合金元素の添加

④溶融スラグによる脱酸・精錬

⑤良好なビード整形

（2）

　　次のうちから1つ挙げる。

　　①合金元素が容易に添加できる

　　②炭酸塩を添加できる

　　③じん性に優れる

（3）

　　100%炭酸ガスでは溶融池の脱酸が進み，Si，Mnがスラグとして排出されるため溶接金属中のSi，Mn濃度は混合ガスを用いた場合より低くなる。そのため，引張強さは所定の値より低下する。

問題8.　（1）　①Mo，②1100

　　（2）

　　　　応力腐食割れ：材料を特定の腐食環境中で引張応力状態に置いた場合，腐食作用に助長されて一定時間経過後に生じる割れ

　　　　イオン種：塩化物イオン（Cl^-）

　　（3）溶接金属中には応力腐食割れ感受性の低いδフェライトが含まれているため。

問題9.　（1）　一様伸び（均一伸び）

　　（2）　一様伸び（均一伸び）

　　　　【解説】最大荷重に達するまではひずみは標点距離内で一様（均一）であるが，最大荷重を過ぎるとくびれが生じてくびれ部で選択的に変形が進行し，それ以外の部分は変形しない。

　　（3）

　　　　くびれによる長さ変化量をΔとすると，

　　　　　　一様伸び＋$\Delta/20$=0.4

　　　　　　一様伸び＋$\Delta/40$=0.3

　　　　この連立方程式を解いて，一様伸び=0.2（または20%）

問題10.　（1）

　　　　・引張応力

・き裂・切欠き（応力集中）

・低じん性（低温，高ひずみ速度，材質劣化も可）

(2) 破面遷移温度が低く，使用温度での吸収エネルギーの高い材料を選定する。

(3) 角変形を元に戻すようなモーメントが生じ，そのモーメントによる曲げ応力が重畳するため。（また，曲げ応力は余盛止端部で最も大きくなる）

問題11. (1) ハ，(2) ハ，(3) ロ，(4) ニ，(5) ロ

問題12. ①10，②140，③700，④z/1.4（0.7zも可），⑤1000，⑥70，⑦50z（49zも可），⑧14（14.3も可）

【解説】

完全溶込み溶接継手の許容荷重＝のど厚×有効溶接長さ×許容引張応力，

すみ肉溶接継手の許容荷重＝のど厚×有効溶接長さ×許容せん断応力，

のど厚＝サイズ/$\sqrt{2}$で，この問題ではすみ肉溶接は2箇所あるので，合計有効溶接長さを採用する。

問題13. 次のうち5つ挙げる。

・目視試験

・放射線透過試験または超音波探傷試験

・表面割れ検出（浸透探傷試験または磁粉探傷試験）

・横方向引張試験

・横方向曲げ試験

・衝撃試験

・硬さ試験

・マクロ／ミクロ試験

問題14.（1）

次のうち 2 つ挙げる。

・初層溶接部をすべて除去する。

・裏はつりにより形成される開先は裏溶接で欠陥が発生しないような形状とする。例えば，開先底部が U 形で裏表面に広がった形状。

・裏はつり部に欠陥や残渣が残っていないことを確認する。

・安全対策（耳栓や防じんマスク着用，はつり金属の周辺への飛散防止）

（2）

次のうち 2 つ挙げる。

・エアアークガウジング

・プラズマアークガウジング

・ガスガウジング

・グラインダ研削

・機械切削

問題15.　下記から 2 つ挙げる。

①効果：溶接欠陥の防止

説明：溶接始端には，溶込不良，融合不良，ブローホールなどが，溶接終端には，クレータ割れ，融合不良などが発生する可能性が高い。これらの欠陥を本溶接ビードに残さず，タブ板内に逃がす。

②効果：ビード形状の整形

説明：ビードの始終端は溶融金属の凝固条件が定常部と異なることや，終端では溶着量が不足することなどのため，ビード形状不良が発生しやすい。始終端をタブ板内として，本溶接ビードを安定した形状のものとする。

③効果：本溶接部でのタック溶接の省略

説明：溶接長の短い継手の場合，鋼製タブ板で継手内の変形を

防止してタック溶接を省略できる。

④効果：終端割れ防止

説明：タブ板を母材に強固に取り付ければ，本溶接での回転変形を抑制して終端割れの防止に寄与する。（例えば，大入熱サブマージアーク溶接）

⑤効果：磁気吹き防止

説明：母材端部にタブ板を取り付けることで，アーク柱周辺の磁場を均等にして母材内での磁気吹きを防止する。

問題16. (1)

炭素当量（Ceq）、または溶接割れ感受性組成（P_{CM}）の低い鋼材を使用する。

(2)

・低水素系溶接棒を使用する。

・溶接棒を適切に乾燥し，吸湿しないように取り扱う。

(3)

・ソリッドワイヤを用いるガスシールドアーク溶接（ティグ溶接，マグ溶接，ミグ溶接）の採用

・電子ビーム溶接，レーザ溶接などの採用

(4)

下記のうち，1つ挙げればよい。

・予熱を行う。

・溶接入熱を大きめに設定する。

・開先を清浄にする。

・溶接部の拘束を小さくする。

(5)

直後熱を行う。

問題17. (1)

次のうち4つ挙げる。

・目違い
・余盛高さ
・アンダカット
・ビード形状（凹凸など）
・溶接による変形（角変形など）
・割れ
・ピット
・オーバラップ
・その他（アークストライク跡，スパッタの付着，クレータ処理
不良など）

(2)

(a)

　通常溶接部の磁粉探傷試験の磁化方法としては，極間法または
プロッド法が用いられるが，ここでは極間法（ヨーク法）を選定
する。その理由は，高張力鋼溶接部への適用であり，プロッド法
を用いるとスパークによる急熱急冷に起因する割れの発生が懸念
されるため。

(b)

　高張力鋼では低温割れの発生が懸念されるため，溶接完了後24
～48時間経過した後に非破壊試験を実施する。

問題18. ①ハ，②ニ，③イ，ハ，④ハ，⑤ニ

問題19. (1) イ，(2) イ，ハ，(3) ロ，ニ，(4) ロ，ハ，(5) ロ，ハ

問題20. (1)

　急性障害：電気性眼炎，表層性角膜炎，結膜炎，光線皮膚炎，視
力低下

　慢性障害：白内障，網膜障害

(2) 溶接用保護面，保護（遮光）めがね，溶接用かわ製保護手袋，

　　　足・腕カバー，頭巾など
　(3)
　　　急性障害：金属熱，呼吸困難
　　　慢性障害：じん肺，気管支炎，化学性肺炎，気胸

●2020年11月1日出題●

1級試験問題

問題1.　次の文章は，アーク溶接について述べている。以下の問いにおいて，正しい選択肢の記号に○印をつけよ。ただし，正答の選択肢は1つだけとは限らない。

(1) アーク電圧について正しいのはどれか。

　イ．アーク電圧は陰極降下電圧と陽極降下電圧の和である

　ロ．アーク長が長くなるとアーク電圧は高くなる

　ハ．アーク長が同じ場合，シールドガスの種類によってアーク電圧は変化しない

　ニ．アーク長が一定の場合，大電流域では，溶接電流の増加に伴ってアーク電圧は緩やかに上昇する

(2) 溶接アーク現象について正しいのはどれか。

　イ．プラズマ気流の流速は10m/s程度である

　ロ．平行な導体に同一方向の電流が通電されると，導体間には電磁力による引力が発生する

　ハ．アークが冷却作用を受けて断面を収縮させる作用を電磁的ピンチ効果と呼ぶ

　ニ．トーチを母材に対して傾けた場合，アークは電極と母材との最短距離で発生する

(3) ソリッドワイヤを用いるマグ溶接での溶滴移行現象について正しいのはどれか。

　イ．小電流・低電圧域ではシールドガス組成によらず短絡移行となる

　ロ．グロビュール移行からスプレー移行へ推移する溶接電流値をベース電流という

　ハ．シールドガス中のArへのCO_2混合比率が20%の場合，中電流・中電圧域では反発移行となる

　　　ニ．シールドガス中のArへのCO₂混合比率が20%の場合，大電
　　　　流・高電圧域ではスプレー移行となる
　(4)　溶接ビード形成について正しいのはどれか。
　　　イ．溶接電流と溶接速度を一定にして，アーク電圧を高くすると
　　　　ビード幅と溶込み深さは増大する
　　　ロ．溶接電流とアーク電圧を一定にして，溶接速度を速くすると
　　　　ビード幅と溶込み深さは増大する
　　　ハ．アーク電圧と溶接速度を一定にして，溶接電流を増加させる
　　　　とビード幅と溶込み深さは増大する
　　　ニ．小電流・低溶接速度域では，溶落ちや穴あきが発生しやすい
　(5)　プラズマアークについて正しいのはどれか。
　　　イ．プラズマアークを発生させるための作動（プラズマ）ガスに
　　　　はArとCO₂の混合ガスを用いる
　　　ロ．移行式プラズマは非移行式プラズマに比べて熱効率が悪いも
　　　　のの，非導電材料に適用できる
　　　ハ．ノズル電極の穴径を小さくしすぎるとシリーズアークが発生
　　　　する場合がある
　　　ニ．プラズマ溶接では，スタンドオフ（ノズル電極－母材間距離）
　　　　を長くしても溶込み深さは大きく変化しない

問題2.　次の文章は，ティグ溶接について述べている。下記の文章中の
　　　　（　　）内に適切な言葉を入れよ。
　(1)　ティグ溶接のシールドガスにはAr や He などの（①　　）ガ
　　　スを用いる。電極材料の（②　　）は高融点金属であるが，酸化
　　　すると融点が急激に低下してしまう。
　(2)　パルス周波数が数Hz 程度の低周波パルス溶接は，初層の裏波
　　　溶接など，母材への（③　　）制御が必要な場合に効果を発揮す
　　　る。パルス周波数が300〜500Hz 程度の中周波パルス溶接ではアー
　　　クの（④　　）性が増加し，小電流時のアーク不安定やふらつき
　　　を抑制できる。

(3) ステンレス鋼の溶接には，（⑤　　）垂下（定電流）特性電源及び棒（⑥　　）極性が用いられる。これは集中した指向性の強い（⑦　　）が得られ，電極の消耗も少ないためである。

(4) アルミニウム合金の溶接には，一般に（⑧　　）垂下（定電流）特性電源が用いられる。これは棒（⑨　　）極性の時に得られる（⑩　　）作用を利用するためである。

問題３．　アーク溶接電源及びワイヤ送給装置について以下の問いに答えよ。

(1) アーク溶接に用いられるインバータ制御電源の利点を，サイリスタ制御電源と比べて２つ挙げよ。

利点１：

利点２：

(2) 次の文章は，ワイヤ送給方式について述べている。文章中の（　　）内の言葉のうち，正しいものを１つ選び，その記号に○印をつけよ。

① （イ．プッシュ・プル，ロ．プル，ハ．プッシュ，ニ．フィードバック）式ワイヤ送給は，マグ溶接及びミグ溶接に多用されているワイヤ送給方式である。

② （イ．プッシュ・プル，ロ．プル，ハ．プッシュ，ニ．フィードバック）式ワイヤ送給は，トーチと送給装置を一体化してコンジットケーブルを介さずに直結されるため，細径ワイヤやアルミニウムなどの軟質ワイヤでも良好な送給性能が得られる。

③ （イ．プッシュ・プル，ロ．プル，ハ．プッシュ，ニ．フィードバック）式ワイヤ送給は，トーチ（コンジット）ケーブルが長い場合などでも優れた送給特性が得られ，ロボット溶接などで適用が拡大している。

問題４．　次の文章は，アーク溶接ロボットについて述べている。文章中の（　　）内の言葉のうち，正しいものを１つ選び，その記号に○印をつけよ。

(1) アーク溶接には，比較的狭い設置範囲で広い動作範囲を確保できる（イ．多関節形，ロ．直交座標形，ハ．極座標形，ニ．円筒座標形）ロボットが多く用いられている。

(2) ロボットの動作指令の入力には（イ．マニピュレータ，ロ．ポジショナ，ハ．ティーチングペンダント，ニ．溶接トーチ）を用いる。

(3) あらかじめロボットに動作を教えることを（イ．トレーニング，ロ．センシング，ハ．シミュレーション，ニ．ティーチング）という。

(4) あらかじめ教えた動作をロボットに再現させる制御方式を（イ．プレイバック，ロ．数値制御，ハ．オフライン，ニ．オンライン）方式という。

(5) コンピュータ上でロボットの動作をシミュレートして動作を教えることを（イ．プレイバックティーチング，ロ．数値制御ティーチング，ハ．オフラインティーチング，ニ．オンラインティーチング）という。

問題5. 次の問いにおいて，正しい選択肢の記号に○印をつけよ。ただし，正答の選択肢は1つだけとは限らない。

(1) 一般構造用圧延鋼材の特性で，ある温度以下で著しく低下するものはどれか。

　　イ．硬さ

　　ロ．降伏点又は耐力

　　ハ．シャルピー吸収エネルギー

　　ニ．引張強さ

(2) 建築構造用圧延鋼材（SN材）のB種及びC種にあって，A種にない規定はどれか。

　　イ．降伏点または耐力

　　ロ．炭素当量

　　ハ．伸び

ニ．降伏比

（3）490N/mm²級の鋼材において，普通圧延鋼と比べたTMCP鋼の特徴はどれか。

　　イ．炭素当量が低い

　　ロ．溶接変形が少ない

　　ハ．予熱温度の低減が可能

　　ニ．溶接熱影響部で硬化しやすい

（4）液化ガスを貯蔵・輸送するための低温容器に用いられる鋼種はどれか。

　　イ．Cr-Mo鋼

　　ロ．9%Ni鋼

　　ハ．フェライト系ステンレス鋼

　　ニ．オーステナイト系ステンレス鋼

（5）マグ溶接用ソリッドワイヤの化学成分の中で，軟鋼用被覆アーク溶接棒心線に比べて含有量の多い成分はどれか。

　　イ．C　ロ．Si　ハ．Mn　ニ．Al

問題6. 次の図はHT780鋼の溶接用連続冷却変態図（CCT図）の一例である。図の太実線は連続冷却変態曲線，点線は冷却曲線である。次の問いに答えよ。

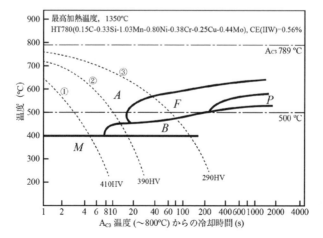

(1) 冷却曲線①で冷却した場合，A_{c3}温度からの冷却時間が2秒の
　　時の組織を答えよ。

(2) 採用した溶接条件での冷却曲線は③であった。溶接熱影響部の
　　組織はどのようになるか。

(3) 前問（2）の溶接条件より入熱を小さくすると，③の冷却曲線
　　は左右いずれの方向に移動するか。

(4) 冷却曲線②で冷却したときに溶接熱影響部のマルテンサイト組
　　織を増やすには，この鋼の炭素当量をどのようにすべきか。

(5) 前問（4）の場合，鋼の焼入性はどうなるか。

問題7. 　低温割れに関する以下の問いに答えよ。

(1) 低温割れの発生要因を3つ挙げよ。
　　　要因1：
　　　要因2：
　　　要因3：

(2) 予熱により低温割れが防止できる理由を記せ。

(3) 予熱以外の低温割れ防止策を4つ挙げよ。
　　　防止策1：
　　　防止策2：
　　　防止策3：
　　　防止策4：

問題8. 　オーステナイト系ステンレス鋼の溶接熱影響部で発生する粒界腐
　　食に関する以下の問いに答えよ。

(1) 粒界腐食が発生する機構（メカニズム）を説明せよ。

(2) 粒界腐食が発生する場所は，溶融境界からやや離れた領域にな
　　る理由を記せ。

(3) 粒界腐食の防止策を3つ挙げよ。
　　　防止策1：
　　　防止策2：

　　　　防止策3：

問題9.　　次の文章は，内圧を受ける両端閉じの円筒殻，及び球殻について
　　述べている。以下の問いに答えよ。なお，選択問題では正しいもの
　　を1つ選び，その記号に○印をつけよ。

　　(1) 欠陥形状・寸法が同じ場合，円筒殻の軸方向に平行な欠陥と垂
　　　　直な欠陥の危険度について，正しいのはどれか。

　　　　イ．両欠陥の危険度は同じ

　　　　ロ．軸方向に平行な欠陥の方が，危険度が高い

　　　　ハ．軸方向に垂直な欠陥の方が，危険度が高い

　　　　ニ．どちらの危険度が高いかは，材料のじん性による

　　(2) その理由を記せ。

　　(3) 内圧が2倍になると，円筒殻の周方向応力と軸方向応力は，ど
　　　　う変化するか。

　　　　イ．ともに1/2倍になる

　　　　ロ．ともに2倍になる

　　　　ハ．周方向応力は2倍になるが，軸方向応力は1/2倍になる

　　　　ニ．軸方向応力は2倍になるが，周方向応力は1/2倍になる

　　(4) 板厚が2倍になると，円筒殻の周方向応力と軸方向応力は，ど
　　　　う変化するか。

　　　　イ．ともに1/2倍になる

　　　　ロ．ともに2倍になる

　　　　ハ．周方向応力は2倍になるが，軸方向応力は1/2倍になる

　　　　ニ．軸方向応力は2倍になるが，周方向応力は1/2倍になる

　　(5) 同じ内圧を受ける円筒殻と球殻で半径が同じ場合，球殻に生じ
　　　　る応力と円筒殻の応力の関係で正しいのはどれか。

　　　　イ．球殻に生じる応力 = 2 × 円筒周方向応力

　　　　ロ．球殻に生じる応力 = 円筒周方向応力

　　　　ハ．球殻に生じる応力 = 2 × 円筒軸方向応力

　　　　ニ．球殻に生じる応力 = 円筒軸方向応力

問題10.   断面積 A が同じ３本の丸棒が初期温度0℃で剛体板に取り付けら
れ，中央の棒①だけが T℃温度上昇したときに生じる熱応力を以下
の手順で求める。次の問いに答えよ。なお，丸棒は弾性体で初期長
さ l_0=1（単位長さ）とし，縦弾性係数 E，線膨張係数 α は温度に
よらず一定とする。

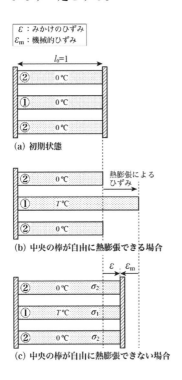

(1) 中央の棒①が自由に熱膨張できるとき（図（b）），棒①に生
じるひずみはいくらか。

(2) ３本の丸棒が剛体板に取り付けられていて，中央の棒①が自
由に熱膨張できないとき（図（c）），棒①に生じる熱応力を σ_1，
棒②に生じる熱応力を σ_2 とする。σ_1 と σ_2 の関係はどのよう
に表されるか。

(3) 図（c）において，みかけのひずみを ε，機械的ひずみを ε_m

とする。ε は，ε_m と前問（1）の熱膨張ひずみを用いてどのように表されるか。

（4）棒②に生じる熱応力 σ_2 は，$\sigma_2 = E\varepsilon$ で，棒①に生じる熱応力 σ_1 は，$\sigma_1 = E \times (\quad)$ である。括弧内を埋めよ。

（5）棒①と棒②のみかけのひずみは同じなので，前問（3）と（4）より，σ_1 と σ_2 の関係が次のように導かれる。右辺を具体的に記せ。

$$\sigma_2 / E =$$

（6）前問（2）の式と（5）の式を連立させて解くと，熱応力 σ_1，σ_2 が次のように求まる。

$$\sigma_1 = K_1 \times E a T, \quad \sigma_2 = K_2 \times E a T$$

K_1，K_2 はいくらか。

問題11.　図に示す溶接継手の有効のど断面積を求めよ。なお，長さの単位は mm で，$1/\sqrt{2} = 0.7$ とする。

（1）溶接線が荷重方向から 45° 傾いた完全溶込み突合せ溶接継手

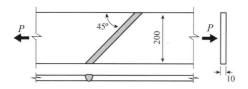

（2）板厚の異なる平板の完全溶込み突合せ溶接継手

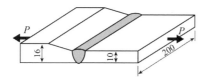

(3) 部分溶込み突合せ溶接継手

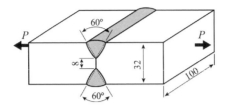

(4) 鋼構造設計規準による，被覆アーク溶接で作製された部分溶込みT形突合せ溶接継手

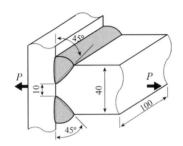

(5) T形すみ肉溶接継手

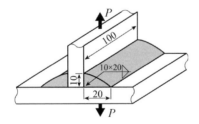

問題12.　次の文章は，溶接継手の許容応力について述べている。（　　）内に適切な言葉又は数字を記せ。

　　　溶接継手の許容応力には，母材の許容応力を用いる。外力が静荷重の場合，材料の静的強さが許容応力の基準となり，一般に許容応力は（①　　　）又は（②　　　）の何分の1の形で与えられる。荷重の大きさや使用条件に不確実な要因が多い場合には，（③　　　）を

低く，すなわち（④　　）を大きくとる。鋼構造設計規準では，引張及び圧縮の応力に対する④の値として（⑤　　）が用いられている。

　　せん断応力に対する許容応力は，引張応力に対する許容応力よりも小さく，

$$せん断応力に対する許容応力 = \frac{引張応力に対する許容応力}{（⑥　　）}$$

である。この場合の④の値は，鋼構造設計規準では（⑦　　）である。

　溶接継手に繰返し荷重が作用する場合には，許容応力は静荷重の場合よりも小さくなり，（⑧　　）が許容応力の基準となる。溶接継手では⑧が明確でない場合が多く，ある特定の破断寿命に対する応力振幅を用いる。これは（⑨　　）とよばれ，一般に（⑩　　）万回の破断寿命に対する応力振幅が採用されている。

問題13.　JIS Z 3400：2013「金属材料の融接に関する品質要求事項」で規定されているテクニカルレビューに含まれる項目を5つ挙げよ。

　　項目1：

　　項目2：

　　項目3：

　　項目4：

　　項目5：

問題14.　厚板の高張力鋼・低合金鋼などの溶接構造物の部材組立時に，ストロングバックなどの一時的取付品を使用する場合の留意事項・処置を次の3つの段階について述べよ。

（1）取付け時の留意事項（2つ挙げよ）

　　留意事項1：

　　留意事項2：

（2）取外し時の留意事項（1つ挙げよ）

留意事項：

（3）取外し後の処置（2つ挙げよ）

処置1：

処置2：

問題15.　JIS Z 3700：2009「溶接後熱処理方法」に規定されている内容について，文章中の（　　）内の言葉のうち，正しいものを1つ選び，その記号に○印をつけよ。

（1）母材の区分P-1の最低保持温度は，（イ．425℃，ロ．595℃，ハ．675℃，ニ．745℃）である。

（2）母材の区分P-1の溶接部の厚さが50mmの場合には，溶接後熱処理での最小保持時間は，（イ．1時間，ロ．2時間，ハ．3時間，ニ．4時間）である。

（3）母材板厚を t mmとすると，被加熱部の加熱速度は，（イ．$220 \times 5/t$，ロ．$220 \times 10/t$，ハ．$220 \times 25/t$，ニ．$220 \times 50/t$）℃/h以下とする。

（4）被加熱部を加熱炉に入れる，又は加熱炉から取り出すときの炉内温度は，（イ．300℃，ロ．350℃，ハ．425℃，ニ．500℃）未満とする。

（5）保持時間中の被加熱部全体にわたる温度差は，（イ．30℃，ロ．55℃，ハ．85℃，ニ．120℃）以下とする。

問題16.　マグ溶接で発生しやすい次の溶接欠陥を防止するための施工対策について述べよ。

（1）融合不良の防止策（2つ挙げよ）

防止策1：

防止策2：

（2）ポロシティの防止策（2つ挙げよ）

防止策1：

防止策2：

(3) アンダカットの防止策（1つ挙げよ）

防止策：

問題17.　板厚20mmの余盛付き平板突合せ鋼溶接部の非破壊試験について，以下の問いに答えよ。

(1) 超音波探傷試験を適用する場合，垂直探傷と斜角探傷のいずれが適しているか。また，その理由を2つ記せ。

探傷法：

理由1：

理由2：

(2) 放射線透過試験を適用する場合，透過写真上で余盛部は母材に比べてどのように観察されるか。また，ブローホールはどのように検出されるか。それらの理由もあわせて記せ。

余盛の観察像：

理由：

ブローホールの検出像：

理由：

問題18.　鋼溶接部の非破壊試験に関する以下の問いにおいて，正しい選択肢の記号に○印をつけよ。ただし，正答の選択肢は1つだけとは限らない。

(1) 溶接後の目視試験（VT）の項目として挙げられるのはどれか。

イ．開先面の融合不良

ロ．ビードの不整

ハ．余盛高さ

ニ．スラグ巻込み

(2) 磁粉探傷試験（MT）において試験体に磁極を接触させる方法はどれか。

イ．軸通電法

　　ロ．電流貫通法

　　ハ．極間法

　　ニ．プロッド法

（3）磁粉探傷試験（MT）を適用できない材料はどれか。

　　イ．TMCP鋼

　　ロ．オーステナイト系ステンレス鋼

　　ハ．低合金鋼

　　ニ．アルミニウム合金

（4）浸透探傷試験（PT）に用いる浸透液に必要な性質はどれか。

　　イ．ぬれ性が高い方が良い

　　ロ．ぬれ性が低い方が良い

　　ハ．粘性が低い方が良い

　　ニ．粘性が高い方が良い

（5）溶剤除去性浸透探傷試験（PT）で正しい除去処理はどれか。

　　イ．溶剤を試験体表面に塗布して，ウエスでふき取る

　　ロ．溶剤のスプレーを試験体表面に吹き付けた後，ウエスでふき
　　　　取る

　　ハ．試験体表面に溶剤の薄膜ができるように塗布した後，乾燥さ
　　　　せる

　　ニ．溶剤を染み込ませたウエスを用いて，試験体表面をふき取る

問題19.　以下の問いにおいて，正しい選択肢の記号に○印をつけよ。ただ
　　し，正答の選択肢は1つだけとは限らない。

（1）アーク溶接を行う場合，防じんマスクの粒子捕集効率はどれか。

　　イ．80％以上

　　ロ．85％以上

　　ハ．90％以上

　　ニ．95％以上

（2）100％炭酸ガスを用いる狭隘部のマグ溶接では，二酸化炭素は
　　作業空間でどうなるか。

　　　イ．上層部に滞留

　　　ロ．下層部に滞留

　　　ハ．中間層に滞留

　　　ニ．全体に拡散

（3）溶接作業で用いる器具のうち型式検定を受けなければならない
　　　のはどれか。

　　　イ．溶接棒ホルダ

　　　ロ．防じんマスク

　　　ハ．溶接用かわ製保護手袋

　　　ニ．電撃防止装置

（4）電撃防止装置を用いた場合，アークを発生させていないときの
　　　溶接棒ホルダと母材との間の電圧を何とよぶか。

　　　イ．短絡電圧

　　　ロ．アーク電圧

　　　ハ．無負荷電圧

　　　ニ．安全電圧

（5）作業場のガス濃度が18%未満になると，送気マスクを使用しな
　　　ければならないのはどれか。

　　　イ．酸素

　　　ロ．窒素

　　　ハ．アルゴン

　　　ニ．二酸化炭素

問題20.　アーク溶接時の安全衛生について以下の問いに答えよ。

（1）電気性眼炎の症状を1つ答えよ。

（2）金属熱の原因と症状をそれぞれ1つ答えよ。

　　原因：

　　症状：

（3）電動ファン付き呼吸用保護具の長所と使用上の注意点をそれぞ
　　　れ1つ答えよ。

　　　　長所：

　　　　注意点：

```
●2020年11月１日出題　１級試験問題●
               解答例
```

問題１. (1) ロ，ニ，(2) ロ，(3) イ，ニ，(4) ハ，(5) ハ，ニ

問題２. ①不活性（貴，希），②タングステン（タングステン合金），③入熱，④硬直（指向），⑤直流，⑥マイナス，⑦アーク，⑧交流，⑨プラス，⑩清浄（クリーニング）

問題３. (1)

　　　　下記から２つ挙げる。

　　　　①溶接変圧器の動作周波数が数kHz〜数10 kHzと高く，変圧器の動作周波数に応じた速度で電流・電圧の制御ができるので，高速・精密制御が可能となり，制御の応答性が良くなる。

　　　　②変圧器の動作周波数に変圧器の大きさ（体積）はほぼ反比例するため，変圧器を小さくでき，電源が小型・軽量になる。

　　　　③電源の力率・効率が良くなり，省エネになる。

　　　　④溶接性が改善される（アークのスタート性向上，スパッタ低減）。

　　　　(2) ①ハ，②ロ，③イ

問題４. (1) イ，(2) ハ，(3) ニ，(4) イ，(5) ハ

問題５. (1) ハ，(2) ロ，ニ，(3) イ，ハ，(4) ロ，ニ，(5) ロ，ハ

問題6. (1) オーステナイト

(2) フェライト，ベイナイト，マルテンサイトの混合組織

(3) 左方向

(4) 増加させる。

(5) 高くなる（大きくなる）。

問題7. (1)

要因1，2，3：

硬化組織（硬さ），拡散性水素（水素），引張応力

(2)

溶接後の冷却速度が小さくなり，大気中に放出される水素量が増すとともに，硬化組織の生成が抑制されるため。

(3)

防止策1，2，3，4：

次のうちから4つを記載する。

①炭素当量または溶接割れ感受性組成P_{CM}の低い鋼材の使用（TMCP鋼など）

②直後熱の採用

③低水素系被覆アーク溶接棒の使用（拡散性水素量が少ない溶接材料の選定）

④ティグ溶接，ソリッドワイヤを用いたマグ溶接の採用（水素混入が少ない溶接法）

⑤溶接入熱を上げる（冷却速度を小さくする）

⑥溶接棒の乾燥

⑦低温，多湿環境での溶接の回避

⑧開先内の油やさびなどの除去

⑨拘束応力が小さい構造設計の採用

問題8. (1) 溶接熱サイクルによって結晶粒界にCr炭化物が析出し，その近傍にCr濃度が低下した領域（Cr欠乏層）が形成され，母材より

耐食性が劣化すること（鋭敏化）により，粒界腐食が発生する。

(2) 粒界腐食が発生する場所は，Cr炭化物が析出しやすい温度域（鋭敏化温度域（約650～850℃））に長時間加熱された領域である。すなわち，溶接熱サイクルの最高到達温度（ピーク温度）が約650～850℃の場所に相当し，溶融境界からやや離れた領域となる。

(3)

防止策1，2，3：

次のうちから3つを記載する。

①低炭素ステンレス鋼の使用（SUS304L，SUS316Lなど）

②NbまたはTiを添加した安定化ステンレス鋼の使用（SUS347，SUS321）

③鋭敏化温度域の冷却速度を大きくする（例えば，以下のような方法でも可）

　③-1：水冷しながらの溶接

　③-2：レーザ溶接などの低入熱溶接

　③-3：入熱制限，パス間温度の制限

④約1,000～1,100℃以上の固溶化熱処理（溶体化熱処理）の実施

問題9. (1) ロ

(2) 円筒軸方向に平行な欠陥は周方向応力に垂直で，周方向応力は軸方向応力より大きいため（周方向応力＝2×軸方向応力）

(3) ロ

(4) イ

(5) ニ

解説

円筒軸方向応力＝球殻の応力＝$pR/2t$，

円筒周方向応力＝pR/t（p：内圧，R：半径，t：板厚）

問題10. (1) $aTl_0/l_0 = aT$

(2)　$\sigma_1 + 2\sigma_2 = 0$

　　解説：力の釣り合いから，　$\sigma_1 A + 2\sigma_2 A = 0 \rightarrow \sigma_1 + 2\sigma_2 = 0$

(3)　$\varepsilon = \varepsilon_m + aT$

　　解説：図より $|\varepsilon| + |\varepsilon_m| = aT$ で，ε および ε_m の符号を考え
　　ると，

　　$\varepsilon - \varepsilon_m = aT \rightarrow \varepsilon = \varepsilon_m + aT$

(4)　ε_m

(5)　$\sigma_1/E + aT$

　　解説：$\varepsilon = \varepsilon_m + aT$ より，$\sigma_2/E = \sigma_1/E + aT$

(6)　$K_1 = -2/3,\ K_2 = 1/3$

問題11.　(1)　$10 \times 200 = 2{,}000\text{mm}^2$

　　　　(2)　$10 \times 200 = 2{,}000\text{mm}^2$

　　　　(3)　$(32 - 8) \times 100 = 2{,}400\text{mm}^2$

　　　　(4)　$(40 - 10 - 3 \times 2) \times 100 = 2{,}400\text{mm}^2$

　　　　(5)　$10/\sqrt{2} \times 100 \times 2 = 1{,}400\text{mm}^2$

問題12.　①降伏応力または0.2%耐力，②引張強さ，③許容応力，④安全率，
　　　　⑤1.5，⑥$\sqrt{3}$ または1.7，⑦1.5，⑧疲労限度（疲れ限度），⑨時間強
　　　　度，⑩200

問題13.　項目1〜5：
　　　　下記の内容と同等の項目を5つ挙げる。

　　　　a）母材の仕様及び溶接継手の諸性質

　　　　b）溶接部の品質及び合否判定基準

　　　　c）溶接部の位置，接近のしやすさ及び溶接手順（検査及び非破
　　　　　壊試験の接近のしやすさを含む）

　　　　d）溶接施工要領書，非破壊試験要領書及び熱処理要領書

　　　　e）溶接施工法承認のための手順

　　　　f）要員の適格性確認

g) 選択，識別及び／又はトレーサビリティ（例えば，材料，溶接部）

h) 独立検査機関との関係も含む品質管理の準備

i) 検査及び試験

j) 下請負

k) 溶接後熱処理

l) その他の溶接要求事項（例えば，溶接材料のバッチ試験，溶接金属のフェライト量，時効処理，水素含有量，永久裏当て，ピーニング，表面仕上げ，溶接外観）

m) 特殊な方法の使用（例えば，片面溶接における裏当てなしの完全溶込みを得るための方法）

n) 溶接前の継手組立て状況及び完了後の溶接部の寸法・詳細

o) 工場内で行う溶接部，又はその他の場所で行う溶接部の区別

p) 溶接に関連する環境条件（例えば，非常に低温の環境条件又は溶接に悪い気象条件に対する保護を施す必要性）

q) 不適合品の取扱い

問題14. (1)

留意事項1，2：

　　高めの予熱温度の採用，低水素系溶接棒の採用，大きめの溶接入熱，アンダカットの防止，アークストライクの防止，ショートビードの回避，取付作業者の技量確保，など。

(2)

留意事項：

　　母材を傷つけないように，かつ母材に直接熱影響が及ばないようにする。例えば，一時的取付品（ストロングバックなど）を3 mm 以上残してガス切断する。

(3)

処置1，2：

　　グラインダや機械研削により平滑に仕上げる。必要に応じて，

補修溶接を行う。目視試験（VT），磁粉探傷試験（MT）や浸透探傷試験（PT）できずのないことを確認する。

問題15. (1)　ロ，(2)　ロ，(3)　ハ，(4)　ハ，(5)　ハ

問題16. (1)

防止策1，2：

下記から2つ挙げる。

①十分な入熱により溶込みを確保する。

②開先角度が狭いと生じやすいので，適正な開先角度にする。

③アークに対して溶融池の先行をさける（特に立向下進溶接の場合など）。

④多層溶接で次のパスを溶接する前のビード形状の修正。ビード間またはビードと開先面の間の鋭く深い凹みをなくすようにする。

⑤適正なウィービング幅で施工する。

⑥適正なトーチ角度で施工する。

(2)

防止策1，2：

下記から2つ挙げる。

①開先面の油，塗料，赤さび，水などを研磨や加熱作業などで取り除く。

②衝立，シートなどで防風対策を行い，トーチ近傍の風速を低減する。

③ノズル内面の清掃で付着したスパッタを除去する。

④適正なガス流量に是正する。

⑤適正なワイヤ突出し長さに是正する。

⑥適正なアーク長（アーク電圧）に是正する。

⑦溶接速度を遅くする。

(3)

防止策：

　　　下記から1つ挙げる。

　　　①溶接電流を下げる。

　　　②溶接速度を遅くする。

　　　③適正なねらい位置，角度，アーク長で施工する。

　　　④ウィービング両端での停止時間を長くする。

　　　⑤下向姿勢で施工するようにする。

問題17.（1）

　　　探傷法：斜角探傷

　　　理由1，2：

　　　　　垂直探傷では凹凸のある余盛からの探傷となるが，斜角探傷では平滑な母材部で探触子を走査させ，斜め方向から超音波を溶接部に伝搬させることができるので余盛を削除する必要がない。

　　　　　有害な溶接欠陥である厚さ方向に伸びた割れ，融合不良，溶込不良などに対して，垂直探傷より斜角探傷の方が欠陥面に有効に超音波を入射させることができる。

　　　（2）

　　　余盛の観察像：母材より白く観察される。

　　　理由：余盛部では母材部に比べて放射線の透過厚さが大きく，フィルムに到達する放射線の透過線量が小さくなる結果，フィルムの感光量が少なくなるため。

　　　ブローホールの検出像：その周辺より黒く検出される。

　　　理由：空隙で透過厚さが周辺より小さく，フィルムに到達する放射線の透過線量が大きくなる結果，フィルムの感光量が多くなるため。

問題18.（1）ロ，ハ，（2）ハ，（3）ロ，ニ，（4）イ，ハ，（5）ニ

問題19.（1）ニ，（2）ロ，（3）ロ，ニ，（4）ニ（又は，ハでも可），（5）イ

問題20. (1)

　　　・目に異物または砂が入った感じがする。

　　　・目が充血し，涙が流れる。

　　　・まぶたが痙攣する。

　　　　　　　　　　　　　　　など。

　　(2)

　　原因：多量の溶接ヒュームを吸引したため。

　　症状：発熱，全身のだるさ，関節の痛み，さむけ，呼吸や脈拍の増

　　　　加，吐き気，頭痛，せき，黒色たん，発汗など。

　　(3)

　　長所：

　　　・防じんマスクと比べ防護効果が高い。

　　　・呼吸が楽で作業者の負担を軽減できる。

　　注意点：

　　　・酸欠の恐れがある場合は使用しない。

　　　・有害ガスなどが存在する危険性のある環境では使用しない。

　　　・ろ過材の目詰り，バッテリの電圧降下などに注意する。

　　　・風量が最低必要量以下にならないようにする。

1級試験問題

問題1. 　次の文章は，軟鋼のパルスマグ溶接について述べたものである。
文章中の（　　）内に適切な言葉を入れよ。

(1) パルスマグ溶接では，（①　　）電流以上のパルス電流（ピーク電流）と，アークを維持できる程度のベース電流を所定の周期で交互に繰り返し，パルス電流とパルス期間を適切に設定すれば，溶滴の移行形態は（②　　）移行となる。

(2) パルス期間中に生じる（③　　）の作用で溶滴をワイヤ端から離脱させ，溶融池へ短絡することなく移行させると，（④　　）の発生を大幅に低減することができる。

(3) パルスマグ溶接では，（⑤　　）期間を調整することによって，溶接入熱をコントロールし，厚板はもとより，薄板の溶接にも適用できる。

問題2. 　アーク溶接ロボットによるマグ溶接を行う際のセンサについて，以下の問いに答えよ。

(1) 該当するセンサを1つ選択し，その記号に○印をつけよ。

①特別な検出器を使用せず，溶接前に，母材の位置ずれや溶接線の始終端位置などを検出する。

（イ．光切断，ロ．ワイヤタッチ，ハ．アーク，ニ．直視型視覚）センサ

②特別な検出器を使用せず，溶接中に，溶接線倣い制御や開先中心位置検出を行う。

（イ．光切断，ロ．ワイヤタッチ，ハ．アーク，ニ．直視型視覚）センサ

③溶接中の溶融池形状を検出する。

（イ．光切断，ロ．ワイヤタッチ，ハ．アーク，ニ．直視型視覚）

センサ

④開先の3次元形状やルート間隔を高速・高精度に検出する。

（イ．光切断，ロ．ワイヤタッチ，ハ，アーク，ニ．接触式）センサ

(2) ワイヤタッチセンサ及びアークセンサでは，電流・電圧変化を制御に利用している。どのような変化を検出しているかを簡単に述べよ。

ワイヤタッチセンサ：

アークセンサ：

問題3. レーザ及びレーザ溶接に関する次の各問いにおいて，正しい選択肢の記号に○印をつけよ。ただし，正しい選択肢は1つだけとは限らない。

(1) レーザ光の特徴で正しいものはどれか。

イ．白色光である

ロ．集光性が良い

ハ．エネルギー密度が低い

ニ．位相が揃っている

(2) 金属の溶接に利用されている主なレーザはどれか。

イ．ルビーレーザ

ロ．He-Ne レーザ

ハ．ファイバーレーザ

ニ．アルゴンレーザ

(3) 上記 (2) のレーザは以下のどれに分類されるか。

イ．X線

ロ．紫外線

ハ．可視光線

ニ．赤外線

(4) アーク溶接と比較したレーザ溶接の長所はどれか。

イ．熱影響部が狭く，溶接変形が少ない

ロ．遮光などの安全対策は不要である

　　　ハ．溶込みに対する材料の種類や表面状態の影響はない

　　　ニ．高精度の開先加工を必要としない

　（5）電子ビーム溶接と比較したレーザ溶接の長所はどれか。

　　　イ．磁気の作用でビームを高速に移動できる

　　　ロ．金属蒸気の影響を受けにくい

　　　ハ．タイムシェアリングによって複数箇所をほぼ同時に溶接できる

　　　ニ．光ファイバーやミラーでの伝送が可能である

問題４.　各種熱切断法について以下の問いに答えよ。

　（1）ガス切断に利用される切断エネルギーは何か。次の文章の（　　
　　　）内に適切な言葉を記入せよ。

　　　鉄（鋼）と（①　　　）の（②　　　）エネルギー

　（2）ステンレス鋼のガス切断について，次の文章の（　　）内に適
　　　切な言葉を記入せよ。

　　　ステンレス鋼は，（①　　　）の融点が母材の融点より高く，流
　　動性の悪い（②　　　）が切断面に付着しやすいため，ガス切断の
　　適用が困難である。

　（3）レーザ切断の長所をガス切断と比較して２つ挙げよ。

　　長所１：

　　長所２：

問題５.　次の各問いにおいて，正しい選択肢の記号に〇印をつけよ。ただ
　し，正しい選択肢は１つだけとは限らない。

　（1）溶接構造用圧延鋼材（SM材）のB種及びC種にあって，A種
　　　にない規定はどれか。

　　　イ．伸び

　　　ロ．炭素当量

　　　ハ．切欠きじん性

　　　ニ．降伏比

　（2）建築構造用圧延鋼材（SN材）のB種及びC種で上限値を規定

しているのはどれか。

イ．伸び

ロ．炭素当量

ハ．切欠きじん性

ニ．降伏比

(3) 高温用鋼に関し正しいのはどれか。

イ．高温強度やクリープ特性が要求される

ロ．9%Ni鋼は代表的な高温用鋼である

ハ．Crは高温用鋼の重要元素である

ニ．P_{CM}が低く，低温割れ感受性が低い

(4) 溶接時の冷却速度に関し正しいのはどれか。

イ．大入熱溶接ほど冷却速度が速い

ロ．板厚が厚いほど冷却速度が速い

ハ．鋼板の初期（予熱）温度が高いほど冷却速度が遅い

ニ．P_{CM}の低い鋼板ほど冷却速度が遅い

(5) 低水素系被覆アーク溶接棒に関し正しいのはどれか。

イ．高張力鋼の溶接に適している

ロ．使用前に100〜150℃で乾燥する

ハ．水平すみ肉溶接用としてグラビティ溶接に適用される

ニ．イルミナイト系溶接棒に比べて作業性が良好である

問題6.　　低炭素鋼溶接熱影響部に関する以下の問いに答えよ。

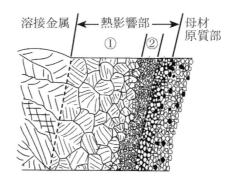

(1) 右図の領域①のうち，溶融線近傍ではぜい化が生じることがある。ぜい化する理由を説明せよ。

(2) 領域②は何と呼ばれるか。また，その領域の組織の形成メカニズムを簡単に説明せよ。

領域の名称：

説明：

問題7.　鋼の溶接性に関する以下の問いに答えよ。

(1) 炭素当量とは何か説明せよ。

(2) TMCP鋼の製造方法について，従来の製造法と比較して述べよ。

(3) TMCP鋼の溶接性は，従来法で製造した同強度レベルの高張力鋼よりも優れている。その理由を述べよ。

問題8.　次の各問いにおいて，正しい選択肢の記号に○印をつけよ。ただし，正しい選択肢は1つだけとは限らない。

(1) オーステナイト系ステンレス鋼SUS304の高温割れの原因はどれか。

　　イ．粒界へのクロム炭化物の析出

　　ロ．P，S等の粒界への偏析

　　ハ．低熱膨張率

　　ニ．使用時の溶接物に働く圧縮応力

(2) オーステナイト系ステンレス鋼の高温割れ防止対策として有効なものはどれか。

　　イ．低炭素ステンレス鋼の使用

　　ロ．PWHTによる残留応力の低減

　　ハ．数％のδフェライトを含有させる溶接施工

　　ニ．安定化ステンレス鋼の使用

(3) オーステナイト系ステンレス鋼溶接熱影響部の粒界腐食（ウェルドディケイ）の防止策として有効なものはどれか。

　　イ．低炭素ステンレス鋼の使用

　　ロ．PWHT による残留応力の低減

　　ハ．数％の δ フェライトを含有させる溶接施工

　　ニ．安定化ステンレス鋼の使用

(4) オーステナイト系ステンレス鋼で応力腐食割れを生じる危険性がある環境はどれか。

　　イ．クロムイオンが存在する環境

　　ロ．塩素イオンが存在する環境

　　ハ．窒素イオンが存在する環境

　　ニ．ニッケルイオンが存在する環境

(5) Al及びAl合金に関する記述で正しいのはどれか。

　　イ．弾性係数が小さいことから溶接変形は生じにくい

　　ロ．線膨張係数，凝固収縮が大きいことから高温割れを生じやすい

　　ハ．溶接金属に生じる気孔の主原因は水素である

　　ニ．溶接欠陥防止にマグ溶接の適用が有効である

問題9.　次の文章は，溶接変形と残留応力について述べている。各問いにおいて正しいものを1つ選び，その記号に○印をつけよ。

(1) 平板の突合せ溶接継手で，引張残留応力が最も大きいのはどれか。

　　イ．溶接始終端での溶接線方向の残留応力

　　ロ．溶接始終端での溶接線直角方向の残留応力

　　ハ．溶接継手中央部での溶接線方向の残留応力

　　ニ．溶接継手中央部での溶接線直角方向の残留応力

(2) 最大引張残留応力は溶接入熱とどう関係するか。

　　イ．入熱が小さいほど大きくなる

　　ロ．入熱が大きいほど大きくなる

　　ハ．ある入熱で最大となる

　　ニ．入熱には無関係

　（3）残留応力が引張となる範囲は溶接入熱とどう関係するか。

　　イ．入熱が大きいと，引張残留応力範囲が狭くなる

　　ロ．入熱が大きいと，引張残留応力範囲が広くなる

　　ハ．引張残留応力範囲は，ある入熱で最大となる

　　ニ．引張残留応力範囲は，入熱には無関係

　（4）溶接線方向の残留応力に最も関係する溶接変形はどれか。

　　イ．縦収縮

　　ロ．横収縮

　　ハ．角変形

　　ニ．回転変形

　（5）溶接残留応力の特徴はどれか。

　　イ．引張残留応力の合力＜圧縮残留応力の合力

　　ロ．引張残留応力の合力＝圧縮残留応力の合力

　　ハ．引張残留応力の合力＞圧縮残留応力の合力

　　ニ．引張残留応力の合力は，圧縮残留応力の合力と無関係

問題10.　　次の溶接継手の仕様をJIS Z 3021の溶接記号で表せ。

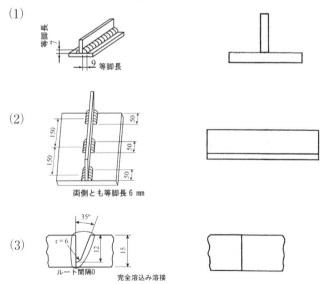

（1）等脚長 7　等脚長 9

（2）150　150　50　50　50　両側とも等脚長6mm

（3）35°　r＝6　12　15　ルート間隔0　完全溶込み溶接

(4)

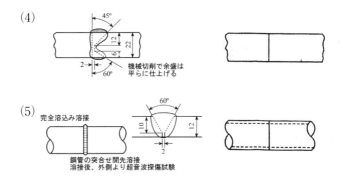

(5) 完全溶込み溶接

鋼管の突合せ開先溶接
溶接後、外側より超音波探傷試験

問題11.　溶接鋼構造物の疲労について考える。以下の問いに答えよ。

(1) 疲労破面の特徴を2つ挙げよ。

　特徴1：

　特徴2：

(2) 疲労損傷を防止するための継手設計上の留意点を3つ挙げよ。

問題12.　下図のように板厚25mm の軟鋼平板に厚さ10mmの板（軟鋼）をすみ肉溶接で取り付ける。すみ肉溶接のサイズ S は，鋼構造設計規準に従って最小寸法に設定する。この継手に100kN の引張荷重 P が作用するとき，必要な溶接長さ L を解答手順に従って求めよ。ただし，母材の降伏点は270N/mm²，引張強さは440N/mm²であり，許容引張応力は降伏点の2/3又は引張強さの1/2の小さい方とし，許容せん断応力は許容引張応力の60%で，$1/\sqrt{2}$=0.7とする。また，回し溶接の部分は荷重を負担しないものとし，溶接部に働く曲げモーメントも考えないものとする。

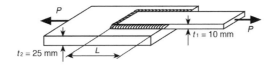

(1) 鋼構造設計規準によると，「すみ肉のサイズ S は，薄い方の母材厚さ t_1 以下でなければならない。また，板厚が6mmを超える

場合は，サイズ S は 4 mm 以上でかつ $1.3\sqrt{t_2}$（mm）以上でなければならない。ここで，t_2 は厚い方の母材厚さ。」となっている。これより，サイズ S は① （　　　） mm $\leq S \leq$ ② （　　　） mm（小数点 1 位まで求める）を満たす必要があり，鋼構造設計規準に従う最小サイズ S は，③ （　　　） mm となる。

(2) このすみ肉溶接ののど厚は，小数点第 2 位以下を切り捨てると，④ （　　　） mm となる。

(3) 合計の有効溶接長さは⑤ （　　　） mm なので，力を伝える有効のど断面積は⑥ （　　　） mm² となる。

(4) すみ肉溶接なので，継手の許容応力は，⑦ （　　　） N/mm² である。

(5) したがって，100kN の引張荷重 P が作用する場合の必要溶接長さ L は，⑧ （　　　） mm となる。（小数点以下は切り上げる）

問題13.　溶接品質に関する次の各問いにおいて，正しい選択肢の記号に○印をつけよ。ただし，正しい選択肢は 1 つだけとは限らない。

(1) ISO 9000 ファミリーにおける 8 つの品質マネジメントに含まれている項目はどれか。

　　イ．顧客重視

　　ロ．安全・衛生

　　ハ．テクニカルレビュー

　　ニ．継続的改善

(2)「溶接管理 - 任務及び責任」を定めた国際規格はどれか。

　　イ．ISO 3834

　　ロ．ISO 9001

　　ハ．ISO 14731

　　ニ．ISO 15604

(3)「金属材料の融接に関する品質要求事項」を定めた国際規格はどれか。

　　イ．ISO 3834

　　　ロ．ISO 9001

　　　ハ．ISO 14731

　　　ニ．ISO 15604

（4）JIS Z 3410「溶接管理 - 任務及び責任」で，溶接管理技術者が
　　考慮すべき任務はどれか。

　　　イ．溶接継手の設計

　　　ロ．不適合及び是正処置

　　　ハ．溶接材料の保管及び取扱い管理

　　　ニ．母材の調達

（5）JIS Z 3400「金属材料の融接に関する品質要求事項」に含まれ
　　ているのはどれか。

　　　イ．品質記録

　　　ロ．トレーサビリティ

　　　ハ．設計コンセプト

　　　ニ．供用適性評価

問題14.　被覆アーク溶接でタック溶接を行う場合において，以下の問いに
答えよ。

　　（1）タック溶接の長さは板厚が大きいほど長くするように推奨さ
　　　　れている。その理由を述べよ。

　　（2）サブマージアーク溶接で本溶接を行う場合，タック溶接長さ
　　　　は，本溶接が被覆アーク溶接の場合に比べて長くすること，又
　　　　はタック溶接の数を増やすことが推奨されている。その理由を
　　　　述べよ。

　　（3）タック溶接の予熱温度は，本溶接のそれよりも 30 〜 50℃ 高
　　　　く設定される。その理由を述べよ。

問題15.　低温割れについて，以下の問いに答えよ。

　　（1）低温割れに影響する主要因を 3 つ記せ。

　　　要因 1 ：

　　　　　要因 2 :

　　　　　要因 3 :

　　　（2）低温割れ防止対策として，予熱の実施が挙げられる。その理由
　　　　　を（1）と関連して説明せよ。

　　　（3）予熱の実施以外の低温割れ防止策を 4 つ挙げよ。

　　　　　防止策 1 :

　　　　　防止策 2 :

　　　　　防止策 3 :

　　　　　防止策 4 :

問題16.　溶接後熱処理（PWHT）に関する以下の問いに答えよ。

　　　（1）主目的を 2 つ挙げよ。

　　　　　主目的 1 :

　　　　　主目的 2 :

　　　（2）施工時に要求される管理項目を 3 つ挙げよ。

　　　　　管理項目 1 :

　　　　　管理項目 2 :

　　　　　管理項目 3 :

問題17.　溶接部のきずを検出する非破壊試験方法の中にMTとPTがある。
　　　　各試験法の名称，適用可能な材料，検出可能なきずについて，下表
　　　　の空欄を埋めよ。

略称	(1)名称	(2)適用可能な材料	(3)検出可能なきず
MT			
PT			

問題18.　鋼溶接部の非破壊試験に関する次の各問いにおいて，正しい選択
　　　　肢の記号に○印をつけよ。ただし，正しい選択肢は 1 つだけとは限
　　　　らない。

(1) JIS Z 3104「鋼溶接継手の放射線透過試験方法」で，透過写真の像質を評価するのに用いるのはどれか。

　　イ．露出計
　　ロ．階調計
　　ハ．電圧計
　　ニ．透過度計

(2) JIS Z 3104 に規定されているのはどれか。

　　イ．透過写真の濃度範囲
　　ロ．放射線のエネルギー
　　ハ．識別最小線径
　　ニ．フィルム感度

(3) 超音波斜角探傷試験で検出されたエコーにより，きずの位置を判断するために用いるのはどれか。

　　イ．エコー高さ
　　ロ．エコーのビーム路程
　　ハ．超音波の周波数
　　ニ．探触子の屈折角

(4) JIS Z 3060「鋼溶接部の超音波探傷試験方法」で，きず分類の評価に用いるのはどれか。

　　イ．きずの種
　　ロ．きずのエコー高さ
　　ハ．きずの指示長さ
　　ニ．きずの深さ位置

(5) 放射線透過試験と比較した超音波探傷試験の長所はどれか。

　　イ．きずの種類判別が容易である
　　ロ．表面粗さの影響を受けない
　　ハ．薄板の探傷に適している
　　ニ．試験体の片側から検査できる

問題19.　アーク溶接時の安全衛生について，以下の問いに答えよ。

(1) 溶接ヒュームが関係する健康障害を2つ挙げよ。

障害1：

障害2：

(2) 作業環境における溶接ヒュームばく露対策を1つ挙げよ。

(3) 溶接作業時の個人用保護具を5つ挙げよ。

保護具1：

保護具2：

保護具3：

保護具4：

保護具5：

問題20. 安全衛生についての次の文章中の（　　）内の言葉のうち，正しいものを選び，その記号に○印をつけよ。ただし，正しい選択肢は1つだけとは限らない。

(1) 酸素欠乏症等防止規則によれば，タンクやボイラ内部において溶接作業を行うとき，作業環境中の酸素濃度を（イ．12%，ロ．16%，ハ．18%，ニ．20%）以上に保つよう換気しなければならない。

(2) 作業環境における大気中CO許容濃度の日本産業衛生学会の勧告値は（イ．0.5ppm，ロ．5ppm，ハ．10ppm，ニ．50ppm）である。

(3) JIS C 9311で定めている交流アーク溶接電源用電撃防止装置では，アークを発生させていないとき，ホルダーと母材間の電圧を（イ．10V，ロ．20V，ハ．25V，ニ．40V）以下としている。

(4) 労働安全衛生規則で，交流アーク溶接機用自動電撃防止装置の使用を義務付けているのは（イ．タンク内部などの狭あい場所での作業，ロ．2m以上の高所作業，ハ．高温高湿度での作業，ニ．雨天時での作業）である。

(5) 溶接電流100〜300Aのガスシールドアーク溶接において，フィルタプレートを2枚用いる場合の遮光度番号の組合せは（イ．5と5，ロ．5と6，ハ．5と7，ニ．6と7）である。

●2019年11月３日出題　1級試験問題●
解答例

問題１. ①臨界，②スプレー（プロジェクト），③電磁ピンチ力，④スパッタ，
⑤ベース

問題２. (1) ①ロ，　②ハ，　③ニ，　④イ
(2)

　ワイヤタッチセンサ：溶接ワイヤが母材へ短絡した時に発生する
無負荷電圧から短絡電圧への電圧変化または短絡電流の通電を検出
している。

　アークセンサ：溶接トーチ（アーク）をウィービング（回転）さ
せ，その時に生じるワイヤ突出長さの変動にともなう溶接電流の変
化を検出している。

問題３. (1) ロ，ニ，(2) ハ，(3) ニ，(4) イ，(5) ハ，ニ

問題４. (1) ①酸素，②化学反応
(2) ①酸化物，②スラグ
(3)

　長所１，２：
以下から２つ挙げる。
・薄板の精密切断が可能である。
・切断による変形，ひずみが少ない。
・切断による熱影響が少ない。
・薄板の高速切断が可能である。
・切断カーフが狭い。
・金属はもとより，セラミックスや樹脂などの非金属の切断に適
用できる。

問題5.　　(1) ハ，(2) ロ，ニ，(3) イ，ハ，(4) ロ，ハ，(5) イ

問題6.　　(1)

　　溶融線近傍の約1250℃ 以上に加熱された領域は，結晶粒が著し
く粗大となり，マルテンサイトや上部ベイナイトなどの焼入硬化組
織が生じるため。

　　(2)

　　領域の名称：細粒域

　　説明：細粒域はA_{c3}温度以上で900〜1100℃程度に加熱された領
域であり，オーステナイト粒の成長が十分起こっていない。その小
さなオーステナイト粒の状態から冷却中にフェライト＋パーライト
に変態し，結晶粒が微細になる。

問題7.　(1)

　　鉄鋼およびその溶接部の性質は，CおよびMn，Ni，Mo，Crなど
の合金元素によって影響を受ける。この影響の度合いを炭素量に換
算したものを炭素当量と呼び，溶接熱影響部の最高硬さの指標とし
てよく用いられる。

　　例えばJIS では炭素当量$Ceq=C+Mn/6+Si/24+Ni/40+Cr/5+Mo/4+V/14$ で与えられている。

　　(2)

　　従来法では（A_{r3}点よりかなり）高い温度で熱間圧延を行うのに
対して，TMCP鋼ではスラブ加熱温度を低く抑え，（A_{r3}点近傍で圧
延し，圧延後に加速冷却を行う）制御圧延・加速冷却を行っている。

　　(3)

　　TMCP鋼は，一般の熱間圧延鋼と比較して組織の微細化により強
度が高くなっており，高強度化に必要な合金元素量が少なく，炭素
当量が低いため。これにより，溶接時の予熱温度を低くでき，溶接
部の硬化やぜい化も少ない。

問題8. (1) ロ，(2) ハ，(3) イ，ニ，(4) ロ，(5) ロ，ハ

問題9. (1) ハ，(2) ニ，(3) ロ，(4) イ，(5) ロ

問題10. (1)

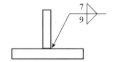

(2)

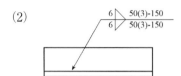

(3)

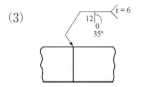

(4)

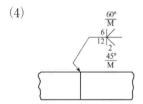

(5)

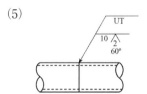

問題11. (1)

特徴1, 2：以下から2つ挙げる。

・破面は平坦で，作用応力の方向に垂直である。

・塑性変形がほとんどない。

・荷重変動が大きいと貝殻状模様（ビーチマーク）が見られる。

　　　　・微視的にはストライエーションが観察される。

　　（2）

　　　　以下から３つ挙げる。

　　　　・構造的（形状不連続による）応力集中を低減する。（応力集中
　　　　　の小さい継手形状の選択）

　　　　・余盛止端をなめらかに仕上げる。

　　　　・ソフトトウの採用。

　　　　・構造的応力集中部に溶接部を設けないようにする。

　　　　・完全溶込み溶接を採用する。

　　　　・引張残留応力を低減する。

問題12.　①6.5，②10，③6.5，④4.5，⑤2L，⑥9L，⑦108，⑧103

　　　　解 説　①$1.3\sqrt{t_2}$=1.3×$\sqrt{25}$=1.3×5=6.5，②t1，④6.5×1/$\sqrt{2}$=6.5
　　　　×0.7=4.55→小数点第２位以下を切り捨てて4.5，⑥$2L$×4.5=9L，
　　　　⑦許容引張応力は，270×2/3=180と440×1/2=220の小さい方な
　　　　ので180N/mm²である。許容せん断応力は許容引張応力の60%
　　　　なので，180×0.6=108N/mm²となる。⑧108×9L=100,000より
　　　　L=102.88mm→103mm

問題13.　(1)　イ，ニ，(2)　ハ，(3)　イ，(4)　ロ，ハ，(5)　イ，ロ

問題14.　(1)　板厚が大きいほど冷却速度が大きくなって，熱影響部が硬化し
　　　　やすい。そのため，厚板になるほど，タック溶接を長くして，冷
　　　　却速度を遅くし，過度の硬化を防止して，低温割れの発生を防止
　　　　する。

　　　　(2)　サブマージアーク溶接の方が溶接入熱が大きく，溶接時の回転
　　　　変形が大きくなりタック溶接部が破断しやすくなる。このため，
　　　　サブマージアーク溶接用のタック溶接は長く，または数を多くす
　　　　る。

　　　　(3)　溶接ビード長さが短いタック溶接では冷却速度が速くなり，熱

影響部が硬化しやすいので，低温割れを防止する観点から高めの
予熱によって冷却速度を遅くする。

問題15.（1）

要因1, 2, 3：拡散性水素量，硬化組織，引張応力

（2）

予熱を行うことによって，溶接後の冷却速度が遅くなり，硬化
の抑制および拡散性水素の放出促進が図れ，低温割れを抑制でき
る。

（3）

防止策1, 2, 3, 4：

下記から4つ挙げる。

・拡散性水素の発生が少ない溶接法の採用
・拡散性水素量の少ない溶接材料の選定
・パス間温度が予熱温度を下回らないように管理する
・直後熱を実施する（200～350℃程度で0.5時間から数時間）
・溶接材料の乾燥
・開先面の清掃・乾燥
・ショートビードを避ける
・低P_{CM}鋼材の使用
・溶接継手の拘束が大きくならないようにする。（継手形状，溶
　接順序などの考慮）
・PWHTの適用

問題16.（1）

主目的1, 2：

下記から2つ挙げる。

・溶接残留応力の緩和
・溶接熱影響部の軟化
・溶接部の延性およびじん性の向上

・拡散性水素の除去

(2)

管理項目 1, 2, 3：

下記から 3 つ挙げる。

・最低保持温度

・最小保持時間

・加熱速度

・冷却速度

・炉内挿入温度

・炉外への取出し温度

・被加熱部全体にわたる温度差

問題 17.

略称	(1)名称	(2)適用可能な材料	(3)検出可能なきず
MT	磁粉探傷試験	炭素鋼，低合金鋼，高張力鋼などの強磁性体	表面および表面直下のきず（表面割れ，表層部の割れなど）
PT	浸透探傷試験	鉄鋼，非鉄金属，非金属（セラミックス）など，多孔性（通水性）でないすべての材料	表面に開口したきず（表面割れ，ピットなど）

問題 18. (1) ロ，ニ，(2) イ，ハ，(3) ロ，ニ，(4) ロ，ハ，(5) ニ

問題 19. (1) 障害 1, 2：

以下から 2 つ挙げる。

じん肺，金属熱，化学性肺炎，呼吸困難，気管支炎，など

(2)

以下から 1 つ挙げる。

全体換気，局所排気，ヒューム吸引トーチの使用，送風機の使用，など

(3)

保護具 1, 2, 3, 4, 5：

以下から 5 つ挙げる。

・（自動遮光形）溶接用保護面

・防じんマスク

・耳栓

・電動ファン付き呼吸用保護具

・送気マスク

・皮手袋

・足カバー，腕カバー，前掛け

・安全帽（ヘルメット）

・保護メガネ（遮光メガネ）

など

問題20. (1) ハ，(2) ニ，(3) ハ，(4) イ，ロ，(5) ハ，ニ

1級試験問題

問題1. マグ溶接及びサブマージアーク溶接に関する次の問いに答えよ。

(1) 次の文章の（　　）内に適切な言葉を入れよ。

　　マグ溶接では，ワイヤを定速で送給し，直流（①　　）特性の電源を用いることで，電源の（②　　）作用によってアーク長を一定に保つことができる。

　　太径ワイヤを用いるサブマージアーク溶接では，交流（③　　）特性の電源を用い，アーク安定化のために（④　　）をフィードバックしてワイヤ送給速度を制御している。

　　マグ溶接では（⑤　　）を利用して，サブマージアーク溶接では（⑥　　）を利用して，溶接金属を大気から保護する。

(2) 構造用鋼の溶接において，マグ溶接と太径ワイヤを用いるサブマージアーク溶接とを比較し，それぞれの優れている点を1つずつ挙げよ。

　　マグ溶接：

　　サブマージアーク溶接：

問題2. JIS C 9300-1に基づいて，交流アーク溶接機の使用率に関する以下の問いに答えよ。

(1) 次の文章の（　　）内に適切な言葉を入れよ。

　　溶接機の定格使用率は，（①　　）間に対するアーク発生時間の割合（%）である。

　　溶接機の許容使用率は，以下の式で算出される。

$$許容使用率 = \frac{（②　　　）^2}{（③　　　）^2} \times 定格使用率（%）$$

(2) 定格出力電流300A，定格使用率40%の交流アーク溶接機を用いて，溶接電流200Aで動作させた場合の許容使用率を求めよ。

(3) 上記（2）の交流アーク溶接機を用いて，（①　　　）以上の連続溶接を行う際に，焼損の恐れなしに使用できる溶接電流の最大許容値を求めよ。必要ならば，$\sqrt{0.4} = 0.63$ とせよ。

問題3. 次の文章は，エレクトロガスアーク溶接及びエレクトロスラグ溶接について述べたものである。

次の文章中の（　　）内に適切な言葉を入れよ。

(1) エレクトロガスアーク溶接及びエレクトロスラグ溶接は，（①　　　　）姿勢で厚板を1パスで溶接できる高能率な溶接法である。

(2) エレクトロガスアーク溶接では，水冷銅当て金で囲まれた開先内に（②　　）を供給しながら上方からワイヤを送給し，その先端にアークを発生させ，その熱によってワイヤと母材とを溶融して溶融池を形成する。

(3) エレクトロスラグ溶接では，溶接開始時にアークを発生させて（③　　　）を溶融し，開先内にスラグ浴を形成する。その後，アークは消失してワイヤと母材間のスラグ浴中を流れる電流による（④　　　）によってワイヤ及び母材を溶融して溶融池を形成する。

(4) エレクトロガスアーク溶接及びエレクトロスラグ溶接は入熱が大きく，継手の（⑤　　）が生じやすい。

問題4. 摩擦攪拌接合に関する以下の問いに答えよ。

(1) 文章中の（　　）内の言葉のうち，正しいものを1つ選び，その記号に○印をつけよ。

摩擦攪拌接合では，ツールを回転させた状態で接合面に①（イ．トーチ，ロ．ノズル，ハ．プローブ，ニ．チップ）を圧入し，ツールの回転運動による摩擦発熱を利用して部材を接合する。接合部では②（イ．塑性流動，ロ．母材溶融，ハ．アーク，ニ．キーホール）が生じ，ツールの移動につれて接合界面が一体化される。この場合の接合温度は母材の③（イ．融点以上，ロ．融点程度，ハ．融点の70％程度，ニ．融点の30％程度）である。

　　(2)　摩擦攪拌接合がアーク溶接に比べて優れている点，劣っている
　　　点をそれぞれ1つずつ挙げよ。
　　　　優れている点：
　　　　劣っている点：

問題5.　次の各問いにおいて，正しい選択肢の番号に〇印をつけよ。ただし，
　　正答の選択肢は1つだけとは限らない。
　　(1)　溶接構造用圧延鋼材SM490のA種で規定されているのはどれ
　　　か。
　　　　イ．低温割れ感受性
　　　　ロ．降伏点又は0.2%耐力
　　　　ハ．シャルピー吸収エネルギー
　　　　ニ．伸び
　　(2)　溶接部の冷却について正しい記述はどれか。
　　　　イ．溶接入熱が大きくなると，溶接部の冷却は速くなる
　　　　ロ．予熱・パス間温度が高くなると，溶接部の冷却は速くなる
　　　　ハ．板厚が厚くなるほど，溶接部の冷却は速くなる
　　　　ニ．溶接部の冷却速度は，継手形式に依存する
　　(3)　炭素鋼溶接熱影響部の硬さに影響するものはどれか。
　　　　イ．化学組成
　　　　ロ．溶接条件
　　　　ハ．拘束条件
　　　　ニ．水素量
　　(4)　低温割れについて正しいのはどれか。
　　　　イ．防止策として溶接入熱低減が有効である
　　　　ロ．割れの主要因は酸素である
　　　　ハ．300℃以下で生じる
　　　　ニ．フェライト系ステンレス鋼では生じない
　　(5)　ソリッドワイヤと比較した，フラックス入りワイヤを用いたマ
　　　グ溶接の特徴はどれか。

　　イ．スパッタが少ない
　　ロ．拡散性水素が少ない
　　ハ．溶込みが深い
　　ニ．スラグが少ない

問題6．下図はFe-C系平衡状態図である。C量が0.15%の鋼をA点（1000℃）
　　まで加熱した後，冷却するとする。

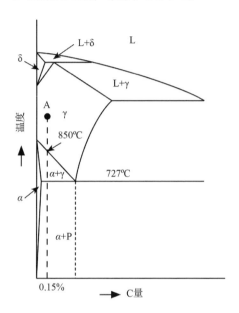

(1) 非常にゆっくり冷却した場合の組織変化について，変態温度に
　　関連させて述べよ。
(2) 冷却速度を速めた場合の変態に関する次の文章の（　　）内に
　　適切な言葉を入れよ。
　　　鋼の変態は主として①（　　）原子の拡散に支配される。冷却
　　過程で冷却速度が増すとその拡散が追い付かなくなり，②（　　）
　　相から③（　　）相への変態が遅れる。すなわち冷却速度の増加
　　とともにA$_{r3}$変態温度もA$_{r1}$変態温度も低下し，④（　　）組織や

　　　⑤（　　　）組織のような硬化組織となりやすい。

問題7．Cr-Mo鋼の溶接に関し，以下の問いに答えよ。

　（1）Cr-Mo鋼の用途は何か。

　（2）Cr-Mo鋼は溶接後熱処理（PWHT）される。その目的を述べ
　　　よ。

　（3）Cr-Mo鋼に対してPWHTを行うと，溶接止端部から割れを生
　　　じることがある。この割れは何と呼ばれるか。また，割れが生じ
　　　る冶金学的原因を述べよ。

　　　　　割れの名称：

　　　　　冶金学的原因：

問題8．オーステナイト系ステンレス鋼に関する以下の問いに答えよ。

　（1）SUS304はどの程度のCr及びNiを含有しているか。

　　　　Cr含有量：　　　　　％

　　　　Ni含有量：　　　　　％

　（2）次の文章中の（　　　）内に適切な数字，言葉を記入せよ。

　　　　オーステナイト系ステンレス鋼は①（　　　）℃の温度に加熱保
　　　持されると，炭化物の析出により粒界近傍の②（　　　）濃度が低
　　　下し，鋭敏化する。この鋭敏化に起因して，熱影響部で粒界腐食
　　　が生じる現象を③（　　　）と呼ぶ。その防止策の1つとして，④
　　　（　　　）入りの安定化ステンレス鋼が利用される。

問題9．次の文章は，材料力学について述べている。各問いにおいて正しい
　　　ものを1つ選び，その記号に○印をつけよ。

　（1）矩形断面のはり（厚さb，高さh）が曲げモーメントを受ける
　　　とき，最大曲げ応力が生じる位置はどこか。

　　　イ．はりの上面又は下面

　　　ロ．はり高さの中央面から$h/3$の位置

　　　ハ．はり高さの中央面から$h/4$の位置

　　ニ．はり高さの中央面

(2) 矩形断面のはりの厚さ b が2倍になると，曲げ剛性は何倍となるか。

　　イ．2倍

　　ロ．4倍

　　ハ．8倍

　　ニ．16倍

(3) 矩形断面のはりの高さ h が2倍になると，曲げ剛性は何倍となるか。

　　イ．2倍

　　ロ．4倍

　　ハ．8倍

　　ニ．16倍

(4) 同形状・寸法の両端支持の鋼はりとアルミニウムはりがある。両はりに同じ大きさの一様分布荷重が作用したとき，はりのたわみが最大となるのはどれか。

　　イ．鋼はりの，はり中央

　　ロ．鋼はりの，はり端部

　　ハ．アルミニウムはりの，はり中央

　　ニ．アルミニウムはりの，はり端部

(5) 断面積が同じ中空丸棒と中実丸棒の両端支持はりが，はり中央で同じ大きさの集中荷重を受けている。はりのたわみについて正しいのはどれか。

　　イ．中空丸棒の方が大きい

　　ロ．中実丸棒の方が大きい

　　ハ．両丸棒で同じ

　　ニ．はり材料により，中空丸棒の方が大きい場合と中実丸棒の方が大きい場合がある

問題10. 図（a）に示すように，断面の一様な長さ l_0 の鋼棒を温度0℃で剛体壁に固定し，温度 T（℃）まで加熱したときに生じる熱応力を求める。以下の手順に従って（　　）内を解答せよ。なお，鋼の縦弾性係数 E，線膨張係数 α，降伏応力 σ_Y は温度によらず一定で，加工硬化は生じないものとする。

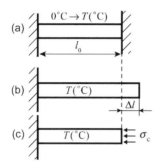

(1) 図（b）のように右側の剛体壁がないとすると，棒は自由に膨張できる。温度変化量は T（℃）なので，膨張量 Δl は $\Delta l =$①（　　）となる。

(2) 図（a）の状態は，図（b）の状態から図（c）に示すように棒の右側に応力 σ_c を作用させて，棒の長さを初期長さ l_0 にするときと同じである。図（b）の状態から図（c）の状態にしたときに生じるひずみ ε は $\varepsilon =$②（　　）である。

(3) この応力 σ_c は熱応力に相当するもので，フックの法則から②の解を用いて $\sigma_c =$③（　　）と表される。

(4) 鋼の縦弾性係数 $E = 200{,}000$ MPa，線膨張係数 $\alpha = 1 \times 10^{-5}$/℃，降伏応力 $\sigma_Y = 400$ MPaとすると，熱応力が圧縮降伏応力に達するときの温度 T は $T =$④（　　）℃となる。

(5) 図（a）で，温度 $T = 500$℃まで温度上昇させたときに生じる塑性ひずみ ε_P は，④の温度から500℃まで温度上昇したときに生じるひずみで与えられるので $\varepsilon_P =$⑤（　　）である。

問題11. 構造用炭素鋼及びその溶接部のじん性の評価には，一般にＶノッチシャルピー衝撃試験が行われる。以下の問いに答えよ。

(1) 吸収エネルギーと温度の関係を描き，その図に上部棚エネルギー，エネルギー遷移温度を記入せよ。

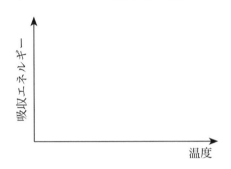

(2) じん性の評価には，エネルギー遷移温度と並んで，破面遷移温度も用いられる。破面遷移温度とはどのような温度か。

(3) ぜい性破壊抑制のためにはどのような材料を選定すればよいか。破面遷移温度と吸収エネルギーを用いて答えよ。

問題12. 図のような引張荷重 P が作用する十字すみ肉溶接継手の許容最大荷重を，解答手順に従って算出せよ。なお，すみ肉溶接は等脚長で脚長＝サイズとし，各すみ肉継手の有効溶接長さは100mmとする。また，許容引張応力は150 N/mm²，許容せん断応力は許容引張応力の0.6倍で，$1/\sqrt{2} = 0.7$ とする。

(1) 十字すみ肉継手の許容応力は，①（　　　）N/mm²である。

(2) 各すみ肉溶接部ののど厚は②（　　　）mmである。

(3) 荷重は上下一対のすみ肉溶接継手により伝達されるので，強度計算に用いる合計有効溶接長さは，③（　　　）mmである。

(4) したがって，力を伝える有効のど断面積は④（　　　）mm²となる。

(5) 許容最大荷重は，有効のど断面積 × 許容応力より，⑤（　　　）kNとなる。

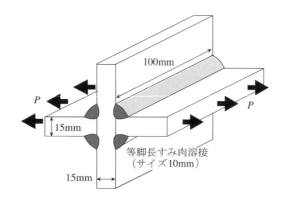

100mm

P

15mm

P

等脚長すみ肉溶接
（サイズ10mm）

15mm

問題13. 次の文章中の（　　）内の語句のうち，正しい選択肢の番号に○
印をつけよ。ただし，正答の選択肢は１つだけとは限らない。

(1) 溶接構造物の品質は，まず構造物の用途と使用条件に応じて①
（イ．製造の品質，ロ．設計の品質，ハ．検査の品質，ニ．ア
フターサービスの品質）として決定され，次に施工段階では，適切
な構造設計による図面，および仕様書に従って，溶接を中心とす
る②（イ．原図工程，ロ．検査工程，ハ．切断工程，ニ．製造工
程）において実現される。

(2) 設計品質の設定を受けて，製造部門は製造品質を製品に作りこ
まなければならない。そのためには，どれだけばらつきの小さい
製品を作り出せるか，不良率の低い品質水準を維持できるかとい
う，③（イ．工程能力，ロ．運搬能力，ハ．生産能力，ニ．検査
能力）が求められる。

(3) 要員及び設備を100％稼働させた時に得られる工場のアウト
プットは，④（イ．工程能力，ロ．運搬能力，ハ．生産能力，ニ.
検査能力）であり，例えば⑤（イ．溶接長，ロ．機械台数，ハ.
生産金額，ニ．クレーン能力）などがある。

問題14. 溶接変形を抑制する対策を，設計段階で２つ，施工段階で３つ挙
げよ。

(1) 設計段階

　　対策1：

　　対策2：

(2) 施工段階

　　対策1：

　　対策2：

　　対策3：

問題15. JIS Z 3400：2013（ISO 3834）「金属材料の融接に関する品質要求事項」で規定されている，溶接前に行う点検，検査及び試験を3つ，溶接中に行う点検，検査及び試験を2つ挙げよ。

　　溶接前1：

　　溶接前2：

　　溶接前3：

　　溶接中1：

　　溶接中2：

問題16. 溶接欠陥に対して，以下の問いに答えよ。

(1) スラグ巻込みの防止策を2つ挙げよ。

　　防止策1：

　　防止策2：

(2) 融合不良の防止策を3つ挙げよ。

　　防止策1：

　　防止策2：

　　防止策3：

問題17. 下表に示す溶接欠陥を最も効率よく検出できる非破壊試験方法を，語群から一つずつ選び，その記号を記せ。また，欠陥の性状及び材質からみた選定理由を述べよ。

検出しようとする欠陥	試験方法	選定理由
SUS304 溶接部の表面割れ		
高張力鋼溶接部の表層部の微細な割れ		
すみ肉溶接部のアンダカット		
アルミニウム溶接部のブローホール		
V開先鋼溶接部の開先面での融合不良		

［語群］

（ア）外観試験（VT）

（イ）磁粉探傷試験（MT）

（ウ）浸透探傷試験（PT）

（エ）放射線透過試験（RT）

（オ）超音波探傷試験（UT）

問題18. 次の文章は，鋼溶接部の非破壊試験について述べたものである。（　　）内の語句のうち，正しい選択肢の番号に○印をつけよ。ただし，正答の選択肢は1つだけとは限らない。

(1) JIS Z 3104に従った放射線透過試験では，（イ．透過度計，ロ．反射板，ハ．階調計，ニ．渦電流）が使用される。

(2) 超音波斜角探傷試験において小さな欠陥を検出するには，（イ．高い周波数，ロ．低い周波数，ハ．大きな屈折角，ニ．小さな屈折角）を用いるのがよい。

(3) 蛍光磁粉を用いた磁粉探傷試験では，（イ．白色灯，ロ．赤外線照射灯，ハ．紫外線照射灯，ニ．蛍光灯）を用いる。

(4) 浸透探傷試験に用いる浸透液は，（イ．ぬれ性が良く粘性の高い，ロ．ぬれ性が良く粘性の低い，ハ．ぬれ性が悪く粘性の高い，ニ．ぬれ性が悪く粘性の低い）ものが適している。

(5) 溶接後の外観試験の対象となる欠陥には，（イ．ビード下割れ，ロ．パス間の融合不良，ハ．オーバラップ，ニ．ピット）がある。

問題19. 高温多湿時の溶接作業で発生する熱中症について，以下の問いに答えよ。

(1) 熱中症が疑われる症状を1つ挙げよ。

(2) 熱中症が疑われた場合の緊急処置を2つ挙げよ。

　①

　②

(3) 作業管理からみた熱中症防止対策を2つ挙げよ。

　①

　②

問題20. 次の文章中の（　　）内の言葉のうち，正しいものを1つ選び，その記号に○印をつけよ。

(1) 狭あい場所で有害ガスが存在する危険性のある環境で使用できる呼吸用保護具は（イ．電動ファン付き呼吸用保護具，ロ．防じんマスク，ハ．送気マスク，ニ．不織布マスク）である。

(2) 酸素欠乏症等防止規則によれば，作業を行う場所での空気中の酸素濃度を（イ．18%，ロ．20%，ハ．22%，ニ．24%）以上に保つよう換気しなければならない。

(3) じん肺法では，事業者は常時粉じん作業に従事するじん肺管理区分「1」の作業者に対して（イ．1年，ロ．2年，ハ．3年，ニ．4年）以内に1回，じん肺の健康診断を行わなければならない。

(4) WES 9009-2で定められている溶接ヒュームの管理濃度は（イ．$1\,mg/m^3$，ロ．$3\,mg/m^3$，ハ．$10mg/m^3$，ニ．$15mg/m^3$）である。

(5) ガス容器の温度は（イ．20℃，ロ．30℃，ハ．40℃，ニ．50℃）以下に保たなければならない。

●2019年6月9日出題　1級試験問題●

解答例

問題1. (1) ①定電圧，②自己制御，③垂下（定電流），④アーク電圧（電圧でも可），⑤シールドガス（CO_2，ArとCO_2の混合ガスでも可），⑥フラックス（溶融スラグ）

(2)

マグ溶接の優れている点（以下から1つ）

　①全姿勢の溶接に適用できる。

　②薄板から厚板までの広範囲な適用が可能である。

　③ロボット溶接が可能である。

　④溶融池の観測が容易で半自動溶接が可能である。

　⑤溶接装置が比較的安価である。

サブマージアーク溶接の優れている点（以下から1つ）

　①大電流が使用でき，能率的である。

　②アークがフラックスで覆われているため，遮光の必要がなく，風の影響も少ない。

　③溶接金属の表面全体が厚いスラグで覆われているため，ビード外観が美しく均一である。

　④磁気吹きに強い交流電源も使用できる。

　⑤スパッタやヒュームの発生が少ない。

問題2. (1) ①10分，②定格出力電流，③使用溶接電流

(2) 許容使用率の式に，問題で与えられた数値を代入すると，

$$許容使用率 = \left(\frac{300 \times 300}{200 \times 200} \right) \times 40 = 90 \ (\%)$$

(3) 許容使用率の式に，問題で与えられた数値を代入すると，

$$\left(\frac{300 \times 300}{I \times I} \right) \times 40 = 100$$

$$I = 300 \times \sqrt{\frac{40}{100}} = 300 \times 0.63 = 189 \text{（A）}$$

問題3. ①立向，②シールドガス，③フラックス，④ジュール（抵抗）発熱，
⑤軟化（ぜい化，じん性劣化でも可）

問題4. (1) ①ハ，　②イ，　③ハ。
(2)
優れている点（以下から1つ）
・低融点の難溶接材料の接合が可能である。
・溶接変形を低減できる。
・残留応力を低減できる。
・遮光の必要がない。
・シールドガス・フラックスを必要としない。
・ヒュームの発生がない。
・スパッタの発生がない。
・ポロシティの発生が少ない。
・接合部組織が微細化される。
劣っている点（以下から1つ）
・強固な拘束ジグが必要である。
・溶接姿勢に制約がある。
・高融点材料への適用が困難である。
・複雑な継手に適用できない。
・剛性の高い装置を必要とする。

問題5. (1) ロ，ニ，(2) ハ，ニ，(3) イ，ロ，(4) ハ，(5) イ

問題6. (1) A点（1000℃）での組織はオーステナイト単相であり，A点か
ら冷却していくと，850℃（A_{r3}変態温度）より低い温度でオーステ

ナイトからフェライトへの変態が始まり，組織はオーステナイト・フェライトの混合（2相）組織になる。さらに温度が低下すると，フェライト分率が高まり，727℃（A_{r1}変態温度）より低い温度で残留しているオーステナイトがパーライトに変態し，組織はフェライト・パーライトの混合（2相）組織となる。

(2) ①C（炭素），②オーステナイト，③フェライト，④ベイナイト，⑤マルテンサイト　※④と⑤は入れ替わってもよい

問題7. (1) 高温強度が求められるボイラーや圧力容器など。

(2) 溶接残留応力の緩和。溶接部の硬化組織を焼戻し，延性とじん性を回復する。

(3)

割れの名称：再熱割れ（SR割れ）。

冶金学的原因：再熱割れは結晶粒界と粒内の強度差に起因し，微細炭化物などの析出硬化で粒内が強化されると相対的に粒界が弱化することにより生じる。（再熱割れは析出硬化元素含有量が多いほど生じやすい。）

問題8. (1) Cr含有量：18%（18〜20%）

　　　　Ni含有量：8%（8〜10.5%）

(2) ①500〜850，②Cr，③ウェルドディケイ，④Nb（またはTi）

問題9. (1) イ，(2) イ，(3) ハ，(4) ハ，(5) ロ

問題10. ①$\alpha T l_0$，②$-\alpha T$（$\varepsilon = -\Delta l/(l_0 + \Delta l) \approx -\Delta l/l_0 = -\alpha T$），③$-E\alpha T$，④200（$-E\alpha T = -\sigma_Y$より，$T = \sigma_Y/E\alpha$），⑤$-0.003$（200℃から500℃までの温度上昇は300℃。したがって，300℃の温度上昇で生じるひずみを求めればよいので，$\varepsilon_P = -1 \times 10^{-5} \times 300 = -0.003$（$-0.3\%$））

問題11.（1）次のどちらの図でもよい。

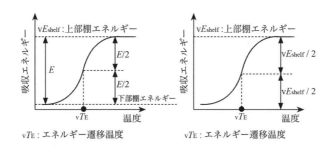

（2）ぜい性破面率（延性破面率）が50％となる温度。

（3）破面遷移温度が低く，使用温度での吸収エネルギーの高い材料
を選定する。

問題12.　①90，②7，③200，④1400，⑤126

解説　のど厚＝サイズ／$\sqrt{2}$

　　　　有効のど断面積＝のど厚×有効溶接長さ

問題13.　①ロ，②ニ，③イ，④ハ，⑤イ，ハ

問題14.

（1）設計段階

対策1，2：

　次の項目から2つ挙げる。

　①溶接箇所をできるだけ少なくする。

　②溶接部の必要以上の接近を避ける。

　③表裏・左右バランスのとれた開先形状を採用する。

　④剛性の大きな部材形状を採用する。

　⑤溶着量の小さい適正な開先形状を選択する。

（2）施工段階

対策1，2，3：

次の項目から3つ挙げる。

①部材寸法精度の向上。

②組立（取付）精度の向上。

③開先精度の向上。

④拘束ジグによる部材拘束。

⑤過大脚長や過大余盛をなくす。

⑥逆ひずみ法の適用。

⑦裏側加熱の適用（すみ肉T継手)。

⑧部材の中央から自由端に向けて溶接する。

⑨溶着量の大きい継手を先に溶接する。

⑩後退法，対称法，飛石法を採用する。

⑪ブロック法，カスケード法を採用する。

⑫部材切断時の変形抑制（プラズマ切断，レーザ切断などの適用)。

問題15.

溶接前1，2，3：

下記から3つ挙げる。

①溶接技能者および溶接オペレータの適格性証明書の適切性および有効性

②溶接施工要領書の適切性

③母材の識別

④溶接材料の識別

⑤継手の準備状況（例えば，形状および寸法）

⑥取付け，ジグおよびタック溶接

⑦溶接施工要領書の特別要求事項（例えば，溶接変形の防止）

⑧環境を含む溶接に対する作業条件の適切性

溶接中1, 2：

　　下記から2つ挙げる。

　　①基本溶接パラメータ（例えば，溶接電流，アーク電圧および溶
　　　接速度）

　　②予熱／パス間温度

　　③溶接金属のパスおよび層ごとの清掃および形状

　　④裏はつり

　　⑤溶接順序

　　⑥溶接材料の正しい使用および取扱い

　　⑦溶接変形の管理

　　⑧中間検査（例えば，寸法チェック，裏はつり後の非破壊検査）

問題16.

　(1)

　防止策1, 2：

　　下記から2つ挙げる。

　　①前層および前パスのスラグを十分に除去する。

　　②多層溶接で次のパスを溶接する前のビード形状の修正。ビード
　　　間またはビードと開先面の間の鋭く深い凹みをなくす。

　　③トーチの前進角を大きくしない。

　　④アークに対してスラグの先行をさける（特に立向下進溶接の場
　　　合など）。

　(2)

　防止策1, 2, 3：

　　下記から3つ挙げる。

　　①開先角度を必要以上に狭くしない。

　　②ウイービング法で，ビード両端での停止時間を設ける。

　　③多層溶接で次のパスを溶接する前のビード形状の修正。ビード
　　　間またはビードと開先面の間の鋭く深い凹みをなくす。

　　④アークを溶融池より先行させて母材を確実に溶融させる。

⑤十分な溶込みを確保する。

⑥アークに対して溶融池の先行をさける（特に立向下進溶接の場合など）。

問題17.

検出しようとする欠陥	試験方法	選定理由
SUS304 溶接部の表面割れ	（ウ）	非磁性体材料の表面割れの検出に適している。
高張力鋼溶接部の表層部の微細な割れ	（イ）	強磁性体材料で，表面およびその近傍の割れの検出に適している。
すみ肉溶接部のアンダカット	（ア）	目視で検出可能である。
アルミニウム溶接部のブローホール	（エ）	体積をもった内部欠陥の検出に適している。
V 開先鋼溶接部の開先面での融合不良	（オ）	面状の内部欠陥の検出に適している。

問題18. (1) イ，ハ，(2) イ，(3) ハ，(4) ロ，(5) ハ，ニ

問題19.

(1)

下記から１つ挙げる。

①体温が高くなる。

②皮膚が赤く，触ると熱く，乾いた状態になる。

③ズキンズキンとする頭痛。

④めまい，吐き気。

⑤応答がおかしい，呼びかけに反応しない。

⑥全身けいれん。

(2)

下記から２つ挙げる。

①涼しい場所への移送。

②脱衣と首筋・両脇下の冷却。

③水分と塩分の補給。

④医療機関への通報・輸送。

(3)

下記から2つ挙げる。

①こまめな休息と水分の確保。

②局所冷房（スポットクーラー）の採用。

③扇風機の使用。

④クールスーツの着用。

⑤十分な換気を行う。

⑥屋外作業では直射日光を避ける。

問題20. (1) ハ，(2) イ，(3) ハ，(4) ロ，(5) ハ

1級試験問題

問題1.　マグ溶接やミグ溶接では，定電圧特性の直流電源を採用し，一般に溶接ワイヤは定速送給される。下図中に，電源の外部特性曲線を1本とアーク長が異なるアーク特性曲線を2本記入し，ワイヤの定速送給方式でアークが安定に維持できる理由を記せ。

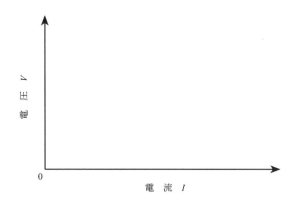

問題2.　次の文章はソリッドワイヤを用いるマグ溶接やミグ溶接について述べたものである。文章中の（　　）内に適切な数値又は語句を入れよ。

(1) マグ溶接やミグ溶接でのワイヤの溶融速度は，アークからの熱とワイヤ中を流れる電流による①（　　）発熱によって決まり，溶接電流値とワイヤ径が同じであってもワイヤの②（　　）によって変化する。

(2) アルゴンに炭酸ガスを③（　　）％程度混合したガスをシールドガスに用いるマグ溶接では，溶滴移行は比較的安定で，特に溶接電流が臨界電流以上になると，溶滴移行形態は④（　　）移行となる。このマグ溶接でも，小電流・低電圧域での溶滴移行形態は⑤（　　）移行となる。

問題3.　次の文章は溶接用ロボットによるアーク溶接について述べたものである。文章中の（　　）内の言葉のうち正しいものを1つ選び，その記号に○印をつけよ。

(1) 溶接ロボットのプレイバック形とは（イ．制御方式，ロ．動作機構，ハ．動作範囲，ニ．センシング方式）により分類した名称である。

(2) ロボットに動作を教えることを（イ．コーチング，ロ．トレーニング，ハ．ティーチング，ニ．センシング）という。

(3) アークを発生させていない状態で教えた動作を再現させる方法を（イ．オンラインティーチング，ロ．オフラインティーチング，ハ．オンラインプレイバック，ニ．ティーチングプレイバック）という。

(4) コンピュータ画面上でロボットの動作をシミュレートして教える方法を（イ．オンラインティーチング，ロ．オフラインティーチング，ハ．オンラインプレイバック，ニ．ティーチングプレイバック）という。

(5) 溶接用センサのうち，溶接電流の変化を利用して溶接線を倣う方式のものを（イ．視覚，ロ．タッチ，ハ．ワイヤ，ニ．アーク）センサという。

問題4.　次の文章はレーザ切断のアシストガスについて述べたものである。次の文章中の（　　）内に適切な言葉を入れよ。

(1) レーザ切断でのアシストガスの主要な役割は，切断溝からの①（　　）の排出と②（　　）の保護である。

(2) 低炭素鋼のレーザ切断には③（　　）がアシストガスとして多用される。これは，④（　　）エネルギーに加えて，③に記したガスと切断材である鉄との⑤（　　）熱が切断に役立つためである。

(3) アルミニウム合金のような非鉄金属の切断では，一般に⑥（　　）や⑦（　　）がアシストガスとして使用される。これは，空気中の⑧（　　）による非鉄金属の⑨（　　）を避けるためで

ある。

(4) ステンレス鋼の高品質切断を行う場合，高圧の⑩（　　　）がア
シストガスとして使用されることが多い。

問題5.　次の各問いにおいて，正しい選択肢の記号に○印をつけよ。ただ
し，正答の選択肢は1つだけとは限らない。

(1) 溶接構造用圧延鋼材SM490で規定されている元素はどれか。

　　イ．SiとMn

　　ロ．NiとCr

　　ハ．PとS

　　ニ．NbとV

(2) 溶接構造用圧延鋼材SM490Cと建築構造用圧延鋼材SN490Cの
両方で規定されているのはどれか。

　　イ．シャルピー吸収エネルギー

　　ロ．板厚方向の絞り

　　ハ．降伏比

　　ニ．炭素当量

(3) 焼なまし（焼鈍）処理はどれか。

　　イ．硬さや強度を増すため，オーステナイト温度域から急冷する
処理

　　ロ．軟化などを目的に，オーステナイト温度域から炉中で徐冷す
る処理

　　ハ．組織を微細化するために，オーステナイト温度域から空冷す
る処理

　　ニ．焼入れ後のじん性を向上させるため，600℃程度に再加熱後
空冷する処理

(4) 同じ強度レベルの普通圧延鋼に比べたTMCP鋼の特徴はどれか。

　　イ．ミクロ組織が微細である

　　ロ．溶接熱影響部が硬化しやすい

　　ハ．炭素当量が低い

ニ．圧延仕上げ温度が高い

(5) マグ溶接用ソリッドワイヤで，脱酸のために，軟鋼用被覆アーク溶接棒心線に比べて含有量を高めている元素はどれか。

イ．Si

ロ．Mn

ハ．P

ニ．S

問題6.　図は低炭素鋼溶接熱影響部の各位置における熱サイクルと組織の関係を，鉄－炭素系状態図と対応させたものである。下の文章の空欄を埋めよ。

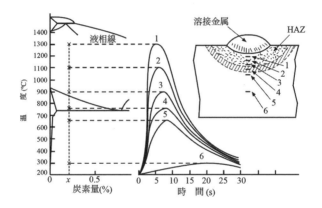

(1) 熱サイクル1を受ける領域1の組織変化を見てみる。室温でフェライト・パーライト組織である炭素量xの鋼を加熱していくと，① (　　　) 温度でパーライトがオーステナイトに変態し，② (　　　) と③ (　　　) の2相組織となる。さらに温度が上昇するとオーステナイトの分率が高まり，④ (　　　) 温度以上ではオーステナイト単相となる。さらに温度が上昇し，1,250℃以上に加熱された領域1は，⑤ (　　　) が著しく大きくなるため⑥ (　　　) と呼ばれる。合金元素の多い鋼では，領域1の溶接後の室温組織

　　　は，⑦（　　　）などが生じるため硬化する。

　　(2) 熱サイクル3を受けた領域3は，⑧（　　　）と呼ばれる。

　　(3) 熱サイクル4を受けた領域4は，⑨（　　　）と呼ばれる。

　　(4) 熱サイクル6を受けた領域6は，⑩（　　　）と呼ばれる。

問題7.　　炭素鋼の被覆アーク溶接時のブローホールの生成機構と防止対策
　　を3つ述べよ。

　　(1) 生成機構

　　(2) 防止法（3つ）

　　　防止法1：

　　　防止法2：

　　　防止法3：

問題8.　　オーステナイト系ステンレス鋼に関する以下の問いに答えよ。

　　(1) オーステナイト系ステンレス鋼SUS304は，極低温の用途にも
　　　利用される。その理由について述べよ。

　　(2) オーステナイト系ステンレス鋼は溶接変形が大きくなりやすい。
　　　その理由を述べよ。

　　(3) オーステナイト系ステンレス鋼の規格にSUS304Lがある。

　　　①記号Lは何を表すか。

　　　②SUS304Lが用いられる理由を述べよ。

問題9.　　次の文章は，破壊の種類と破面様相について述べている。各問い
　　において正しいものを1つ選び，その記号に○印をつけよ。

　　(1) ビーチマーク（貝殻模様）が観察される破壊はどれか。

　　　イ．延性破壊

　　　ロ．ぜい性破壊

　　　ハ．疲労破壊

　　　ニ．クリープ破壊

　　(2) シェブロンパターン（山形模様）が観察される破壊はどれか。

　　イ．延性破壊

　　ロ．ぜい性破壊

　　ハ．疲労破壊

　　ニ．クリープ破壊

（3）ディンプルが観察される破壊はどれか。

　　イ．延性破壊

　　ロ．ぜい性破壊

　　ハ．疲労破壊

　　ニ．遅れ破壊（水素割れ）

（4）ストライエーションが観察される破壊はどれか。

　　イ．延性破壊

　　ロ．ぜい性破壊

　　ハ．疲労破壊

　　ニ．遅れ破壊（水素割れ）

（5）リバーパターンが観察される破壊はどれか。

　　イ．延性破壊

　　ロ．ぜい性破壊

　　ハ．疲労破壊

　　ニ．クリープ破壊

問題10.　　図のような広幅の溶接継手①と溶接継手②が矢印方向に繰返し荷
　　　　　重を受ける時の疲労強度について考える。なお，両継手は同条件の
　　　　　完全溶込み溶接で作製し，余盛は残したままとなっている。以下の
　　　　　問いに答えよ。

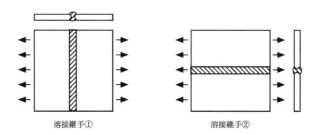

溶接継手①　　　　　　　　　溶接継手②

(1) 溶接継手①と溶接継手②を比較すると，一般にどちらの疲労強度が低いか。また，その理由を述べよ。

疲労強度が低い継手：

理由：

(2) 溶接継手①において，母材が軟鋼の場合と高張力鋼の場合を比較すると，疲労強度の大小関係は一般にどうであるか。また，その理由を述べよ。

疲労強度の大小関係：

理由：

問題11. 半径 R，板厚 h の薄肉円筒が内圧 p を受けている。円筒半径 R は円筒厚さ h に比べて十分大きいとして，円筒の軸方向応力 σ_x と周方向応力 σ_y の関係を，下記の手順に従って（　　）内を解答しながら求めよ。

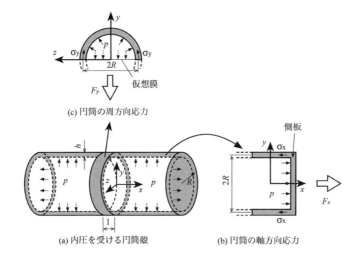

(c) 円筒の周方向応力

(a) 内圧を受ける円筒殻

(b) 円筒の軸方向応力

円筒側板に作用する力 F_x は，内圧 × 側板面積で与えられるので，$F_x = ①（　　）$。この力は，円筒軸方向応力 σ_x × 円筒周断面積 $= \sigma_x × ②（　　）$ に等しいので，軸方向応力 $\sigma_x = ③（　　）$。

次に，図に示すように単位長さの円筒部分において，円筒上半分での力の釣り合いを考える。円筒中央断面に仮想膜（円筒直径寸法）を考えると，この仮想膜に働く力 F_y は，内圧 × 仮想膜面積で与えられるので，$F_y = $ ④ （　　　）。この力は，円筒周方向応力 σ_y × 単位長さの円筒の中央断面積 = $\sigma_y \times$ ⑤ （　　　）に等しいので，周方向応力 $\sigma_y = $ ⑥ （　　　）。

したがって，周方向応力 σ_y は，軸方向応力 σ_x の ⑦ （　　　）倍である。

問題12.　鋼構造設計規準や道路橋示方書では，すみ肉溶接継手の設計において，サイズに下限及び上限が設けられている。以下の問いに答えよ。

(1) サイズに下限を設ける理由を述べよ。

(2) サイズに上限を設ける理由を述べよ。

問題13.　次の文章は，JIS Z 3422-1「金属材料の溶接施工要領及びその承認―溶接施工法試験―第 1 部：鋼のアーク溶接及びガス溶接並びにニッケル及びニッケル合金のアーク溶接」による溶接施工法試験で，試験条件と承認範囲の関係を述べたものである。（　　　）内の語句のうち正しいものを 1 つ選び，その記号に○印をつけよ。

(1) 板厚30mmの多層盛突合せ溶接試験で，承認される上限板厚は（イ. 30mm，ロ. 45mm，ハ. 60mm，ニ. 制限なし）である。

(2) シールドガスに100%CO_2を用いたマグ溶接で試験を行った場合，承認されるガスの種類は（イ. 100%CO_2のみ，ロ. 100%CO_2と80%Ar + 20%CO_2，ハ. 100%CO_2と50%Ar + 50%CO_2，ニ. 100%CO_2と95%CO_2 + 5%O_2）である。

(3) 片面溶接で試験した場合，承認される溶接は（イ. 片面溶接のみ，ロ. 片面溶接と両面溶接のみ，ハ. 片面溶接と裏当て金付きの溶接のみ，ニ. 片面溶接，両面溶接及び裏当て金付きの溶接）である。

（4）試験時の予熱温度が100℃の場合，承認される予熱温度の下限
値は（イ．75℃，ロ．100℃，ハ．125℃，ニ．150℃）である。

（5）衝撃試験が要求される場合，承認される入熱量の上限値は（イ．
試験時の値の25%減まで，ロ．試験時の値まで，ハ．試験時の値
の25%増まで，ニ．試験時の値の50%増まで）である。

問題14.　次の文書及び記録の英略語とその内容を記せ。

（1）承認前の溶接施工要領書

（略語）

（内容）

（2）溶接施工法承認記録

（略語）

（内容）

（3）溶接施工要領書

（略語）

（内容）

問題15.　次の作業環境下で溶接部の品質を確保するための対策を簡単に説
明せよ。

（1）低温時（例えば－10℃）

（2）強風下

（3）高温・多湿時

問題16.　高張力鋼突合せ継手の被覆アーク溶接を行う場合，タック溶接作
業の次の項目について記述せよ。

（1）目的

（2）溶接技能者の資格

（3）溶接棒

（4）予熱温度

（5）ビード長さ

問題17.　鋼突合せ溶接部の放射線透過試験を JIS Z 3104 に従って実施する
ときの，一般的な撮影配置を下図に示す。図中の①から④までの名
称を記し，④の使用目的を簡潔に記述せよ。

　　①の名称：

　　②の名称：

　　③の名称：

　　④の名称：

　　④の使用目的：

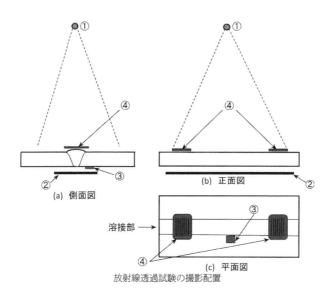

放射線透過試験の撮影配置

問題18.　次の文章は，溶接部の非破壊試験について述べたものである。
（　　）内の語句のうち正しいものを1つ選び，その記号に〇印を
つけよ。

　　(1) 金属材料に超音波探傷試験を適用するとき，結晶粒界での超音
波の（イ. 回折，ロ. 共振，ハ. 散乱反射，ニ. 拡散）によって
探傷が困難な場合がある。このようなときは，（イ. パルス強度
を強く，ロ. パルス強度を弱く，ハ. 周波数を高く，ニ. 周波数

を低く）することによって探傷可能となることがある。

(2) 溶接部の磁粉探傷試験において標準試験片を用いる目的は，
（イ．検出可能な割れの最小寸法，ロ．磁化力，ハ．漏洩磁束密
度，ニ．探傷有効範囲）を求めることである。

(3) アルミニウム合金溶接部に浸透探傷試験を適用するときの浸透
時間は，通常（イ．5〜20秒，ロ．1〜2分，ハ．5〜20分，
ニ．50〜60分）である。

(4) アンダカットの深さを計測する場合，（イ．ひずみゲージ，ロ．
テーパゲージ，ハ．ダイヤルゲージ，ニ．限界ゲージ）が用いら
れる。

問題19.　マグ溶接を行う場合，溶接作業者の健康障害及び安全に対する対
策について，以下の問いに答えよ。

(1) 溶接ヒュームが作業者に及ぼす健康障害を1つ挙げよ。

(2) 有害光が作業者に及ぼす健康障害を1つ挙げよ。

(3) 感電事故を防止するための対策を1つ挙げよ。

(4) タンク，ボイラの内部などの狭あいな場所で，シールドガスに
100%CO_2を用いた場合に生じやすい健康障害を1つ挙げよ。

(5)(4) の障害を防止するための対策を1つ挙げよ。

問題20.　次の文章中の（　　）内の語句のうち正しいものを1つ選び，そ
の記号に○印をつけよ。

(1) 定格出力電流500Aの交流アーク溶接電源の最高無負荷電圧は
（イ．35V，ロ．95V，ハ．145V，ニ．195V）程度である。

(2) JIS C 9311交流アーク溶接電源用電撃防止装置で規定されてい
る安全電圧は（イ．15V，ロ．25V，ハ．35V，ニ．45V）であり，
電撃防止装置の遅動時間は（イ．0.1秒以内，ロ．約1秒，ハ．
約3秒，ニ．約5秒）である。

(3) 溶接電流75〜200Aの被覆アーク溶接の場合，フィルタープ
レートの遮光度番号は（イ．2〜3，ロ．5〜6，ハ．9〜11，

ニ．12～13）である。
(4) 遮光度番号13が要求されるとき，フィルタープレートを2枚
重ねて使用するときの適切な遮光度番号の組合せは（イ．5と6，
ロ．6と7，ハ．7と7，ニ．7と8）である。

●2018年11月11日出題　1級試験問題●
解答例

問題1. 細径ワイヤを用いるマグ溶接やミグ溶接ではワイヤが高速送給（3
～15m/分程度）されるため，送給速度の制御でアーク長を一定に
保つことは難しい。定電圧電源を用いると，電源の自己制御作用に
よって，少しのアーク長（アーク電圧）の変化で溶接電流（ワイヤ
の溶融速度）が大幅に変化してアーク長を一定に保つことができる。

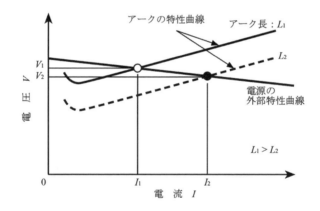

問題2. ①抵抗，またはジュール，②突出し長，③20，④スプレー，⑤短絡

問題3. (1) イ，(2) ハ，(3) ニ，(4) ロ，(5) ニ

問題4. ①溶融金属（溶融スラグでも可），②集光レンズ，③酸素，④光，

⑤酸化反応（化学反応や反応も可），⑥アルゴン，⑦ヘリウム（⑥と⑦は入れ替わっても良い），⑧酸素，⑨酸化，⑩窒素

問題5. (1) イ，ハ，(2) イ，(3) ロ，(4) イ，ハ，(5) イ，ロ

問題6. ①A_{c1}（A_1も可），②フェライト，③オーステナイト，（②と③は入れ替わっても良い）④A_{c3}（A_3も可），⑤結晶粒，またはオーステナイト粒，⑥粗粒域，⑦マルテンサイトまたはベイナイト，⑧細粒域，⑨部分変態域，または2相域，⑩未変態域（母材原質部）

問題7.

(1) 生成機構

次のうちいずれかを書いていればよい。

①大気や雰囲気中から溶接金属中に混入する水素又は窒素の溶解度は，液体と固体では著しい差があるため，凝固に際し気泡が形成され，大気中に抜けきれない場合，ブローホールとして残存する。

②溶鋼中の炭素と酸素の反応により生成したCOガスがブローホールとして残存する。

(2) 防止法（3つ）

防止法1，2，3：

次のうちから3つ記載。

①溶接棒を適切に乾燥する。

②予熱を行うなど，できるだけ冷却速度を遅くする。

③鋼材に付着している油，ペイント，さびなどを除去し，開先面を清浄にする。

④防風対策を行う。

⑤適切に脱酸を行う。

問題8.

(1) SUS304 は極低温まで延性－ぜい性遷移挙動を示さず，低温じ
　　ん性に優れている。

(2) 線膨張係数が大きいため。（炭素鋼に比べて約1.5倍）

(3)

　①低炭素（0.03％以下）であることを示す。

　②低炭素であるから，溶接熱による結晶粒界へのCr炭化物の析
　　出が減少して鋭敏化が抑制され，ウェルドディケイや応力腐食
　　割れが生じにくいため。

問題9.

(1) ハ，(2) ロ，(3) イ，(4) ハ，(5) ロ

問題10.

(1)

疲労強度が低い継手：溶接継手①

理由：溶接継手①は溶接線に直角に負荷を受けていて，余盛止端が
　　　応力集中源となるため。（溶接継手②は溶接線に平行に負荷
　　　を受けているので，余盛止端は応力集中源として働きにくい。
　　　溶接継手の疲労強度は残留応力にも影響される。継手②では
　　　溶接線方向の残留応力，継手①では溶接線直角方向の残留応
　　　力が問題となり，前者は後者よりも大きい。しかし，継手②
　　　では余盛止端が応力集中源として働かないので，継手①の応
　　　力集中の影響の方が大きい。（日本鋼構造協会の「鋼構造物
　　　の疲労設計指針・同解説」においては，溶接継手①はD等級，
　　　溶接継手②はC等級となっている。））

(2)

疲労強度の大小関係：両継手の疲労強度はほとんど変わらない。

理由：溶接継手の疲労強度は，継手形状や余盛止端仕上げの状態
　　　（応力集中）に大きく支配されるため。

問題11. ① $p \cdot \pi R^2 (= \pi R^2 p)$，　② $2\pi R h$，　③ $pR/2h$，　④ $p \cdot 2R \cdot 1$（$=2pR$），⑤ $2 \cdot h \cdot 1$（$= 2h$），⑥ pR/h，⑦ 2

問題12.

(1) サイズが小さすぎると，熱影響部が急冷されて硬化し，延性低下や低温割れが生じやすくなるため。

(2) サイズが大きすぎると，溶接によるひずみが大きくなって溶接変形が大きくなるほか，溶接入熱増大による母材組織の変化範囲が広くなり，材質劣化も生じやすくなるため。（引張残留応力が生じる範囲も広くなる。）（溶接部の強さがのど厚に比例して大きくならないため。）

問題13. (1) ハ，(2) イ，(3) ニ，(4) ロ，(5) ハ

問題14.

(1)

（略語）pWPS

（内容）仮の溶接施工要領書であり，未承認であるが製造事業者によって適切とみなされている文書

(2)

（略語）WPAR，またはWPQR

（内容）承認前の溶接施工要領書（pWPS）を承認するために必要とするすべてのデータを含む記録

(3)

（略語）WPS

（内容）溶接の再現性を保証するために，溶接施工要領に要求される確認事項を詳細に記述した文書

問題15.

(1) 適切な手段で母材を加熱して作業を行う。それができない場合

は作業を中止する。（母材が低温時の溶接では，冷却速度が大きいため熱影響部が硬化しやすく，低温割れ発生の危険性が高くなる。）

(2) アーク及び溶融池周辺の風速が2 m／秒以下になるような，防風対策を施して作業を行う。それができない場合は作業を中止する。（アーク発生部に吹き付ける風はシールド状態を乱し，ブローホールの原因となる。）

(3) 低温割れやポロシティが発生しやすくなるので，適切な手段で除湿（空調）・乾燥を行う。それができない場合は作業を中止する。

問題16.

(1) 部材を本溶接する前に固定し，溶接中の開先間隔（形状）を保持するために行う。

(2) 本溶接で要求される技量資格を有する者を原則とする。

(3) 本溶接で使用する溶接棒と同等の性能を有するものを用いることを原則とする。強度及び衝撃特性（要求される場合）等が同等のものを用いる。

(4) 本溶接の予熱温度より30〜50℃高い温度とする。

(5) 最小長さを40〜50mm程度とする。

問題17.

①の名称：（放射）線源又はX線（発生）装置

②の名称：（X線）フィルム

③の名称：階調計

④の名称：透過度計

④の使用目的：識別される最小線径の値により透過写真の像質を評価し，JISに規定される必要条件を満足しているかどうか（撮影条件の良否）を確認する。

問題18. (1) ハ, ニ, (2) ニ, (3) ハ, (4) ハ

問題19.

 (1) 金属熱, じん肺, 気管支炎など

 (2) 電気性眼炎（紫外眼炎, 角膜炎, 結膜炎), 白内障, 網膜障害
  など

 (3) 個人用保護具（皮手袋, 腕カバー, 足カバー, 前掛け）の着用,
  帯電部の絶縁, 接地, 漏電遮断機の設置など

 (4) 酸素欠乏症, 一酸化炭素中毒など

 (5) 送風機の使用, 送気マスク着用など

問題20. (1) ロ, (2) ロ, ロ, (3) ハ, (4) ハ

●2018年6月3日出題●
1級試験問題

問題1. 次の文章は溶接アークについて述べたものである。文章中の（　）内に適切な言葉を入れよ。

(1) アーク電圧は，陽極前面部での陽極降下電圧と，陰極前面部での陰極降下電圧及び中間のアーク柱部分での① （　）からなっている。

(2) アークへの供給電力は，アーク電圧と② （　）の積で与えられるが，この発生熱の一部は大気中などへ逃げるので，母材に与えられる熱量はこの逃散分だけ少なくなる。このアークの発生熱量（供給電力）に対する母材の吸収熱量の比率をアークの③ （　）という。

(3) アーク柱には溶接電流によって生じた電磁力が作用し，アーク中心部の圧力は外周部よりも高くなる。この効果を電磁的な④ （　）効果という。

(4) アーク溶接では，電極から母材へ向かう気流が形成される。これを，⑤ （　）気流という。

(5) 鋼製のブロックが溶接線近くにあると，アークはブロックに吸い寄せられて振れる。この現象をアークの⑥ （　）という。

(6) アーク溶接においてワイヤ端から溶融池以外の部分に飛散する粒子，及び溶融池から噴出し母材表面に付着する粒子を⑦ （　）という。

(7) アルゴンなどの不活性ガス中で母材を陰極としてアークを発生させた場合，陰極点の作用によって母材表面の酸化被膜が除去される。この現象を陰極点の⑧ （　）作用という。

(8) 交流アークでは電源周波の半サイクルごとに電流の方向が変わり，電流がゼロになった瞬間にはアークはいったん⑨ （　）し，次の半サイクルに移行するとき高いアーク電圧が必要となる。こ

　　　　のピーク電圧を⑩（　　　）電圧という。

問題2. アーク溶接用直流電源に用いるインバータ制御の長所をサイリスタ
　　　　制御と比べて2つあげ，その理由を説明せよ。
　　　　長　所①：
　　　　その理由：
　　　　長　所②：
　　　　その理由：

問題3. 次の図（a）に垂下特性の電源外部特性曲線を，図（b）に定電圧特
　　　　性の電源外部特性曲線をそれぞれ描け。また，各外部特性の電源を
　　　　用いる代表的な溶接法の名称を2つずつ記せ。

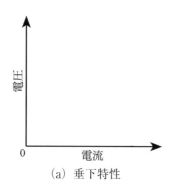

（a）垂下特性

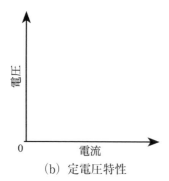

（b）定電圧特性

垂下特性の電源を用いる溶接法1：

垂下特性の電源を用いる溶接法2：

定電圧特性の電源を用いる溶接法1：

定電圧特性の電源を用いる溶接法2：

問題4. 次の文章は各種切断法について述べたものである。文章中の（　）内の言葉のうち，正しいものを1つ選び，その記号に○印をつけよ。

(1) ガス切断は，鋼板の一部を予熱炎で加熱し，発火温度に達したとき，高圧の（イ．アセチレン，　ロ．水素，　ハ．アルゴン，ニ．酸素）を吹き付けて切断する方法である。

(2) プラズマ切断は，拘束ノズルで細く絞ったアークを利用する切断方法で，通常（イ．直流定電圧，ロ．直流定電流又は直流垂下，ハ．交流定電圧，ニ．交流定電流又は交流垂下）特性の電源を利用する。

(3) 鋼板のレーザ切断では，切断速度を向上させる観点からアシストガスとして（イ．アルゴン，ロ．水素，ハ．酸素，ニ．窒素）が主に用いられる。

(4) 板厚35mm 程度以上の厚板ステンレス鋼の切断に推奨される切断法は（イ．ガス切断，ロ．プラズマ切断，ハ．レーザ切断，ニ．ウォータジェット切断）である。

(5) セラミックスの切断に対しては，
（イ．ガス切断，ロ．プラズマ切断，ハ．レーザ切断，ニ．ウォータジェット切断）が適している。

問題5. 次の各問いにおいて，正しいと思われる選択肢の記号に○印をつけよ。ただし，正答の選択肢は1つだけとは限らない。

(1) 一般構造用圧延鋼材SS400 で化学成分が規定されている元素はどれか。

（イ．C，ロ．Mn，ハ．P，ニ．S）

(2) 低炭素鋼の完全焼きなまし状態での組織はどれか。

（イ．マルテンサイト，ロ．フェライトとパーライト，ハ．オーステナイトとパーライト，ニ．オーステナイトとフェライト）

(3) 800～500℃の冷却速度が速くなるのはどれか。

（イ．板厚の増加，ロ．予熱の実施，ハ．入熱の増大，ニ．パス間温度の増加）

(4) サブマージアーク溶接用ボンドフラックスの特徴はどれか（溶融フラックスと比べて）。

（イ．合金元素の添加が容易，ロ．耐吸湿性が優れている，ハ．大入熱溶接に広く用いられる，ニ．高速溶接性に優れる）

(5) 780N/mm² 級高張力鋼の溶接に関し，正しいのはどれか。

（イ．溶接棒の乾燥不要，ロ．低入熱で溶接した場合は，熱影響部が硬化しやすい，ハ．過大な入熱で溶接しても，じん性が劣化しない，ニ．予熱不要）

問題6. 低炭素鋼溶接熱影響部に関する次の問いに答えよ。

(1) 最もぜい化している領域は何と呼ばれるか。

(2) その部分がぜい化する理由を記せ。

(3) 900～1100℃ 程度に加熱された領域は何と呼ばれるか。また，何故そのような組織となるか説明せよ。

領域の名称：

説明：

問題7. 鋼の溶接材料に関する次の問いに答えよ。

(1) 低水素系被覆アーク溶接棒はどのような用途に用いるか。

(2) 低水素系被覆アーク溶接棒の使用前の乾燥温度，乾燥時間を記せ。

乾燥温度：

乾燥時間：

(3) ソリッドワイヤを用いるマグ溶接では，ブローホール抑制のため，溶融金属を大気から保護するとともに，脱酸元素を添加する

必要がある。どのように大気から保護しているか。また，添加している脱酸元素を2つあげよ。

大気からの保護：

脱酸元素2種類：

問題8. オーステナイト系ステンレス鋼の凝固割れ（高温割れ）に関する次の問いに答えよ。

(1) 代表的な凝固割れの名称をあげよ。

(2) 凝固割れを助長する主な元素を2つあげよ。

(3) 凝固割れの発生メカニズムを説明せよ。

(4) オーステナイト組織中に数%の δ フェライトを含ませるように溶接材料を選定すると，割れを軽減又は防止できる。その理由を述べよ。

問題9. 次の文章は，材料力学・材料強度の基礎について述べている。各問いにおいて正しいものを1つ選び，その記号に○印をつけよ。

(1) 矩形断面の梁（高さ h）が曲げモーメントを受けるとき，曲げ応力（絶対値）が最大となるのはどの位置か。

　　イ．梁の上下面

　　ロ．梁高さの中央から $h/3$ の位置

　　ハ．梁高さの中央から $h/4$ の位置

　　ニ．梁高さの中央面

(2) 矩形断面の梁の幅を一定として，高さ h を2倍にすると，断面二次モーメントは何倍になるか。

　　イ．2倍

　　ロ．4倍

　　ハ．6倍

　　ニ．8倍

(3) 鋼材の塑性変形能力を表す力学的指標はどれか。

　　イ．降伏応力

　　ロ．引張強さ

　　ハ．降伏比

　　ニ．シャルピー吸収エネルギー

(4) 炭素鋼のぜい性破壊に対する抵抗値（破壊じん性）を低下させ
　　る要因はどれか。

　　イ．降伏応力の低下

　　ロ．引張強さの低下

　　ハ．温度の上昇

　　ニ．板厚の増加

(5) 溶接継手の疲労強度を低下させる残留応力はどれか。

　　イ．荷重に平行な方向の圧縮残留応力

　　ロ．荷重に垂直な方向の圧縮残留応力

　　ハ．荷重に平行な方向の引張残留応力

　　ニ．荷重に垂直な方向の引張残留応力

問題10. 軟鋼広幅平板の突合せ溶接継手の残留応力について，次の問いに
　　答えよ。

(1) x 軸上における，溶接線方向（y 方向）の残留応力 σ_y の分布を
　　概略的に描け。

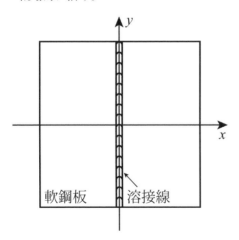

(2) 残留応力の合力はいくらか。

(3) 溶接線近傍の残留応力 σ_y の最大値はどの程度の大きさか。

(4) 溶接入熱が大きくなると，引張残留応力の最大値及び引張残留応力の生じる範囲はどのように変化するか。

　引張残留応力の最大値：

　引張残留応力の生じる範囲：

問題11. 下図に示すそれぞれの溶接継手と指示事項を，JIS Z 3021の溶接記号を用いて右の図に記せ。長さの単位はすべてmmとする。

(1)

(2)

(3)

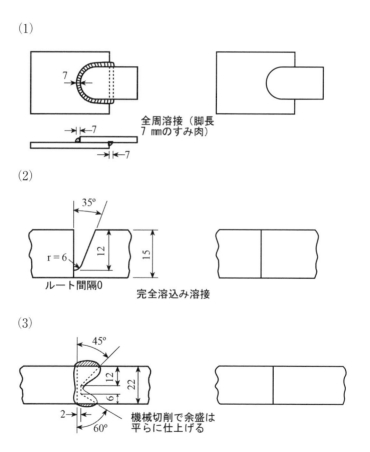

(4)

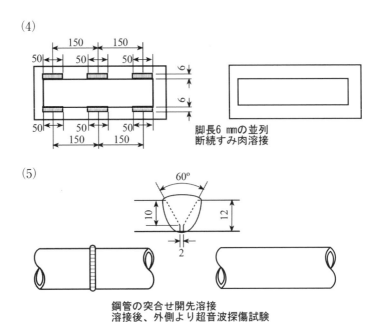

脚長6 mmの並列
断続すみ肉溶接

(5)

鋼管の突合せ開先溶接
溶接後、外側より超音波探傷試験

問題12. 軟鋼を母材として完全溶込み溶接で作製されたＴ継手（図（a））と，すみ肉溶接で作製されたＴ継手（図（b））があり，それぞれせん断荷重を受けている。すみ肉Ｔ継手の許容最大荷重を完全溶込みＴ継手と等しくするには，すみ肉サイズ S をいくらにすればよいか，解答手順に従って答えよ。ただし，母材の降伏点は240N/mm²，引張強さは440N/mm²であり，許容引張応力は降伏点の2/3又は引張強さの1/2の小さい方とし，許容せん断応力は許容引張応力の60%で， $1/\sqrt{2} = 0.7$ とする。

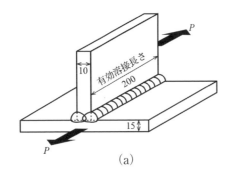

(a)

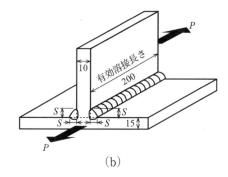

(b)

(1) 図（a）の完全溶込みT継手では，許容応力は①（　　　）N/mm²，有効のど断面積は②（　　　）mm²なので，許容最大荷重 P は，③（　　　）kN となる。

(2) 図（b）のすみ肉T継手では，許容応力は④（　　　）N/mm²，有効のど断面積は⑤（　　　）× S（mm²）なので，許容最大荷重 P は，⑥（　　　）× S（kN）となる。

(3) ③の許容最大荷重＝⑥の許容最大荷重より，すみ肉T継手のサイズ S は⑦（　　　）mm となる。（小数点1位まで求める）

問題13. ガウジングに関する次の項目について，（　　　）内の語句のうち適切なものを1つ選び，その記号に○印をつけよ。

(1) プラズマアークガウジングに使用する電極の材料はどれか。
　　（イ．タングステン，ロ．ハフニウム，ハ．鋼，ニ．炭素）

(2) プラズマアークガウジングに使用する作動ガスはどれか。
　　（イ．アルゴンと酸素の混合ガス，ロ．アルゴンと炭酸ガスの混合ガス，ハ．アルゴンと水素の混合ガス，ニ．アルゴンと空気の混合ガス）

(3) エアアークガウジングでは，（イ．クロムとタングステン，ロ．タングステンと銅，ハ．炭素と銅，ニ．炭素とタングステン）が溝に付着して，割れの原因となることがある。

(4) エアアークガウジングは，（イ．耐候性鋼，ロ．アルミニウム

合金，ハ．炭素鋼，ニ．ステンレス鋼）には使用できない。

(5) 裏側初層に欠陥を生じないような裏はつり後の開先形状はどれ
か。

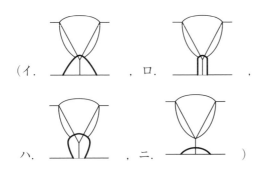

（イ．　　　　　，ロ．　　　　　，

ハ．　　　　　，ニ．　　　　　）

問題14. JIS Z 3421-1（金属材料の溶接施工要領及びその承認－アーク溶接
の溶接施工要領書）に準拠して，780N/mm²級高張力鋼（板厚
50mm）を用いたサブマージアーク溶接の下向きでの溶接施工要領
書を作成するに当たり記載すべき項目を5つ挙げよ。（母材の種類，
溶接方法，溶接姿勢を除く）

問題15. 40mm厚の溶接構造用圧延鋼材SM490の下向突合せ溶接をソリッ
ドワイヤを用いたマグ溶接で行う場合，被覆アーク溶接に比べた施
工上の長所を3項目，短所を2項目あげよ。

　　　長所1：

　　　長所2：

　　　長所3：

　　　短所1：

　　　短所2：

問題16. 溶接構造物の製作に当たっては，開先の精度が構造物の最終寸法
及び溶接部の品質に多大な影響を及ぼす。突合せ溶接継手のルート

間隔が過大となった場合の対処方法を次の2つの場合について示せ。

(1) 5 mm < ルート間隔 ≤ 16mmの場合

(2) 16 mm < ルート間隔 ≤ 25mmの場合

問題17. 磁粉探傷試験と浸透探傷試験の特徴をまとめた下表の空欄に適切な語句を記せ。

試験方法	磁粉探傷試験（MT）	浸透探傷試験（PT）
検出可能なきず	表面及び表面直下のきず	①
検出しやすいきずの方向	②	方向の影響を受けない
使用する機材	③	浸透液，洗浄剤，現像剤など
適用可能な材料	④	⑤

問題18. 次の文章は，余盛付き鋼溶接部の非破壊試験について述べたものである。（　　）内の語句のうち正しいものを1つ選び，その記号に○印をつけよ。

(1) 放射線透過試験で，溶接ビード内に円形状の黒い像が複数個観察された。

これは ①（イ．割れ，ロ．溶込不良，ハ．スラグ巻込み，ニ．ブローホール）と判断され，JIS Z 3104に従うと，②（イ．第1種，ロ．第2種，ハ．第3種，ニ．第4種）のきずとして分類される。

(2) 超音波斜角探傷試験で，検出レベルを超えるエコーが検出され

た。そこで，きずの指示長さを求めるため，探触子を ③（イ．
溶接線に直角方向に走査（前後走査），ロ．溶接線に平行に走査
（左右走査），ハ．同じ位置で回転走査（首振り走査），ニ．溶接
線方向に斜めに走査（振子走査））した。JIS Z 3060 では，きず
の指示長さと ④（イ．きずの種類，ロ．きずのエコー高さ，ハ．
きずの点数，ニ．きずの位置）によってきずを分類し評価する。

(3) 超音波探傷試験は，放射線透過試験と比較して，⑤（イ．きず
の種類判別，ロ．きずの長さの推定，ハ．近接したきずの判別，
ニ．きずの深さ位置の推定）に優れている。

問題19. ロボット溶接の安全に関する次の文章中の（　）内の語句のう
ち正しいものを１つ選び，その記号に○印をつけよ。

(1) 自動運転中のロボットの安全対策で規定されているのは，ロ
ボットの可動範囲の外側に（イ．遮光カーテン，ロ．安全柵又は
囲い，ハ．スピーカー，ニ．休憩所）を設けることである。

(2) ロボットの教示作業を２人で行う場合，１人は教示動作を行い，
もう１人はロボットの（イ．可動範囲内で，危険なときに直ちに
ロボットを停止できるように教示作業者の，ロ．可動範囲外で，
非常停止スイッチを持って教示作業者の，ハ．可動範囲内で，可
動範囲内に第三者が立ち入らないように，ニ．可動範囲外で，教
示内容の）監視を行う。

(3) ロボットを取扱う作業者には，（イ．ロボットの動作原理に関
する学科教育，ロ．ロボットの運転操作に関する学科教育と実技
教育，ハ．ロボットの非常停止に関する学科教育，ニ．ロボット
の運転と安全に関する学科教育と実技教育）を行う。

(4) ロボットの状態を正常に維持するため，（イ．作業開始前点検
と定期点検を，ロ．作業開始前点検のみ，ハ．定期点検のみ，ニ．
作業終了後点検と定期点検を）実施する。

(5) ロボット又は関連機器に異常が生じて可動範囲内に立ち入ると
き，適切でないのは（イ．安全プラグを携帯して応急処置する，

ロ．非常停止ボタンを押し，ロボットを停止する，ハ．ただちに可動範囲内に入り応急処置を開始する，ニ．担当者以外が可動範囲に入らないようにする）ことである。

問題20. 溶接アークから発生する赤外線と紫外線の人体への影響と，溶接作業者及び周辺作業者への安全対策について述べよ。

紫外線の影響：

赤外線の影響：

溶接作業者への対策：

周辺作業者への対策：

●2018年6月3日出題　1級試験問題●

解答例

問題1. ①アーク柱（降下）電圧，②溶接電流（または，アーク電流），③熱効率，④ピンチ，⑤プラズマ，⑥磁気吹き，⑦スパッタ，⑧清浄（または，クリーニング，清掃），⑨消弧（または，消失），⑩再点弧

問題2. 次から2つあげる。

(1) 溶接電源の小型・軽量化が図れる。

理由：電源の制御周波数が数十kHz程度と高いため，溶接変圧器（鉄芯の断面積）を小さくできる。また，組み込む直流リアクトルも小さくできる。これらの結果，溶接電源は小型・軽量化できる。

(2) 制御の応答性に優れ，溶接作業性が改善される。

理由：電源の制御周波数が高いため，高速で精密な制御が可能になり，スパッタの発生量の低減，アークスタート性などが改善される。

(3) 省エネ効果が図れる。

　　　　理由：サイリスタ式では電流制御素子が溶接変圧器の二次側に
　　　配置される関係で，溶接変圧器の一次側は常時接続となり，アー
　　　クを発生させていないときでも変圧器の無負荷損が発生する。こ
　　　れに対し，インバータ式では電流制御素子が溶接変圧器の一次側
　　　に配置され，一次側電流をオン・オフして溶接電流を制御する関
　　　係で，無負荷損の発生はアーク発生期間中だけに限られる。結果
　　　として，省エネ効果や電源利用の効率化が実現できる。
（4）力率の改善ができる。
　　　　理由：点弧位相制御を利用して溶接電流値を制御するサイリスタ
　　　制御では，二次電流は整流されるが，溶接変圧器の一次側から見れ
　　　ば負荷としては遅相電流となり，交流溶接機と基本的には変わらな
　　　い。これに対し，インバータ式では整流した一次電流をコンデンサ
　　　に蓄電して利用する関係で，力率改善コンデンサを入れた場合と同
　　　じ状態になり，電源ライン側から見た溶接機の力率値は改善される。

問題3.

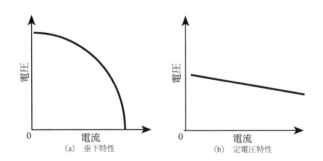

垂下特性の電源を用いる溶接法1，2：
　　　被覆アーク溶接，ティグ溶接，プラズマ溶接，サブマージアー
　　　ク溶接（太径ワイヤ），エレクトロスラグ溶接，（エレクトロガス
　　　アーク溶接）
定電圧特性の電源を用いる溶接法1，2：

マグ溶接，ミグ溶接，エレクトロガスアーク溶接，細径ワイヤ
を用いるサブマージアーク溶接，（エレクトロスラグ溶接）

問題4.　(1) ニ，(2) ロ，(3) ハ，(4) ロ，(5) ニ

問題5.　(1) ハ，ニ，(2) ロ，(3) イ，(4) イ，ハ，
　　　　(5) ロ

問題6.　(1) 粗粒域
　　　　(2) 溶融線近傍の約1250℃ 以上に加熱された領域は，結晶粒が著
　　　　しく成長し，マルテンサイトや上部ベイナイトなどの焼入れ組織
　　　　が生じて，硬化するとともにじん性も劣化しやすい。
　　　　(3) 領域の名称：細粒域
　　　　　説明：900〜1100℃程度に加熱された領域では，結晶粒の小さ
　　　　なオーステナイトの状態から冷却中にフェライト＋パーライトに
　　　　変態し，結晶粒が微細になる。
　　　　　室温でフェライト・パーライト組織である鋼を加熱していく
　　　　と，A_{c1}温度でパーライトがオーステナイトに変態を開始する。
　　　　さらに温度が上昇するとオーステナイトの分率が高まり，A_{c3}温
　　　　度以上ではオーステナイト単相となる。さらに温度が上昇すると
　　　　オーステナイトの結晶粒が粗大化していくが，900〜1100℃程度
　　　　に加熱された領域では，上記理由から結晶粒が微細になる。

問題7.　(1)・低温割れ防止
　　　　　・硬化性の高い合金元素を含む高張力鋼の溶接
　　　　　・冷却速度および拘束が大きい厚板の初層溶接
　　　　　など
　　　　(2) 乾燥温度：300〜400℃
　　　　　乾燥時間：30〜60分
　　　　(3) 大気からの保護：炭酸ガス，炭酸ガスとアルゴンの混合ガス，

　　　　または酸素とアルゴンの混合ガスを溶接部に吹き付けて，溶融金
　　　　属を大気から保護する。
　　　　脱酸元素2種類：Si，Mn

問題8.　(1) 溶接金属内の縦割れ，横割れ，星割れ，クレータ割れ，ビード
　　　　割れ，なし形割れなど
　　　(2) P，S（Si，Nbも可）
　　　(3) 凝固過程においてP，Sなどの低融点化合物が，凝固時のデン
　　　　ドライト樹間やオーステナイト粒界に偏析し，凝固収縮ひずみが
　　　　加わって発生する。
　　　(4) オーステナイトよりフェライトの方がP，Sの固溶度が大きい
　　　　ため。

問題9.　(1) イ，(2) ニ，(3) ハ，(4) ニ，(5) ハ

問題10. (1)

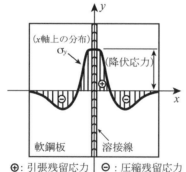

　　　(2) ゼロ
　　　(3) 降伏応力程度
　　　(4) 引張残留応力の最大値：変化しない。
　　　　引張残留応力の生じる範囲：広くなる。

問題11.　(1)

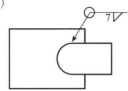

(2)

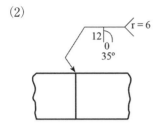

(3)

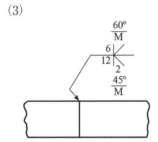

(4)

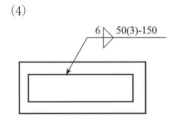

(5)

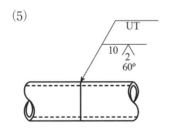

問題12. ①96，②2,000，③192，④96，⑤280，⑥26.88，⑦7.2

（解説）

　　①許容引張応力は，$240 \times 2/3 = 160$ と $440 \times 1/2 = 220$ の小さい方なので160N/mm²である。許容せん断応力は許容引張応力の60%なので，$160 \times 0.6 = 96$N/mm²となる。②$10 \times 200 = 2,000$ mm²，③$96 \times 2,000 = 192,000$N→192kN，④①と同じ，⑤$0.7S \times 200 \times 2 = 280S$，⑥$96 \times 280S = 26880 \times S$（N）→$26.88 \times S$（kN），⑦$192 = 26.88 \times S$ より，$S = 7.14$mm→7.2mm

問題13. (1) イ，(2) ハ，(3) ハ，(4) ロ，(5) イ

問題14. (1) 材料の寸法
　　(2) 継手形状および寸法
　　(3) 開先加工
　　(4) トーチ角度
　　(5) 多電極溶接の場合には，トーチ数，電極数，トーチ間隔等
　　(6) 裏はつり
　　(7) 裏当て
　　(8) 溶接材料の種類
　　(9) 溶接材料の寸法
　　(10) 溶接材料の取扱いおよび保管
　　(11) 電気的なパラメータ（電流の種類および極性，電流範囲）
　　(12) 溶接速度の範囲
　　(13) ワイヤ送給速度の範囲
　　(14) 予熱温度
　　(15) パス間温度
　　(16) 予熱保持温度
　　(17) 水素放出のための後熱
　　(18) 溶接後熱処理
　　(19) コンタクトチップから母材表面までの距離
　　(20) フラックスの種類および製造業者，銘柄

（21）付加的な溶接材料

（22）アーク電圧範囲

問題15. 長所1，2，3

下記から3項目挙げる。

（1）高電流密度で溶着速度を大きくできる。

（2）大電流で高能率に作業できる。

（3）溶込みが深い。

（4）連続溶接ができ，アークタイム率を向上できる（溶接棒の取替え不要）。

（5）開先角度を狭くできる（所要溶接材料を低減できる）。

（6）拡散性水素が少なく，予熱温度を低くできる。

（7）溶接材料の乾燥・保温が不要である。

（8）スラグの生成が少ない。

（9）自動溶接できる（ロボットの適用など）。

短所1，2

下記から2項目挙げる。

（1）防風対策が必要である。

（2）操作性，可搬性で劣る。（トーチが重たく，長さの制約もある。）

（3）シールドガスが必要である。

（4）消耗品の数が多い。

（5）アーク光が強い。

（6）ヒュームが多い。

（7）溶接装置が高価である。

（8）磁気吹きが生じる場合がある。

問題16.（1）広くなった開先に裏当金を取り付けて溶接を行い，溶接終了後に裏当金を取り除き，表面をグラインダで仕上げる。

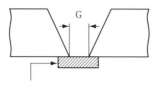

裏当て金は溶接後取り除く

(2) 片側の開先面に裏当金を一時的に取り付けて肉盛溶接をし，グラインダ等で所定の開先形状に仕上げた後，本溶接を行う。

はつり後グラインダで仕上げ（点線部）

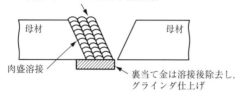

母材　母材
肉盛溶接　裏当て金は溶接後除去し，
グラインダ仕上げ

問題17.

試験方法	磁粉探傷試験（MT）	浸透探傷試験（PT）
検出可能なきず	表面および 表面直下のきず	① **表面に開口したきず**
検出しやすい きずの方向	② **磁束に直交する方向**	方向の影響を受けない
使用する機材	③ **磁化装置（または，電磁 石，ヨークなど），磁粉**	浸透液，洗浄剤，現像剤 など
適用可能な材料	④ **強磁性体（炭素鋼，低合 金鋼など）**	⑤ **材料の制約を受けない （鉄鋼，非鉄金属など）**

問題18. ①ニ，②イ，③ロ，④ロ，⑤ニ

問題19. (1) ロ，(2) ロ，(3) ニ，(4) イ，(5) ハ

問題20.

　　紫外線の影響：眼に照射されると一過性の痛みをともなう「電気性眼炎」を起こし，皮膚に照射されると短時間でも「熱傷（火傷)」を起こす。

　　赤外線の影響：長期間の照射によって，視力障害（白内障）や視力低下を招くおそれがある。

　　溶接作業者への対策：

　　　1. 適正な遮光度番号のフィルタプレートをもつ溶接用保護面を着用させる。

　　　2. 保護めがねを着用させる。

　　　3. 皮膚の露出を避ける。（保護具の着用）

　　周辺作業者への対策：

　　　1. 遮光カーテン・衝立等で区画する。

　　　2. 保護めがねを着用させる。

●2017年11月12日出題●

1級試験問題

問題1. 次の文章はアーク溶接時の磁気吹きについて述べたものである。磁
気吹きが発生する場合のアークの様子を各図中に描き，磁気吹きの
主な理由をその右側の枠内に簡潔に記せ。

(1) 1箇所にケーブルを接続する場合
    磁気吹きの主な理由：

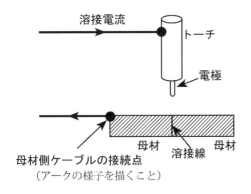

（アークの様子を描くこと）

(2) アークの近くに鋼ブロックが存在する場合
    磁気吹きの主な理由：

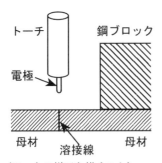

（アークの様子を描くこと）

問題2. 次の文章はティグ及びマグ・ミグ溶接について述べたものである。文章中の（　）内に適切な言葉を入れよ。

(1) 直流ティグ溶接では，一般に，電源の外部特性が①（　　）特性の溶接電源を採用し，電極ケーブルは電源の②（　　）極に接続する。

(2) 交流ティグ溶接では，電源の外部特性が③（　　）特性の溶接電源が採用される。

(3) マグ溶接やミグ溶接では，電源の外部特性が④（　　）特性の溶接電源を採用し，電極ケーブルは通常，電源の⑤（　　）極に接続する。

問題3. 次の文章は半自動マグ溶接機の保守について述べたものである。次の文章中の（　）内の言葉のうち最も適切なものを1つ選び，その記号に○印をつけよ。

(1) 溶接電源の内部は①（イ．圧縮空気で強制空冷，ロ．外気で強制空冷，ハ．外気で自然冷却，ニ．冷却水で強制冷却）しているため，ほこりが溜まりやすく，内部をこまめに清掃する必要がある。

　内部の清掃では，②（イ．酸素ガス，ロ．アルゴンガス，ハ．水道水，ニ．圧縮空気）を吹き付けてほこりなどを除去する。溶接変圧器やリアクタの隙間，及び③（イ．整流素子や電流制御素子，ロ．電源カバー，ハ．仕切り板，ニ．電源設置場所周辺の床）はとくに丁寧に清掃する。

(2) 溝径が大きすぎる送給ローラを取り付けたり，消耗した送給ローラをそのまま用いると，ワイヤが④（イ．座屈，ロ．断線，ハ．スリップ，ニ．変形）して円滑に送給されなくなり，アークが不安定になる。

　この問題をローラの加圧力増加のみで対応しようとすると⑤（イ．シールド不良，ロ．送給ローラ溝の摩耗，ハ．ノズルの損傷，ニ．ケーブルの断線）が生じる。

問題４. 構造用炭素鋼はガス切断が容易である。その理由を４つあげよ。

理由①：

理由②：

理由③：

理由④：

問題５. 次の文章中の（　　）内の言葉のうち正しいものを１つ選び，その記号に○印をつけよ。

(1) 建築構造用圧延鋼材（SN材）にはA種，B種，C種があり，B種及びC種には，溶接性の観点からA種にはない①（イ．C，ロ．S，ハ．Si，ニ．炭素当量）の上限値が定められている。

また，ラメラテア防止のため，C種では②（イ．C，ロ．S，ハ．Si，ニ．炭素当量）の上限値がA種より低く規定されている。

(2) 一般に構用鋼の③（イ．引張強さ，ロ．硬さ，ハ．じん性，ニ．降伏比）は，ある温度以下で著しく低下し，④（イ．延性，ロ．疲労，ハ．遅れ，ニ．ぜい性）破壊する。その改善には⑤（イ．Ni，ロ．Si，ハ．Cr，ニ．Mo）添加が有効であり，９％まで添加した鋼が低温用鋼として用いられている。

(3) TMCP鋼は，通常の熱間圧延鋼材の圧延温度よりも低めの温度で熱間圧延することにより，圧延加工後に起きる⑥（イ．変形，ロ．再結晶，ハ．温度上昇，ニ．変態）が抑制され，フェライト粒の細粒化が図られるとともに，圧延後の加速冷却により組織が微細になる。そのためTMCP鋼は同じ引張強さの通常圧延鋼材に比べて⑦（イ．吸収エネルギー，ロ．伸び，ハ．炭素当量，ニ．変態温度）が低く，溶接性に優れている。

(4) 高張力鋼の溶接部の硬さは，⑧（イ．粗粒，ロ．混粒，ハ．細粒，ニ．溶接金属）部で最も高い。この最高硬さは，溶接部のCCT図と⑨（イ．変態温度，ロ．最高加熱温度，ハ．冷却速度，ニ．溶接速度）から予測できる。

一般に，合金添加量が多くなると，鋼のCCT図の変態曲線は

全体に長時間側に移り，⑩（イ．オーステナイト，ロ．フェライト，ハ．セメンタイト，ニ．マルテンサイト）組織が生成しやすい。

問題6. 板厚 $t = 30\text{mm}$ の溶接構造用圧延鋼材の低温割れに関する以下の問いに答えよ。ただし，この鋼材は0.15%C，0.30%Si，1.40%Mnを含有し，他の合金元素は含まないものとする。また，溶接割れ感受性指数 P_C，溶接割れ感受性組成 P_{CM}，ルート割れを防止する予熱温度 T_0 と P_C の関係は，それぞれ以下の式で与えられる。ただし，Hは拡散性水素量である。

$P_C = P_{CM} + t/600 + H/60$

$P_{CM} = C + Si/30 + Mn/20 + Cu/20 + Ni/60 + Cr/20 + Mo/15 + V/10 + 5B$

$T_0 = 1440 P_C - 392$

(1) この鋼材の P_{CM} はいくらか。

(2) この鋼材を，拡散性水素量 $H = 3.0\text{ml}/100\text{g}$（グリセリン法による）の低水素系溶接棒により被覆アーク溶接するとき，低温割れを発生させないためには，予熱温度を何度以上にすべきか。

(3) 予熱により低温割れが防止できる理由を説明せよ。

問題7. 100%CO_2 をシールドガスとするマグ溶接に用いるソリッドワイヤは，溶接構造用圧延鋼材より多くのSi，Mnを含有している。以下の問いに答えよ。

(1) ワイヤに多量のSi，Mnを添加する目的は何か。

(2) Si，Mnの添加によって抑制される溶接欠陥の名称を記せ。

(3) 多量のSi，Mnの添加によって生成した反応物はどのような挙動をするか。

(4) 100%CO_2 ガス用のワイヤを用いて，20%CO_2+80%Arをシールドガスとして溶接した場合，溶接金属中のSi，Mn濃度と引張強さはどのようになるか。

問題８. オーステナイト系ステンレス鋼に関する以下の問いに答えよ。

(1) オーステナイト系ステンレス鋼 SUS316 は，フェライト系ステンレス鋼 SUS430 やマルテンサイト系ステンレス鋼 SUS410 とは異なり，極低温の用途にも利用できる。その理由について述べよ。

(2) JIS のオーステナイト系ステンレス鋼 SUS316L について答えよ。

①記号 L は何を表すか。

②SUS316L を用いる理由を述べよ。

問題９. 丸棒引張試験で測定される軟鋼と高張力鋼の機械的性質について，以下の問いに答えよ。

(1) 図は軟鋼の公称応力 – 公称ひずみ線図の特徴を描いている。この図に高張力鋼の公称応力 – 公称ひずみ線図の特徴を書き加えよ。

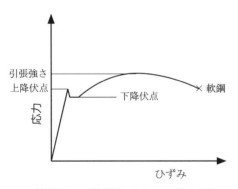

軟鋼及び高張力鋼の応力 – ひずみ曲線

(2) 上図に高張力鋼の 0.2% 耐力，引張強さ及び JIS で定義される一様伸び（均一伸び）を記せ。

(3) 降伏比とは何か。また，軟鋼と高張力鋼のどちらの降伏比が高いか。

降伏比の定義：

降伏比が高い鋼：

問題10. 鋼のぜい性破壊及び疲労破壊（高サイクル）について，それぞれ破壊形態を3つ，破面の特徴的な巨視的模様と微視的模様を記せ。

(1) ぜい性破壊

　破壊形態1：

　破壊形態2：

　破壊形態3：

　巨視的破面模様：

　微視的破面模様：

(2) 疲労破壊

　破壊形態1：

　破壊形態2：

　破壊形態3：

　巨視的破面模様：

　微視的破面模様：

問題11. 次の文章は，熱応力，及び溶接残留応力・溶接変形について述べている。各設問において正しいものを1つ選び，その記号に○印をつけよ。

(1) 室温で両端が拘束された軟鋼棒がある。軟鋼棒を室温から一様に加熱して500℃温度上昇させたとき，軟鋼棒はどのような応力状態になっているか。

　イ．引張応力が生じているが，降伏はしていない

　ロ．引張降伏状態になっている

　ハ．圧縮応力が生じているが，降伏はしていない

　ニ．圧縮降伏状態になっている

(2) 上記の状態から室温まで冷却したとき，軟鋼棒はどのような応力状態になっているか。

　イ．引張応力が生じているが，降伏はしていない

　ロ．引張降伏状態になっている

　ハ．圧縮応力が生じているが，降伏はしていない

　　　　ニ．圧縮降伏状態になっている

　（3）薄板軟鋼平板にオーステナイト系ステンレス鋼を肉盛溶接し，
　　　常温まで冷却した時の平板の変形状態はどうなっているか。

　　　　イ．肉盛側に凸形状になっている

　　　　ロ．肉盛側に凹形状になっている

　　　　ハ．凹凸形状になっている

　　　　ニ．変形はなく，ほぼ平坦形状になっている

　（4）（3）の状態において，肉盛溶接部はどのような応力状態になっ
　　　ているか。

　　　　イ．引張応力状態になっている

　　　　ロ．圧縮応力状態になっている

　　　　ハ．冷却速度によって，引張応力状態，又は圧縮応力状態になっ
　　　　　ている

　　　　ニ．応力は生じていない

　（5）（3）の状態において，接合界面から少し離れた軟鋼側ではどの
　　　ような応力状態になっているか。

　　　　イ．引張応力状態になっている

　　　　ロ．圧縮応力状態になっている

　　　　ハ．冷却速度によって，引張応力状態，又は圧縮応力状態になっ
　　　　　ている

　　　　ニ．応力は生じていない

問題12. 右図に示すように，床鋼板に鋼製ピースを全周すみ肉溶接で取り
　　　　付ける。すみ肉溶接のサイズ S は，鋼構造設計規準に従って最小の
　　　　寸法に設定する。溶接部に働く曲げモーメントは考えないものとし
　　　　て，継手の許容最大荷重 P を解答手順に従って求めよ。ただし，母
　　　　材の降伏点は240N/mm²，引張強さは440N/mm²であり，許容引張
　　　　応力は降伏点の2/3又は引張強さの1/2の小さい方とし，許容せん
　　　　断応力は許容引張応力の60%で，$1/\sqrt{2} = 0.7$ とする。

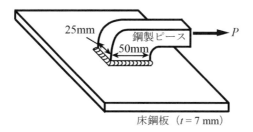

床鋼板（$t = 7\,\text{mm}$）

(1) 鋼構造設計規準によると，「すみ肉のサイズ S は，薄い方の母材厚さ t_1 以下でなければならない。また，板厚が 6 mm を超える場合は，サイズ S は 4 mm 以上でかつ $1.3\sqrt{t_2}$（mm）以上でなければならない。ここで，t_2 は厚い方の母材厚さ。」となっている。これより，サイズ S は①（　　）mm $\leq S \leq$ ②（　　）mm（小数点 1 位まで求める）を満たす必要があり，鋼構造設計規準に従う最小サイズ S は，③（　　）mm となる。

(2) このすみ肉溶接ののど厚は，小数点 2 位以下を切り捨てると，④（　　）mm となる。

(3) 有効溶接長さは⑤（　　）mm なので，力を伝える有効のど断面積は⑥（　　）mm² となる。

(4) すみ肉溶接なので，継手の許容応力は，⑦（　　）N/mm² である。

(5) したがって，溶接継手の許容最大荷重 P は，⑧（　　）kN となる。（小数点 1 位まで求める）

問題13. 多くのアーク溶接法がある中で，マグ溶接が大部分のロボット溶接施工に使用されている。その理由を 5 項目あげよ。

　　(1)

　　(2)

　　(3)

　　(4)

　　(5)

問題14. 炭素鋼の材料管理についての留意点を3つあげ，それぞれの内容
を簡潔に述べよ。

　　　留意点1
　　　留意点1の内容
　　　留意点2
　　　留意点2の内容
　　　留意点3
　　　留意点3の内容

問題15. 予熱作業の施工管理について，以下の問いに答えよ。

　(1) 予熱に用いる機器は何か。

　(2) どの範囲を加熱するか。

　(3) 加熱温度の測定に用いる器具は何か。

　(4) 温度測定はいつ行うか。

　(5) 加熱温度の確認位置はどこか。

問題16. 次の文章は構造用鋼の溶接施工について述べたものである。文章
中の（　　）内の語句のうち最も適切なものを1つ選び，その記号
に○印をつけよ。

　(1) V形開先突合せ継手のなし形割れを防止するための手段の1つ
　　　は（イ．開先角度を大きくする，ロ．開先角度を小さくする，ハ．
　　　溶接電流を高くする，ニ．アーク電圧を低くする）ことである。

　(2) 溶接変形が過大とならないように，一般に（イ．溶着量の多い
　　　継手から，ロ．すみ肉溶接をしてから突合せ，ハ．薄板から，ニ．
　　　構造物の周囲から中央に向けて）溶接する。

　(3) 低温割れ防止に使われる熱処理は（イ．溶接後熱処理（PWHT），
　　　ロ．溶接直後熱，ハ．溶体化処理，ニ．焼戻し）である。

　(4) 予熱が必要な場合，タック溶接の予熱は本溶接と比較して（イ．
　　　10〜20℃低い温度，ロ．同じ温度，ハ．5〜10℃高い温度，ニ．
　　　30〜50℃高い温度）で行う。

(5) 半自動マグ溶接の下向溶接で，ビード形状が凸になるのを抑制するには，前進角をとり（イ．溶接速度，ロ．アーク電圧，ハ．溶接電流，ニ．ワイヤ突出し長さ）を増加させる。

問題17. 溶接部の内部欠陥を検出する方法に関して，以下の問いに答えよ。

(1) 厚さ20mmの余盛付き平板突合せ溶接部の超音波探傷試験を行う場合，垂直探傷，又は斜角探傷のいずれを適用するか答えよ。また，その理由を簡潔に述べよ。

適用する試験法：

その理由：

(2) 外径400mm，肉厚18mmの配管円周溶接継手の放射線透過試験を内部線源撮影で行う場合，X線透過試験，又はガンマ線透過試験のいずれを適用するか答えよ。また，その理由を簡潔に述べよ。

適用する試験法：

その理由：

問題18. 次の文章は，溶接部表面の非破壊試験方法について述べたものである。（　　）内の言葉のうち正しいものを1つ選び，その記号に〇印をつけよ。

(1) 溶接後の目視試験で検査する項目に，①（イ．開先角度，ロ．ルート面，ハ．余盛高さ，ニ．熱影響部の硬さ）がある。

(2) 溶接部に磁粉探傷試験を適用する場合，極間法，又はプロッド法が用いられるが，プロッド法は②（イ．磁化力が弱い，ロ．溶接線に対して2方向に磁化させる必要がある，ハ．直流電源が必要となる，ニ．スパークにより試験体の表面を損傷する恐れがある）という欠点がある。このため，高張力鋼に対しては一般に極間法が用いられる。極間法では，磁化装置として通常③（イ．直流電磁石，ロ．交流電磁石，ハ．ホール素子，ニ．永久磁石）が用いられる。

(3) アルミニウム合金や④（イ．9％ニッケル鋼，ロ．鋳鋼，ハ．低合金鋼，ニ．オーステナイト系ステンレス鋼）などの非磁性材料に対しては浸透探傷試験が用いられる。浸透探傷試験で欠陥の検出精度を高めるには，⑤（イ．浸透液，ロ．洗浄液，ハ．乳化剤，ニ．現像剤）を均一な厚さに塗布することが重要である。

問題19. 次の文章は安全衛生について述べたものである。文章中の（　　）内に適切な言葉を入れよ。

(1) アーク溶接作業者に起こる可能性のある障害には，急性障害として①（　　），慢性障害として②（　　）などがある。

(2) 第8次粉じん防止総合対策では，アーク溶接時のヒューム吸入を著しく少なくできる③（　　）の着用が勧奨されている。

(3) 狭あいな場所でのマグ溶接では，④（　　）が発生し，ガス中毒になる危険性がある。

(4) 労働安全衛生規則によると，「導電体に囲まれた狭あいな場所，又は2m以上の高所で交流アーク溶接する場合，⑤（　　）を使用しなければならない」と規定している。

問題20. 溶接・溶断作業に際して，火災・爆発の防止のために注意すべき事項を3つ記せ。

●2017年11月12日出題　1級試験問題●
解答例

問題1.

(1) 磁気吹きの主な理由：
母材側ケーブルの接続点が1箇所の場合，電流がループ状に流れ，電気回路の内側に比べて外側の磁場が弱くなり，溶接電流パスを拡げるようにアークが振れる。

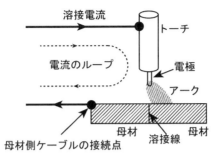

(2) 磁気吹きの主な理由：

　溶接線の直ぐ横に大きな鋼ブロックがあると，アーク近傍の磁場の一部が鋼ブロックに吸収され，鋼ブロック側の磁場が反対側に比べて弱くなり，アークは鋼ブロック側に振れる。

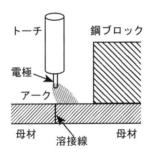

問題２. ①垂下（または，定電流），②マイナス，③垂下（または，定電流），④定電圧，⑤プラス

問題３. ①ロ，②ニ，③イ，④ハ，⑤ロ

問題４. 次の内から４項目書けていればよい。
　(1) 酸化鉄の融点が母材の融点よりも低い。
　(2) 酸化反応を維持させるに十分な反応熱が得られる。

（3）予熱炎だけで，切断開始部を容易に発火温度以上に加熱できる。

（4）発火温度が母材の融点よりも低い。

（5）切断材の燃焼温度が，その溶融温度より低い。

（6）スラグ（溶融金属／溶融スラグ）の流動性がよい。

（7）スラグ（ドロス）の母材からのはく離が容易である。

（8）生成酸化物の溶融温度が切断材の溶融温度より低い。

（9）酸化反応（燃焼）を妨げる母材化学成分／不純物が少ない。

問題5. ①ニ，　②ロ，　③ハ，　④ニ，　⑤イ，　⑥ロ，　⑦ハ，　⑧イ，　⑨ハ，　⑩ニ

問題6.

（1）$P_{CM} = 0.15 + 0.30/30 + 1.40/20 = 0.23$

（2）$P_C = 0.23 + 30/600 + 3.0/60 = 0.33$ となり，
　　$T_0 = 1440 \times 0.33 - 392 = 83.2℃$ となるので予熱温度は84℃以上とする。

（3）予熱により溶接後の冷却速度が遅くなり，大気中に放出される水素量が増すとともに，硬化組織の生成が抑制される。

問題7.

（1）溶融金属中の脱酸反応を十分に起こさせるため

（2）ポロシティ（ブローホール，ピット）

（3）反応により生成した酸化物は液状になり，比重が溶鉄よりも小さいため，スラグとなって溶融池の表面に浮上する。

（4）Si，Mn 濃度が増して，引張強さが必要以上に高くなる。

問題8.

（1）SUS430，およびSUS410は，シャルピー吸収エネルギーが遷移温度以下で著しく低くなるのに対し，SUS316は極低温まで遷移挙動を示さず，ぜい性破壊しないため。

(2)

①炭素含有量が少ない（0.03% 以下である）ことを示す。

②炭素含有量が少なく，溶接時に結晶粒界への Cr 炭化物の析出が少ないので，粒界腐食（ウェルドディケイ）が生じにくい。（鋭敏化が抑制される。）

問題 9. (1), (2)

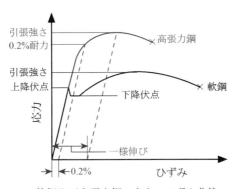

軟鋼及び高張力鋼の応力－ひずみ曲線

(3)

降伏比の定義：降伏点，または 0.2% 耐力を引張強さで割った値

降伏比が高い鋼：高張力鋼

問題 10.

(1) ぜい性破壊

破壊形態 1，2，3 ：

・遷移温度以下の低温で生じやすい。

・降伏応力以下の低負荷応力でも発生する。

・塑性変形がほとんどない。

・破壊に要するエネルギーが小さい。

・破面は引張応力の方向に垂直。

・破面はキラキラした光沢（輝き）を呈している。

　　　・亀裂の伝播速度が極めて速い。

　　巨視的破面模様：山形模様（シェブロンパターン）

　　微視的破面模様：リバーパターン

（2）疲労破壊

　　破壊形態１，２，３：

　　・降伏応力以下の低負荷応力で発生する。

　　・塑性変形がほとんどない．

　　・破面は引張応力の方向に垂直。

　　・破面は平坦で，光沢（輝き）がない。

　　・亀裂の伝播速度が遅い。

　　巨視的破面模様：貝殻模様（シェルマーク，ビーチマーク）

　　微視的破面模様：ストライエーション

問題11.　(1)　ニ，(2)　ロ，(3)　ロ，(4)　イ，(5)　ロ

問題12.　①6.5，②7，③6.5，④4.5，⑤150，⑥675，⑦96，⑧64.8

　　　解　説

　　　①$1.3\sqrt{t_2} = 1.3 \times \sqrt{25} = 1.3 \times 5$，

　　　②t_1，

　　　④$6.5 \times 1/\sqrt{2} = 6.5 \times 0.7 = 4.55$→小数点２位以下を切り捨てて4.5，

　　　⑤（25+50）×2=150，

　　　⑥4.5×150=675，

　　　⑦許容引張応力は，240×2/3=160と440×1/2=220の小さい方なので160N/mm²である。許容せん断応力は許容引張応力の60%なので，160×0.6=96N/mm²となる，

　　　⑧96×675=64,800N=64.8kN

問題13.　(1)，(2)，(3)，(4)，(5)

　　　次の項目から５つあげる。

(1) 溶接トーチが小型で，付属物が少なく，ロボットに搭載しやすい。

(2) 長時間の連続溶接ができる。

(3) ソリッドワイヤを使用すれば生成スラグ量が少ない。

(4) 溶接トーチをセンサ（タッチセンサ，アークセンサなど）として利用できる。

(5) アークおよび溶融金属のシールド方式が簡便（ガスを流すだけであり，サブマージアーク溶接のようなフラックスの散布・回収作業が不要）。

(6) 溶接材料（ワイヤ，シールドガス）の送給操作（開始および停止）を遠隔，自動で行える。

(7) 全姿勢溶接が可能である。

(8) 溶接方向やトーチ角度を変えやすい。

(9) アークの発生を自動で容易に行える（例えばサブマージアーク溶接のように，スチールウールの使用等で，人が介在する必要がない）。

(10) 外部から溶融池，溶接線周辺を観察できる。

問題14.

留意点1，2，3

留意点1，2，3の内容

次の項目から3項目あげる。

(1) 材料製造履歴書（ミルシート）と現物の照合

　入荷した鋼材とミルシートを照合する。ミルシートを品質記録の1つとして保管する。

(2) 鋼種の識別管理

　鋼材の誤用を避けるために，色分け，マーキングなどを行う。

(3) 保管管理

　雨，結露などで錆が発生しないように，また，潮風などで腐食しないように屋内に保管する。屋外に保管する場合はシートなどで保

護する。

(4) 材料の歩留まり管理

材料切断表，部材取り表をチェックし，材料の歩留まりが向上するように管理する。

(5) 残材の識別管理

残材の誤用を避けるために，色分け，マーキングなどを行う。

(6) 鋼材運搬時の傷防止

鋼材の運搬時に表面や端部に傷がつかないように吊り具の使用要領順守の徹底を図る。

(7) 鋼材表面の防錆処理の実施

黒皮除去のためのショットブラスト処理を行い，続いて防錆用ショッププライマを塗布する。プライマは膜厚を管理し，必要な場合は溶接前にプライマを除去する。

問題15.

(1) ガスバーナー，赤外線ヒーター，電気抵抗ヒーター，電磁誘導式ヒーターなど

(2) 溶接部近傍だけでなく継手の両側50〜100mmの範囲（板厚が厚い場合には板厚の3倍程度）

(3) 温度チョーク，非接触形または接触形の表面温度計，または熱電対

(4) 熱源を取り外して温度が均一になった後

(5) 一般に開先から50〜100mm離れた位置

(解説)　JIS Z 3703「溶接−予熱温度，パス間温度，及び予熱保持温度の測定方法の指針」では，板厚tが50mm以下の場合は溶接開先の縁から$4 \times t$の位置（最大50mm），板厚が50mmを超える場合は開先から少なくとも75mm離れた位置，または当事者間で合意が得られた位置と規定されている。また，温度測定はできるだけ加熱の反対面で行うが，加熱面側で測定するときには，熱源を取り外して温度が均一になる時間後に行わなければならないと

している。（母材板厚25mmあたり2分間）

問題16. (1) イ, (2) イ, (3) ロ, (4) ニ, (5) ロ

問題17.

    (1)

      適用する試験法：斜角探傷

      その理由：垂直探傷では，余盛の影響で超音波を効率よく溶接部に伝搬させることができない。これに対して，斜角探傷を用いると，平らな母材部に探触子を置くことによって，斜め方向から超音波を溶接部に伝搬させることができる。また，より有害な厚さ方向に伸びた欠陥を検出する場合，垂直探傷よりも斜角探傷の方が欠陥からのエコーが得られやすい。

    (2)

      適用する試験法：ガンマ線透過試験

      その理由：X線発生装置は大型であり，外径400mmの配管の内部に設置することができない。一方，ガンマ線源となる放射性同位元素は小型のカプセル内に収納されており，伝送管によって容易に配管内に設置することが可能である。

問題18. ①ハ, ②ニ, ③ロ, ④ニ, ⑤ニ

問題19. ①金属熱，または電気性眼炎など，②じん肺，または気管支炎など，③電動ファン付き呼吸用保護具（PAPR），④一酸化炭素（CO），またはオゾン，⑤電撃防止装置

問題20.

    (1) 作業開始前に作業場に可燃物の有無を確認し，可燃物は他の場所に移動・除去する。

(2) 可燃物が移動不可能な場合は，可燃物を難燃性シートで完全に覆うか，遮へいするなどの対策をとる。作業場の床が可燃物の場合は床を耐火性の遮へい材で覆い，保護する。

(3) 爆発性物質が存在する恐れのある場合は，通風，換気，除じんなどを行い，それらを完全に除去する。

(4) 爆発性物質除去のための通風または換気に酸素を使用してはならない。

(5) 爆発性物質除去用のガスとして二酸化炭素，窒素，アルゴンなどを用いたときには，酸素欠乏を防ぐために空気によって完全に置換されるまで作業を行ってはならない。

(6) 可燃性ガス，液体などのある場所では，設備内部の熱，スパークなどによって引火または爆発する可能性があるため，配電盤および溶接機を設置してはならない。

(7) 作業完了後，少なくとも30分間は火災・爆発防止のための監視を続ける。

(8) 作業場に消火器を備える。

1 級試験問題

問題 1．次の文章は被覆アーク溶接に関連した事項について述べている。各設問において正しいものを 1 つ選び，その記号に○印をつけよ。

(1) 炭素鋼の被覆アーク溶接で一般に多用されている溶接電源はどれか。

　イ．交流垂下特性電源，　ロ．交流定電圧電源，　ハ．直流定電流電源，　ニ．直流定電圧電源

(2) 可動鉄心形交流アーク溶接機において，鉄心を動かすことで変化させるのはどれか。

　イ．アーク長，　ロ．無負荷電圧，　ハ．漏洩磁束，　ニ．再点弧電圧

(3) 被覆アーク溶接に用いる可動鉄心形溶接電源の入力側の正しい接続はどれか。

　イ．動力用三相交流電源の 3 本線のうちの 2 線に接続する

　ロ．動力用三相交流電源の 3 本線のうちの 1 線とアース接地線に接続する

　ハ．単相三線式電源の 3 本線のうちの 2 線に接続する

　ニ．単相三線式電源の 3 本線のうちの 1 線とアース接地線に接続する

(4) 溶接機の無負荷電圧に関する正しい説明はどれか。

　イ．溶接機に電気を供給する入力側の電源電圧

　ロ．溶接電流が流れていないときの溶接機出力側の端子電圧

　ハ．溶接電流が流れているときの溶接機出力側の端子電圧

　ニ．溶接電流が流れているときのアーク電圧

(5) JIS C 9300-1 に記述されている溶接機の使用率の定義はどれか。

　イ．8 時間に対する溶接作業時間（準備を含む）の割合（％）

　ロ．1 時間に対する溶接作業時間の割合（％）

    ハ．１時間に対するアーク発生時間の割合（％）

    ニ．10分間に対するアーク発生時間の割合（％）

問題２． 次の文章はティグ溶接について述べている。下記の文章中の（   ）内に適切な言葉を入れよ。

  (1) ステンレス鋼のティグ溶接では，（①   ）垂下特性電源が採用され，電極は電源の（②   ）極側に接続される。

  (2) 上記の極性では，集中した（③   ）が得られ，溶接ビード（溶融部）の幅が（④   ），溶込みが（⑤   ）。また，（⑥   ）の消耗も少ない。

  (3) アルミニウムやアルミニウム合金のティグ溶接では，一般に交流垂下特性電源が採用される。これは，電極の極性が（⑦   ）の時に得られる（⑧   ）作用を利用して，母材表面に存在する（⑨   ）を除去するためである。

  (4) 上記の作用を利用する理由は，表面を覆っている物質の融点が母材に比べて大幅に（⑩   ）ためである。

問題３． 次の文章はレーザ溶接について述べている。文章中の（   ）内に適切な言葉を記入せよ。

  (1) レーザ溶接は，発振器で作られた波長と（①   ）がそろった光（レーザ光）をレンズで細く絞って照射することによって，母材を加熱・溶融させて接合する方法である。

  (2) 近年は，YAGレーザや（②   ）レーザのように波長が1.06 μm程度のレーザ光がよく利用されている。

  (3) レーザ光は金属表面で反射されやすく，材料の種類や表面状態によってレーザ光の吸収率は変化する。一般に，アルミニウムや銅及びそれらの合金の溶接では鋼板の場合に比べて光の吸収率が（③   ）い。

  (4) 波長1.06μm程度のレーザ光は，ミラーを利用した伝送だけでなく，（④   ）を利用した伝送も可能である。

  (5) レーザ溶接では，溶接部で発生する（⑤   ）やプラズマ化したガスのレーザ光減衰への影響が無視できない。

問題4. アーク溶接ロボットに使用されているマグ溶接用の次の2種類の
センサについて，その原理と役割を簡単に述べよ。

(1) アークセンサ

原　理：

役　割：

(2) ワイヤタッチセンサ

原　理：

役　割：

問題5. 次の文章中の（　　）内の語句のうち，正しいものを1つ選び，
その記号に○印をつけよ。

(1) 構造用圧延鋼材には，SS材，SM材，SN材があり，いずれの
鋼種にも含有量の上限値が規定されている元素は，①（イ．Cと
Si，ロ．MnとSi，ハ．PとS，ニ．CとMn）である。

(2) 溶接構造用圧延鋼材SM材には，A，B，Cの3種があり，B，
及びC種には，A種にない②（イ．耐力，ロ．降伏比，ハ．炭
素当量，ニ．切欠きじん性，ホ．絞り）が規定されている。

(3) 建築構造用圧延鋼材SN材には，A，B，Cの3種があり，B，
C種には溶接部の最高硬さと密接に関係している③（イ．耐力，
ロ．降伏比，ハ．炭素当量，ニ．切欠きじん性，ホ．絞り）が
規定されている。また，C種はB種の性能に加え，板厚方向の引
張応力に対する安全性確保のため，板厚方向の④（イ．耐力，
ロ．降伏比，ハ．疲労強度，ニ．切欠きじん性，ホ．絞り）を
規定している。

(4) 構造用鋼の⑤（イ．引張強さ，ロ．硬さ，ハ．切欠じん性，
ニ．降伏比）は，ある温度以下で著しく低下し，⑥（イ．延性，
ロ．疲労，ハ．遅れ，ニ．ぜい性）破壊する。その改善には
⑦（イ．Ni，ロ．Si，ハ．Cr，ニ．Mo）の添加が有効であり，
9％まで添加した鋼が低温用鋼として用いられている。

(5) TMCP鋼は，同じ強度レベルの通常熱間圧延鋼に比べて⑧（イ．
炭素当量，ロ．P，及びS量，ハ．一様伸び，ニ．変態温度）

　　　が低いため，溶接熱影響部の硬化が少なく溶接性に優れている。

　(6) 鋼材の高温特性としては特に耐酸化性，及び⑨（イ．切欠きじん性，ロ．クリープ特性，ハ．疲労特性，ニ．耐割れ性）が重要で，これらの特性を向上させるためには，⑩（イ．CrやMo，ロ．MnやCu，ハ．ZnやSn，ニ．PやS）の添加が有効である。

問題６． 低炭素鋼の溶接熱影響部は，最高到達温度に応じて，下図に示すように金属組織的に①～⑤の５つの領域に分類される。下表の空欄の名称と特徴を簡潔に記入せよ。

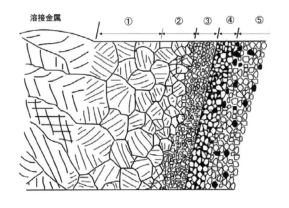

	名称	加熱温度範囲	特　徴
	溶接金属	溶融温度以上	溶融凝固した領域で，柱状晶・樹枝状晶を呈する。
①		1250℃以上	
②		1250～1100℃	粗粒域と細粒域の中間の組織。
③		1100～900℃	
④		900～750℃	
⑤	母材原質部	750℃以下	熱影響を受けない，元の母材組織。

問題7. イルミナイト系被覆アーク溶接棒と低水素系被覆アーク溶接棒について，次の項目を比較して述べよ。

(1) 被覆材の主成分

　　イルミナイト系：

　　低水素系：

(2) 乾燥温度範囲

　　イルミナイト系：

　　低水素系：

(3) 作業性

　　イルミナイト系：

　　低水素系：

(4) 主な適用鋼種

　　イルミナイト系：

　　低水素系：

問題8. 次の文章中の（　　）内の語句のうち正しいものを1つ選び，その記号に○印をつけよ。

(1) オーステナイト系ステンレス鋼SUS304の高温割れの原因は，①（イ．粒界へのクロム炭化物の析出，　ロ．850〜1100℃での長時間加熱，　ハ．高熱膨張率，　ニ．P，S，Si などの粒界への偏析）であり，その防止策として実施されるのは，②（イ．入熱低減と拘束強化，　ロ．数％ の δフェライトの生成，　ハ．PWHTによる残留応力の低減，　ニ．低炭素ステンレス鋼の使用）である。

(2) オーステナイト系ステンレス鋼の粒界腐食（ウェルドディケイ）の防止策の1つは，③（イ．入熱低減と拘束強化，　ロ．数％の δフェライトの生成，　ハ．低炭素ステンレス鋼の使用，　ニ．750℃へ加熱後急冷）である。

(3) 焼入れ硬化性が高く，低温割れに注意が必要なステンレス鋼は，④（イ．フェライト系，　ロ．オーステナイト系，　ハ．マルテンサイト系，　ニ．二相）ステンレス鋼である。

(4) アルミニウム合金は鋼と比較して熱伝導率が高く，線膨張係数は　⑤（イ．ほぼ等しく，　ロ．大きく，　ハ．小さく），弾性係数が　⑥（イ．ほぼ等しい，　ロ．大きい，　ハ．小さい）ため，溶接変形が　⑦（イ．生じやすい，　ロ．生じにくい，　ハ．生じない）。

(5) アルミニウム合金のアーク溶接で，ブローホール発生の主たる原因となるのは　⑧（イ．窒素，　ロ．水素，　ハ．酸素，　ニ．一酸化炭素）である。これは，気体の溶解度が凝固時に⑨（イ．変化しない，　ロ．2倍になる，　ハ．20倍になる，　ニ．1/20になる）ためである。

(6) アルミニウム合金のアーク溶接では高温割れを発生しやすいが，その対策として母材に⑩（イ．Cr，　ロ．Ni，　ハ．Cu，　ニ．Ti）を添加して結晶粒を微細化する方法が有効である。

問題9. 次の文章は金属材料，及び溶接継手の疲労について述べている。各設問において正しいものを1つ選び，その記号に○印をつけよ。

(1) 疲労はどのような金属材料で見られるか。

　イ．金属材料全般で見られる

　ロ．じん性の低い金属材料に多く見られる

　ハ．低強度の金属材料に多く見られる

　ニ．厚板の金属材料に多く見られる

(2) 疲労破面に特徴的な模様はどれか。

　イ．シェブロンパターン

　ロ．ディンプル

　ハ．ビーチマーク

　ニ．リバーパターン

(3) 溶接継手の疲労に最も影響する因子はどれか。

　イ．シャルピー吸収エネルギー

　ロ．鋼材の種類

　ハ．応力集中

　ニ．溶接法

(4) 溶接継手において疲労限度の代わりに用いられる強度はどれか。

　　イ．基準強度

　　ロ．時間強度

　　ハ．延性強度

　　ニ．破断強度

(5)(4) の強度に使われる繰返し数は一般に何回程度か。

　　イ．2000回程度

　　ロ．２万回程度

　　ハ．20万回程度

　　ニ．200万回程度

問題10.　図に示すように，厚さ h の平板を先端半径 R の押し金具で曲げる
　　ローラ曲げ試験を考える。曲げ試験で平板は押し金具に沿って半円
　　状に変形し，中立面は平板厚さ中央に存在するとして各設問に答え
　　よ。

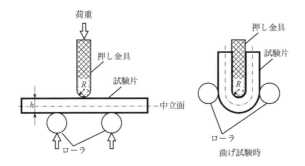

(1) 曲げ試験時の中立面での半円の円周長さはいくらか。

(2) 曲げ試験時の平板外面での半円の円周長さはいくらか。

(3)(1) と (2) より，曲げ試験時の平板外面のひずみはいくらか。

(4) 平板外面のひずみを20%以内にするには，曲げ半径 R を平板
　　厚さ h の何倍以上にすればよいか。

問題11.　図のように鋼板上にビード溶接した場合，板は図の実線のような
　　溶接変形を生じる。

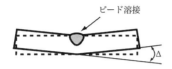

ビード溶接

(1) この溶接変形を何と呼ぶか。

(2) この溶接変形の原因は何か。

(3) 鋼板の板厚を一定として溶接入熱を変化させたとき，変形量 Δ は溶接入熱によってどのように変化するか。変形量 Δ と溶接入熱の関係を描き，その理由を記せ。

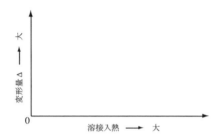

問題12. 図に示す溶接継手の有効断面積を求めよ。なお，長さの単位は mm で，$1/\sqrt{2} = 0.7$ とする。

(1) 溶接線が荷重方向から45°傾いた完全溶込み突合せ溶接継手

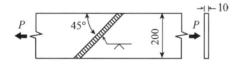

(2) 板厚の異なる平板の完全溶込み突合せ溶接継手

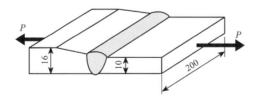

（3）部分溶込み突合せ溶接継手

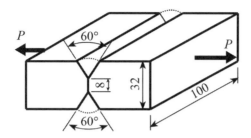

（4）部分溶込みT形突合せ溶接継手（手溶接で，鋼構造設計規準による）

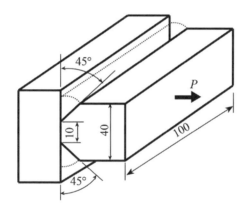

（5）T形すみ肉溶接継手

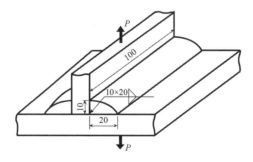

問題13. JIS Z 3422 – 1「金属材料の溶接施工要領及びその承認 – 溶接施工法試験」において，次の文章中の（　　）内の語句のうち，正しいものを1つ選び，その記号に○印をつけよ。

(1) 板の突合せ多層溶接継手で，試験材の板厚が20mmの場合，承認される板厚範囲はどれか。

（イ．　3 mm～40mm，　　ロ．　6 mm～40mm，　　ハ．10mm～40mm，　　ニ．10mm～60mm ）

(2) 溶接施工法試験で要求されない試験はどれか。

（イ．溶接金属引張試験，　ロ．継手引張試験，　ハ．継手曲げ試験，　ニ．目視試験）

(3) 片面溶接で試験材を溶接した場合，承認される溶接はどれか。

（イ．片面溶接のみ，　ロ．片面溶接と両面溶接，　ハ．片面溶接と裏当て金溶接，　ニ．片面溶接と両面溶接と裏当て金溶接）

(4) 試験材の予熱温度が100℃の場合，承認される予熱温度の下限はどれか。

（イ．25℃，　ロ．50℃，　ハ．75℃，　ニ．100℃）

(5) 試験に80%Ar + 20%CO_2のシールドガスを用いるマグ溶接を行った場合，承認される Ar の混合比率はどれか。

（イ．100%～80%，　　ロ．80%，　　ハ．80%～60%，　　ニ．90%～70%）

問題14. 鋼構造物の溶接施工時に割れが発生した。溶接割れ原因の推定のために，溶接管理技術者として実施すべきことを次の3観点から答えよ。

(1) 割れの状況調査

(2) 記録類の確認

(3) 上記以外に実施する項目

問題15. 板厚30mmの780N/mm^2級高張力鋼をマグ溶接する場合の，溶接施工における次の5項目について答えよ。

(1) 予熱の目的は何か。

(2) 標準的な予熱温度はいくらか。

(3) 直後熱とは何か。

(4) 標準的な直後熱の温度と保持時間はいくらか。

(5) パス間温度の上限を設定する目的は何か。

問題16. 低炭素鋼のマグ溶接において，ポロシティの発生を防止するための施工上の留意点を5つあげよ。

問題17. 溶接継手の非破壊試験に関する以下の問いに答えよ。

(1) 溶接後に実施する外観試験（目視試験），超音波探傷試験及び放射線透過試験の対象となる欠陥を2つあげよ。

　　　外観試験（目視試験）の対象1：

　　　外観試験（目視試験）の対象2：

　　　超音波探傷試験の対象1：

　　　超音波探傷試験の対象2：

　　　放射線透過試験の対象1：

　　　放射線透過試験の対象2：

(2) 外観試験（目視試験）で使用する測定機器を4つあげよ。

　　　測定機器1：

　　　測定機器2：

　　　測定機器3：

　　　測定機器4：

問題18. 次の文章は，溶接部の非破壊試験方法について述べている。（　　）内の語句のうち，正しいものを1つ選び，その記号に○印をつけよ。

(1) JIS Z 3104「鋼溶接継手の放射線透過試験方法」では，透過写真の像質を透過度計と①（イ．露出計，　ロ．階調計，　ハ．電圧計，　ニ．電流計）の2つで評価する。

　　　このうち透過度計に対しては，②（イ．識別最小線径，　ロ．識別最大長さ，　ハ．最小濃度，　ニ．最大濃度）が規定されている。

(2) 超音波斜角探傷試験では，検出したきずエコーのビーム路程，探触子の屈折角及び探触子の入射点位置から③（イ．エコー高さ，　ロ．指示長さ，　ハ．反射源の断面位置，　ニ．反射源の溶

接線方向の位置）を求める。JIS Z 3060「鋼溶接部の超音波探傷試験方法」では，④（イ．きずの種類と大きさ，　ロ．きずのエコー高さときずの指示長さ，　ハ．試験視野内のきず点数，　ニ．きずの深さ位置）によってきずを分類し評価する。オーステナイトステンレス鋼では，溶接部の結晶粒が粗大であるため，超音波の⑤（イ．散乱，　ロ．減衰，　ハ．反射，　ニ．集中）が大きく，斜角探傷試験は困難である。

(3) 磁粉探傷試験の対象は　⑥（イ．常磁性体，　ロ．非磁性体，　ハ．強磁性体，　ニ．反磁性体）である。高張力鋼の溶接部に適用する場合，一般に試験体を磁化する方法として，⑦（イ．コイル法，　ロ．極間法，　ハ．プロッド法，　ニ．軸通電法）が用いられる。

この方法は，試験体に　⑧（イ．電極を接触させて，　ロ．磁極を接触させて，　ハ．接触媒質を塗布して，　ニ．非接触で）検査を行うため，試験体との間にスパークが発生しない。

(4) 浸透探傷試験によってステンレス鋼溶接部の微細な割れを検出する場合は，⑨（イ．蛍光浸透液，　ロ．染色浸透液，　ハ．非蛍光浸透液，　ニ．非染色浸透液）を用い，現像処理後に暗所で⑩（イ．赤外線，　ロ．白色光，　ハ．紫外線，　ニ．蛍光）を試験部に照射して観察する方法が適している。

問題19. 次の文章はアーク溶接における安全衛生について述べている。

（　　）内から適切なものを1つ選び，その記号に○印をつけよ。

(1) 次のアーク溶接法のうちヒューム発生が最も多いのはどれか。

（イ．マグ溶接，　ロ．被覆アーク溶接，　ハ．サブマージアーク溶接，　ニ．セルフシールドアーク溶接）

(2) 溶接ヒュームを長期間にわたって吸入して発症するのはどれか。

（イ．金属熱，　ロ．熱中症，　ハ．じん肺症，　ニ．腎障害）

(3) 日本産業衛生学会が定める空気中の許容CO濃度はいくらか。

（イ．1 ppm，　ロ．5 ppm，　ハ．10ppm，　ニ．50ppm）

(4) 狭あいな場所でのCO中毒防止対策として不適切なのはどれか。

（イ．局所排気装置の設置，　ロ．防じんマスクの着用，　ハ．一酸化炭素濃度警報機の設置，　ニ．換気装置の設置）

(5) 労働安全衛生法が定める溶接ヒュームの管理濃度はいくらか。

（イ．0.5mg/m³,　ロ．1mg/m³,　ハ．3mg/m³,　ニ．10mg/m³）

(6) 溶接作業者に生じうる急性障害はどれか。

（イ．じん肺症，　ロ．表面層角膜炎，　ハ．白内障，　ニ．気管支炎）

(7) じん肺所見のない「管理1」の労働者に受診させるべきじん肺健康診断の時期はどれか。

（イ．1年以内，　ロ．2年以内，　ハ．3年以内，　ニ．4年以内）

(8) 電気性眼炎の主要因はどれか。

（イ．遠赤外線，　ロ．赤外線，　ハ．可視光，　ニ．紫外線）

(9) 青光（ブルーライト）で主に発症するのはどれか。

（イ．結膜炎，　ロ．白内障，　ハ．光網膜炎，　ニ．緑内障）

(10) 粉じん曝露を最も低減できる呼吸用保護具はどれか。

（イ．電動ファン付呼吸用保護具，　ロ．送気マスク，　ハ．粉じんマスク，　ニ．ガーゼマスク）

問題20.　溶接時に作業者が経験する金属熱について答えよ。

(1) 金属熱の症状を記せ。

(2) 金属熱を発症させやすい材料を記せ。

(3) 金属熱の防止対策を記せ。

●2017年6月4日出題　1級試験問題●

解答例

問題1. (1) イ，　(2) ハ，　(3) イ，　(4) ロ，　(5) ニ

問題2. ①直流，②マイナス，③アーク，④狭く，⑤深い，⑥電極，⑦プラス，⑧クリーニング（清浄），⑨酸化膜，または酸化被膜，⑩高い

問題３． ①位相，②ファイバー（ディスクまたは半導体も可），③低（悪），
④光ファイバー，⑤金属蒸気（プルーム）

問題４．

(1) アークセンサ

原　理：溶接トーチをウィービングさせ，そのときに生じるトー
チ高さの変動に起因した溶接電流（またはアーク電圧）の変化
から開先の中心位置などを検出する。

役　割：開先（溶接線）倣い制御，溶接中の開先中心位置の検出
などに用いる。

(2) ワイヤタッチセンサ

原　理：溶接ワイヤが母材に接触したときの電圧（または電流）
の変化を検出して，アークを発生させずに母材や溶接線の位置
情報を取得する。

役　割：母材の位置ずれや溶接線の始終端位置，開先位置などの
検出に利用できる。

問題５． ①ハ，②ニ，③ハ，④ホ，⑤ハ，⑥ニ，⑦イ，⑧イ，⑨ロ，⑩イ

問題６．

	名　称	加熱温度範囲	特　　徴
	溶接金属	溶融温度以上	溶融凝固した領域で，柱状晶・樹枝状晶を呈する。
①	粗粒域	1250℃C以上	溶融線に接し，粗大なオーステナイトから冷却された領域で，結晶粒が粗大で硬化，ぜい化しやすい。
②	混粒域	1250〜1100℃	粗粒域と細粒域の中間の組織。
③	細粒域	1100〜900℃	A_3点直上の微細なオーステナイトから冷却された領域で，結晶粒が微細で，じん性が良好。
④	部分変態域（二相加熱域）	900〜750℃	A_1〜A_3点の間に加熱され部分的にオーステナイトになった状態から冷却された領域で，層状パーライトの形状がぼやける。島状マルテンサイト生成によりぜい化することがある。
⑤	母材原質部	750℃以下	熱影響を受けない，元の母材組織。

問題7.

(1) 被覆材の主成分

　イルミナイト系：イルミナイト（酸化鉄＋酸化チタン）

　低水素系：炭酸石灰

(2) 乾燥温度範囲

　イルミナイト系：70〜100℃

　低水素系：300〜400℃

(3) 作業性

　イルミナイト系：スラグの流動性は富み，溶接金属をよく覆い，除去が容易である。波の細かい美しいビードを作る。溶込みが深い。

　低水素系：ビードが凸形になりやすく，スラグの除去がやや困難である。ビード始端部にブローホールが発生しやすい。

(4) 主な適用鋼種

　イルミナイト系：軟鋼

　低水素系：高張力鋼，および軟鋼厚板

問題8.　①ニ，②ロ，③ハ，④ハ，⑤ロ，⑥ハ，⑦イ，⑧ロ，⑨ニ，⑩ニ

問題9.　(1) イ，(2) ハ，(3) ハ，(4) ロ，(5) ニ

問題10.

(1) $\pi\ (R + h/2)$

(2) $\pi\ (R + h)$

(3) $[\pi\ (R + h) - \pi\ (R + h/2)] / \pi\ (R + h/2) = h/ (2R + h)$

(4) $h/ (2R + h) \leq 0.2$ より $R \geq 2h$

　すなわち，曲げ半径 R を平板厚さ h の2倍以上にすればよい。

問題11.

(1) 角変形

(2) 鋼板表裏の温度差に起因した表裏の横収縮量の差

(3)

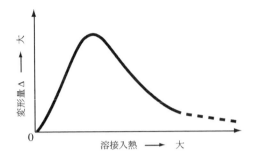

　　溶接入熱が小さいと鋼板表裏の温度差から生じる表裏の収縮力の
差が小さいので，　角変形は小さい。溶接入熱が大きくなるにつれ，
　鋼板表裏の温度差から生じる収縮力の差が大きくなり，角変形が
大きくなる。しかし，　ある入熱を超えると鋼板の裏側まで高温に
なり，　鋼板表裏の温度差が小さくなるため，鋼板表裏の収縮力の
差が小さくなり，角変形はかえって小さくなる。

問題12.

(1)　$10 \times 200 = 2{,}000\,\mathrm{mm}^2$

(2)　$10 \times 200 = 2{,}000\,\mathrm{mm}^2$

(3)　$(32 - 8) \times 100 = 2{,}400\,\mathrm{mm}^2$

(4)　$(40 - 10 - 3 \times 2) \times 100 = 2{,}400\,\mathrm{mm}^2$

(5)　$10/\sqrt{2} \times 100 \times 2 = 1{,}400\,\mathrm{mm}^2$

問題13.

(1)　ハ，　(2)　イ，　(3)　ニ，　(4)　ニ，　(5)　ロ

問題14.

(1)

　　割れの形状・寸法，位置，深さ，特徴（性状），発生範囲など
を，破面観察，マクロ試験，ミクロ試験，非破壊試験などで調査
する。

(2)

　（a）母材および溶接材料の化学組成，炭素当量，P_{CM}などを材料
　　　証明書（ミルシートなど）により確認する。

（b）当該溶接継手に適用された溶接法，溶接材料，溶接条件，予
熱条件などを確認する。また，当該継手のWPS（溶接施工要
領書）を確認する。

（c）当該溶接継手の溶接時の環境，開先検査結果，非破壊検査結
果などの必要な記録を確認する。

（3）

（a）関連資料および文献の調査

（b）事故事例の調査

（c）割れの再現試験など

問題15.

（1）

溶接部の硬化を防ぎ，拡散性水素の放出促進により低温割れを
防止する。

（2）

50℃〜100℃

（3）

溶接完了直後に行う溶接部の加熱

（4）

200〜350℃，30分〜2時間程度

（5）

溶接部のじん性および強度の低下防止

問題16.

下記から5つあげる。

① シールドガス流量を適正にする。（一般にマグ溶接のシール
ドガス流量は15〜25 ℓ／分である）

② 開先部の汚れ（油，塗料，錆，水分など）を除去する。

③ 防風対策をする。（トーチ近傍の風速を2 m／分以下にする）

④ 溶接速度を遅くし，溶接入熱を適正範囲内で増大させる。

⑤ ワイヤの錆，汚れ，吸湿に注意する。

⑥ 空気を巻き込まないように，適正なアーク長，ノズル高さで

　　　施工する。

　　⑦　過大なウィービング幅を避ける。

　　⑧　ノズル内面を清掃する。過度のスパッタが付着するとシール
　　　ドガスの流れが悪くなる。

　　⑨　雨天，　強風時には屋外作業を中止する。

問題17.

（1）

外観試験（目視試験）の対象1，対象2：

　次より2つあげる。

　　表面割れ，アンダカット，オーバラップ，ピット，ビード不整
など

超音波探傷試験の対象1，対象2：

　次より2つあげる。

　　割れ，融合不良，溶込み不良（溶込み不足）など

放射線透過試験の対象1，対象2：

　次より2つあげる。

　　ポロシティ，スラグ巻込み，溶込み不良（溶込み不足）など

（2）

測定機器1：

測定機器2：

測定機器3：

測定機器4：

　次から4つあげる。

　　溶接ゲージ，ダイヤルゲージ，限界ゲージ，デプスゲージ，も
のさし，スケール，巻き尺，ノギス，拡大鏡など

問題18.　①ロ，②イ，③ハ，④ロ，⑤イ，⑥ハ，⑦ロ，⑧ロ，⑨イ，⑩ハ

問題19.

　　（1）ニ，（2）ハ，（3）ニ，（4）ロ，（5）ハ，（6）ロ，（7）ハ，（8）
ニ，（9）ハ，（10）ロ

問題20.

(1) 溶接ヒュームを多量に吸引して数時間程度で起きる一過性の症状。発熱，全身のだるさ，関節痛，さむけ，呼吸や脈拍の増加，吐き気，頭痛，せき，黒色たん，発汗などの症状がみられる。通常は数時間で回復する。

(2) 亜鉛や銅を多く含む金属，亜鉛メッキ鋼板など。

(3) 呼吸用保護具（電動ファン付呼吸用保護具，送気マスクなど）の使用，局所排気装置の使用，溶接の自動化などにより作業者のヒューム吸入を避ける。

JIS Z 3410（ISO 14731）/WES 8103

第2部

特別級試験問題編

特別級試験問題

「材料・溶接性」

問題M-1.（選択）

右図は鉄‐炭素二元系状態図である。以下の問いに答えよ。

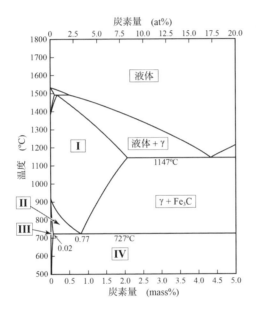

(1) 図中のⅠ～Ⅳに示される領域に現れる相は，それぞれ何か答え
よ。

領域Ⅰ：

領域Ⅱ：

領域Ⅲ：

領域Ⅳ：

(2) 0.15mass％ C 鋼を1050℃から室温まで徐冷する場合を考える。

下図に示す1050℃でのミクロ組織を参考にして，800℃及び室温

におけるミクロ組織をそれぞれ模式的に示せ。

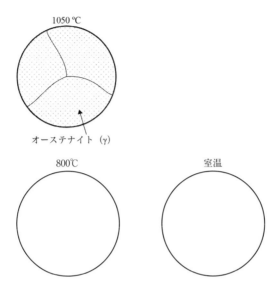

問題M-2.（選択）

　　高張力鋼の多層アーク溶接継手の溶融線近傍熱影響部において、二重の熱サイクルを受けた領域は、金属組織的に粗粒HAZ，細粒HAZ，二相域加熱HAZ，粗粒焼戻しHAZに分類される。これらの中でぜい化が生じる部分を 2 つ挙げ，それぞれについて受けた熱履歴とぜい化の理由を簡潔に記せ。

（1）ぜい化が生じる部分 ①

　名称①：

　熱履歴①：

　ぜい化の理由①：

（2）ぜい化が生じる部分②

　名称②：

　熱履歴②：

　ぜい化の理由②：

問題M-3.（選択）

　　フェライト系ステンレス鋼を溶接した場合に生じる問題点を2つ説明し，その防止対策を述べよ。

(1) 問題点①：

　　対策 ①：

(2) 問題点 ②：

　　対策 ②：

問題M-4.（選択）

　　オーステナイト系ステンレス鋼の溶接に関する以下の問いに答えよ。

(1) 溶接熱影響部に発生するウェルドディケイとはどのような現象か，また，その防止法を2つ挙げよ。

　　現象：

　　防止法①：

　　防止法②：

(2) ナイフラインアタックとはどのような現象か，また，その防止法を1つ挙げよ。

　　現象：

　　防止法：

問題M-5.（選択）

　　アルミニウム合金のアーク溶接において，① 酸化皮膜に起因する問題点とその対策，②水素の溶解度に起因する問題点とその対策を述べよ。また，③アルミニウム合金と鋼とのアーク溶接が困難である理由を述べよ。

　　①酸化皮膜に起因する問題点と対策：

　　②水素の溶解度に起因する問題点と対策：

　　③アーク溶接が困難な理由：

「設計」

問題D-1.（英語選択）

　　AWS D1.1/D1.1M:2010 Structural Welding Code - Steel（閲覧資料）の規定に関する以下の問いに日本語で答えよ。

(1) 完全溶込み開先溶接継手がせん断を受ける場合，継手の許容応力はどのようにとるか。母材に働くせん断応力の大きさの規定とともに答えよ。（Table 2.3）

(2) 荷重を伝達する重ねすみ肉継手の重ね代の最小寸法はいくらか。（2.9.1.2）

(3) 平板の端部重ね継手を縦すみ肉溶接のみで製作する場合について，以下の問いに答えよ。（2.9.2）

　a) 各すみ肉溶接の長さはいくら以上とすべきか。

　b) すみ肉溶接の間隔はどのように制限されているか，また，それはどのような場合に適用するか。

　・すみ肉溶接の間隔制限：

　・適用条件：

(4) 幅の異なる部材の突合せ継手が繰返し荷重を受ける場合，接合部はどのように面取りするか。（2.17.1.2）

問題D-2.（英語選択）

　　ASME Boiler and Pressure Vessel Code, Section VIII - Division 1（閲覧資料）UW-11（a）では，全線放射線透過試験（RT）に対する基本的な要求事項を規定している。以下の問いに日本語で答えよ。

(1) 容器の胴板及び鏡板の突合せ継手で，特に規定された材料を除き，全線RT が必ず要求される条件を次の項目について挙げよ。

　条件1：内容物

　条件2：公称厚さ（接合される2部材の厚さが異なる場合は，薄い方の厚さ）

(2) 下記の溶接法による突合せ継手で，全線RT が必要な条件は何か。

①エレクトロガスアーク溶接：

②エレクトロスラグ溶接：

(3) 全線RT の代替試験としてUT を適用してもよいのはどのような継手で，どのような条件の場合か。

① 継手：

② 条件：

問題D-3.（選択）

図のような軸引張力を受ける重ね継手を道路橋示方書・同解説（閲覧資料）に基づいて設計する。以下の問いに答えよ。なお，使用鋼材はSM400 とする。

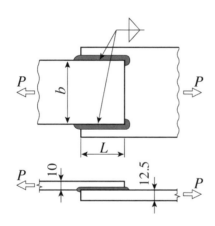

(1) 薄い方の部材の板幅bの上限はいくらか。また，上限を設けている理由を述べよ。

・$b \leq$（   ）mm

・上限値を設けている理由：

(2) $b = 150$ mm のとき，すみ肉溶接長さLは何mmより大きくなくてはならないか。また，下限を規定している理由を述べよ。

・$L >$（   ）mm

・下限値を設けている理由：

(3) すみ肉溶接のサイズSの上下限はいくらか。また，上下限を設けている理由を述べよ。

　・① (　　　) mm≦S< ② (　　　) mm

　・下限値を設けている理由：

　・上限値を設けている理由：

(4) すみ肉溶接の長さLを前問 (2) の下限値の2倍，サイズSを前問 (3) の下限値に設定したとき，許容最大荷重Pはいくらか。計算過程も示せ。ただし，$1/\sqrt{2}= 0.7$ とする。

　・P = (　　　) kN

　・計算過程：

問題D-4.（選択）

半径R，板厚hの薄肉円筒が内圧pを受けている。円筒半径Rは円筒厚さhに比べて十分大きいとして以下の問いに答えよ。

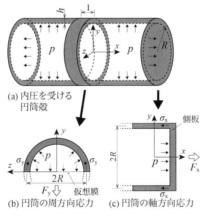

(a) 内圧を受ける円筒殻

(b) 円筒の周方向応力　　(c) 円筒の軸方向応力

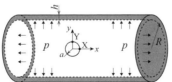

(d) 円孔を有する内圧を受ける薄肉円筒

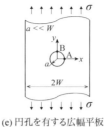

(e) 円孔を有する広幅平板

(1) 円筒の軸方向応力 σ_x を求めよ。解答手順も記せ。

(2) 円筒の周方向応力 σ_y を求めよ。解答手順も記せ。

(3) 円筒に図（d）のように小さな円孔（半径 $a \ll R$）が空いている場合，円孔縁の最大応力の発生位置はどこか。また，最大応力はいくらか。ただし，円孔が存在しても内圧の変化は生じないものとする。

【ヒント】円孔を有する十分広幅の平板が図（e）のように y 方向に一様引張負荷を受けるとき，A点の応力集中係数（y 方向）は 3，B点の応力集中係数（x 方向）は -1 である。

最大応力の発生位置：

最大応力の値：

問題D-5.（選択）

JIS B 8265：2010 附属書E（閲覧資料）では，薄肉円筒形圧力容器の円筒胴の板厚 t を内径基準で求める式を次のように規定している。すなわち，$P \leq 0.385 \sigma_a \eta \cdots ①$ が成立する場合，

$t = PD_i / (2\sigma_a \eta - 1.2P) \cdots ②$

ここで，σ_a：許容引張応力，P：設計圧力，η：溶接継手効率，D_i：内径である。これらの式より，内径 D_i に対する板厚 t の適用範囲を求めよ。なお，解答手順も記せ。

問題D-6.（選択）

JIS B 8265：2010 附属書O，P，S（閲覧資料）の規定について，

以下の問いに答えよ。

(1) 突合せ片側溶接部の厚さが20mmの場合，必要な曲げ試験片の種類と個数を挙げよ。また，母材がP-1 鋼の場合，曲げ半径は試験片板厚の何倍か。

曲げ試験の種類と個数：

曲げ半径：

(2) 耐圧試験は水圧試験を原則としているが，気圧試験を行ってもよい条件を1つ選んで記せ。

(3) 水圧試験の終了後の降圧及び排水時に注意しなければならないことは何か。

(4) 厚さが35mmのP-1鋼の容器で溶接後熱処理を省略してもよい条件は何か。ただし，致死的物質又は毒性物質を保有しないものとする。

(5) 厚さが20mmのP-3鋼の容器を600℃で溶接後熱処理を実施する場合の，最小保持時間はいくらか。

「施工・管理」

問題P-1.（英語選択）

　　AWS D1.1/D1.1M:2010 Structural Welding Code - Steel（閲覧資料）5.22 より，以下の問いに日本語で答えよ。

(1) 厚さが3 in（75mm）以上の形材又は平板の場合を除いて，すみ肉溶接のルート間隔の許容値はいくらか。（5.22.1）

(2) 適切な裏当て材を使用した場合に許容されるすみ肉溶接のルート間隔はいくらか。（5.22.1）

(3) すみ肉溶接のルート間隔が前問（1）の条件を満たしているが，1/16in（2mm）よりも大きい場合，どのような処理が必要か。（5.22.1）

(4) 突合せ継手における目違いはどの程度許容されているか。（5.22.3）

(5) パイプの周溶接継手の間隔はどのように規定されているか。

　　　　（5.22.3.1）

問題P-2.（英語選択）

　　ASME Boiler and Pressure Vessel Code, Section VIII - Division
　1（閲覧資料）Part UW の規定に関し，以下の問いに日本語で答えよ。

　（1）長手継手と周継手の交点から長手継手を 4 in（100mm）の範囲
　　　で放射線透過試験しない場合，胴の長手溶接継手の中心線をどの
　　　ようにすべきか。（UW-9（d））

　（2）圧力容器の製作に使用できる溶接法で，アーク溶接及び圧接以
　　　外の溶接法を 2 つ挙げよ。（UW-27）

　（3）溶接前に表面から除去するものを 2 つ挙げよ。（UW-32）

　（4）溶接技能者が識別番号，文字，又は記号を溶接線に沿って，3
　　　ft（1 m）以内ごとにスタンプするのは，どのような溶接の場合
　　　か。（UW-37（f）(1)）

　（5）炉で数回に分けてPWHT する際，加熱部の重なりを 3 ft（1
　　　m）とした。これが許されるか否かを理由とともに記せ。（UW-
　　　40（a）(2)）

問題P-3.（選択）

　　溶接部材の組立に関し，以下の問いに答えよ。

　（1）組立の際にタック溶接する目的を 2 つ述べよ。

　　　目的 1 ：

　　　目的 2 ：

　（2）高張力鋼にタック溶接する場合の留意点を 2 つ述べよ。

　　　留意点 1 ：

　　　留意点 2 ：

　（3）突合せ継手でルート間隔が以下の場合，どのような処置が必要
　　　か。

　　　・10mmの場合：

　　　・20mmの場合：

　（4）調質鋼に溶接で取り付けたピースを除去する際の留意点を，除

去作業時，除去作業後に分けて述べよ。

除去作業時：

除去作業後：

問題P-4.（選択）

溶接残留応力の緩和法を2つ挙げ，その名称，方法及び原理を簡単に説明せよ。

(1) 緩和法1

　①名称

　②方法

　③原理

(2) 緩和法2

　①名称

　②方法

　③原理

問題P-5.（選択）

JIS B 8266：2003（閲覧資料）は胴の成形について規定している。低合金鋼板を用いて圧力容器の円筒胴を冷間成形する場合について，以下の問いに答えよ。

(1) 低合金鋼板の厚さが100mm，胴の内径が1600mmの場合，成形後の伸び率はいくらか。

(2) 前問（1）の円筒胴の冷間成形加工では後熱処理が必要であるか否かを，その根拠とともに記せ。

(3) 冷間成形によって低合金鋼板に生じる2つの事象を説明し，後熱処理の効果を述べよ。

問題P-6.（選択）

Cr-Mo鋼とオーステナイト系ステンレス鋼（SUS304）との厚肉配管異材アーク溶接継手について，以下の問いに答えよ。

(1) 溶接割れ防止の検討に用いられる組織図を1つ挙げよ。

(2) 割れを生じないために用いるべき溶接材料は何か。また，溶接材料の選定根拠を述べよ。

溶接材料：

選定根拠：

(3) 溶接時の予熱温度及び溶接後熱処理（PWHT）条件選定の考え方を述べよ。

「溶接法・機器」

問題E-1.（選択）

アーク溶接に関する次の用語についてそれぞれ簡単に説明せよ。

(1) 臨界電流

(2) 埋れアーク

問題E-2.（選択）

溶接アークの硬直性とはどのような現象か。また，アークが硬直性を示す理由について説明せよ。

(1) 現象

(2) 理由

問題E-3.（選択）

一般に，太径ワイヤを用いるサブマージアーク溶接では垂下特性の溶接電源が，マグ溶接では定電圧特性の溶接電源が用いられる。それぞれの溶接中にアーク長が変動した場合のアーク長制御について説明せよ。

(1) 太径ワイヤを用いるサブマージアーク溶接の場合

(2) マグ溶接の場合

問題E-4.（選択）

ティグアークの起動方式の名称を2つ挙げ，その概要と特徴をそ

れぞれ簡単に述べよ。

(1) 起動方式①

　名称：

　概要と特徴：

(2) 起動方式②

　名称：

　概要と特徴：

問題E-5. （選択）

　　アーク溶接ロボットでのティーチング・プレイバック方式とオフラインティーチング方式の教示方法の概要と特徴を，それぞれ簡単に説明せよ。

(1) ティーチング・プレイバック方式

　概要：

　特徴：

(2) オフラインティーチング方式

　概要：

　特徴：

●2021年6月6日出題　特別級試験問題●
解答例

「材料・溶接性」

問題M-1. （選択）

(1)

　領域Ⅰ：オーステナイト（γ）

　領域Ⅱ：オーステナイト（γ）＋フェライト（α）

　領域Ⅲ：フェライト（α）

　領域Ⅳ：フェライト（α）＋セメンタイト（Fe_3C）

(2)

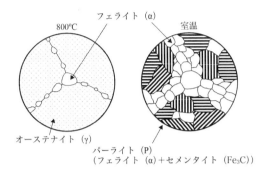

問題M-2.（選択）

　(1) ぜい化が生じる部分①

　　名称①：粗粒HAZ

　　熱履歴①：先行する溶接パスの熱サイクルで1250℃以上に加熱された領域が，後続パスによって再度1250℃以上に加熱された部分である。

　　ぜい化の理由①：この領域では旧オーステナイトの結晶粒の粗大化が生じ，粗粒化により焼入性が高くなり，マルテンサイトや上部ベイナイトの形成量が増えることがぜい化の原因となる。

　(2) ぜい化が生じる部分②

　　名称②：二相域加熱HAZ

　　熱履歴②：先行する溶接パスの熱サイクルによって1250℃以上に加熱され旧オーステナイトの結晶粒が粗大化した部分が，後続パスによってA_{C1}〜A_{C3}点の間の温度域（750〜900℃）に加熱された部分である。

　　ぜい化の理由②：この領域では，高C濃度の部分のみがオーステナイト化し，冷却過程において，旧オーステナイト粒界などに島状マルテンサイト（MA）を生成しやすい。この島状マルテンサイトはもろいために，二相域加熱HAZ部は低いじん性を示す。

問題M-3.（選択）

　　　下記のうちから２つ選んで解答する。

　　例１：結晶粒の粗大化による延性・じん性低下

　　　　　フェライト系ステンレス鋼では相変態が起こらないため，結晶粒が粗大化しやすい。それによって，延性・じん性低下を引き起こしやすい。溶接後熱処理によって延性を回復することはできるが，じん性は回復されない。

　　　　　対策としては，以下が挙げられる。

　　（i）溶接入熱の低減，またはレーザ溶接や電子ビーム溶接のような高エネルギー密度溶接法を採用することによって，結晶粒が成長する温度域をできるだけ短時間で通過するようにする。

　　（ii）粒界移動を阻害し結晶粒成長を抑制するNbなどを添加した溶加材を採用する。

　　例２：低温割れ

　　　　　水素が原因となって低温割れを起こすことがある。

　　　　　対策としては，炭素鋼の場合と同じように，予熱および直後熱が有効である。また，水素量の少ない溶接法を選定する。

　　例３：475℃ぜい化

　　　　　フェライト系ステンレス鋼では，大入熱溶接で600〜400℃の範囲を徐冷するとぜい化を生じることがある。この現象を475℃ぜい化と呼ぶ。

　　　　　対策としては，溶接入熱を低減し上記の温度範囲の冷却速度を速くするか，溶接後熱処理として600℃以上の温度に短時間加熱する。

　　例４：シグマ相ぜい化

　　　　　フェライト系ステンレス鋼では，600〜800℃の温度域で長時間加熱されるとFe-Cr系の金属間化合物であるシグマ相が析出し，延性やじん性を著しく低下させる。一般にシグマ相の析出速度は冷間加工やCr量の増加により促進されるため，冷間加工を受けた高クロムステンレス鋼で特にその影響が大きい。

　　対策としては，大入熱溶接を避け800～ 600℃の温度域の冷却速度を速めることや，溶接後熱処理として1000℃以上で短時間加熱を行うことが有効である。また，冷間加工材は溶接前に焼なまし処理を行う。

問題M-4.（選択）

（1）

　現象：オーステナイト系ステンレス鋼において，最高加熱温度が650～850℃に加熱された熱影響部では，粒界にCr炭化物（$M_{23}C_6$）が析出し，Cr炭化物周辺でCr濃度が低い領域（Cr欠乏層）が形成される。これを鋭敏化という。Cr欠乏層が選択的に腐食され粒界腐食感受性が増大する。ウェルドディケイは，このように溶接熱影響部において，鋭敏化により粒界腐食を生じる現象である。

　防止法：

　下記から2つ挙げる。

　① 低炭素ステンレス鋼（C<0.03%）の使用（SUS304L，SUS316LなどのLグレード鋼の使用）

　②TiまたはNbを添加してCを固定した安定化鋼（SUS321，SUS347）の使用

　③鋭敏化温度域を急冷する（入熱制限，パス間温度の制限，強制水冷）

　④溶接後の固溶化熱処理（1100℃以上）

　などが有効である。

（2）

　現象：

　　SUS321やSUS347などの安定化ステンレス鋼を使用した場合，溶接熱サイクルにより約1200℃以上に加熱された溶融線近傍の狭い領域（安定化鋼の溶体化部）で，粒界腐食を生じることがある。この粒界腐食をナイフラインアタックとよぶ。安定

化鋼の溶体化部では，NbCやTiCなどの安定化炭化物が再固溶するため，その後，この部分が鋭敏化温度域に加熱されるとCr炭化物が析出して粒界腐食が発生しやすい。

防止法：

　下記から１つ挙げる。

　①　再びNbCやTiCが形成されるように溶接後870〜950℃で安定化熱処理を行う

　②低炭素・窒素添加鋼，希土類元素添加鋼（ナイフラインアタック対策鋼）の使用

　などが有効である。

問題M-5.（選択）

　①

　問題点：

　　アルミニウムは酸素との親和力が強く，表面には強固な酸化皮膜が存在する。この酸化皮膜の融点は母材融点よりはるかに高く，母材が溶融しても酸化皮膜は簡単には溶融しない。このため，健全な溶接が困難である。

　対策：

　・溶接前の母材の表面皮膜の除去

　・クリーニング作用の活用

　②

　問題点：

　　アルミニウムは鋼に比べて，水素が主因であるポロシティ（ブローホール）を発生しやすい。これは，水素の溶解度が凝固に際して1/20に激減すること，また，熱伝導度が高く凝固速度が速いために，溶融池中に生じた気泡が（表面に浮上する前に溶融金属が凝固し），溶接金属中に閉じ込められやすいことによる。

　対策：

　・湿度の高い雰囲気での溶接作業は避ける。

　　・溶加材の保管に留意し，水分や有機物が表面に付着しないよう
　　　にする。

　　・開先内，溶加材の表面の水分や有機物を溶接前に除去する。

　　・（シールドガスおよびホースなどの）露点管理を行う。

　③

　　アルミニウムは，鉄と溶融するとぜい弱な金属間化合物を形成
する。このため，アルミニウム合金と鋼との溶融溶接を行うのは
困難である。

「設計」

問題D-1.（英語選択）

　（1）

　　溶加材の規格引張強さの0.3倍，ただし母材のせん断応力は母材
降伏強さの0.4倍を超えないものとする。

　（2）

　　薄い方の母材厚さの5倍，ただし1in（25mm）以上

　（3）

　　a）すみ肉溶接の間隔以上

　　b）

　　・すみ肉溶接の間隔制限：薄い方の板厚の16倍以下

　　・適用条件：部材の座屈やすみ肉溶接の剥がれを防止する措置が
　　　ない場合

　（4）

　　幅オフセット部の両側に1/2.5以下の勾配をつけるか，突合せ継
手の中心線上に中心をもつ最小半径24in（600mm）の円弧を幅の
狭い方の部材に接するように加工する。

問題D-2.（英語選択）

　（1）

　　条件1：致死的物質

　　条件2：1.5in（38mm）超

(2)

　　①エレクトロガスアーク溶接：１パス厚さが1.5in（38mm）超の
　　　突合せ継手

　　②エレクトロスラグ溶接：すべての突合せ継手

(3)

　　①継手：容器の最終溶接継手

　　②条件：規格の要求に従って判定できる放射線透過写真が得られ
ない場合（UW-11（a）(7)）

問題D-3.（選択）

(1)

　　・$b \leq$（200）mm

　　　　引張力のみを受ける場合，側面すみ肉溶接線の間隔は薄い方
　　　の板厚の20倍以下。

　　・上限値を設けている理由：材片の局部座屈や浮き上がりを防止
　　　し，応力の伝達をなめらかにするため。（7.2.11（4））

(2)

　　・$L >$（150）mm

　　　　すみ肉溶接の長さは溶接線間隔より大きくする。

　　・下限値を設けている理由：応力の流れをなめらかにするため。
　　　（7.2.11（4））

(3)

　　・①（6）mm $\leq$ S $<$ ②（10）mm

　　　　$\sqrt{2t_2} \leq S < t_1$ かつ6mm $\leq S$，t_1：薄い方の母材の厚さ，t_2：
　　　厚い方の母材の厚さ

　　・下限値を設けている理由：サイズが小さすぎると溶接部が急冷
　　　されて，割れなどの欠陥が発生しやすくなるため（7.2.5）。

　　・上限値を設けている理由：サイズが不必要に大きくなると溶接
　　　によるひずみが大きく，また母材組織の変化する範囲が広くな
　　　るため（7.2.5）。

(4)

　・$P =$（ 201.6 ）kN

　・計算過程：$(2 \times 150) \times (6 \times 0.7) \times 2 \times 80 = 201,600N$（80N/mm²：厚さ40mm以下のSM400の許容せん断応力度）

問題D-4.（選択）

(1)

円筒側板に作用する力 $F_x = \pi R^2 p$

この力は，円筒軸方向応力 $\sigma_x \times$ 円筒周断面積 $= \sigma_x \times 2 \pi Rh$ に等しいので，軸方向応力 $\sigma_x = pR/2h$

(2)

単位長さの円筒部分において，円筒上半分での力の釣り合いを考える。円筒中央断面に仮想膜（円筒直径寸法の仮想膜）を考えると，この仮想膜に働く力 F_y は，内圧 × 仮想膜面積で与えられるので，$F_y = p \cdot 2R \cdot 1 = 2pR$

この力は，円筒周方向応力 $\sigma_y \times$ 単位長さの円筒の軸方向中央断面積 $= \sigma_y \times 2h$ に等しいので，周方向応力 $\sigma_y = pR/h$

(3)

最大応力の発生位置：図（d）のX点

最大応力の値：$3 \times \sigma_y - \sigma_x = 6\sigma_x - \sigma_x = 5\sigma_x = 5pR/2h$

問題D-5.（選択）

式②から，

$PD_i = (2\sigma_a \eta - 1.2P) t = 2\sigma_a \eta t - 1.2Pt$

$PD_i + 1.2Pt = 2\sigma_a \eta t$

$P = 2\sigma_a \eta t / (D_i + 1.2t)$

この P を式①に代入すると，

$2\sigma_a \eta t / (D_i + 1.2t) \leq 0.385\sigma_a \eta$

$2t / (D_i + 1.2t) \leq 0.385$

$2t \leq 0.385D_i + 0.385 \times 1.2t$

$2t - 0.462t \leqq 0.385D_i$

$1.538t \leqq 0.385D_i$

$t \leqq (0.385/1.538) D_i$

$t \leqq 0.25D_i$

すなわち，板厚が内径の25％以下の場合に式②が適用できる。

問題D-6.（選択）

（1）

曲げ試験の種類と個数：側曲げ試験片1個および裏曲げ試験片1個

（表O.1）

曲げ半径：試験片板厚の2倍（表O.2）

（2）

P.2b）に規定された以下の5項目の条件から1つ記載していれば
よい。

1）水の存在が圧力容器の使用上許容されない。

2）水圧試験後の水抜きが完全にできない。

3）水を満たすと圧力容器，支持構造物などに不適切な応力また
は変形が発生するおそれがあり，その対策が実際的ではない。

4）水の入手が量的に著しく困難である。

5）適切な水質の水が入手困難である。

（3）

排水は，大気圧以下の圧力が発生しないように注意する。（P3.3c））

（4）

95℃以上の予熱を行う場合（S4.1a）2））

（5）

20/25hrすなわち0.8時間（表S.1）

「施工・管理」

問題P-1.（英語選択）

（1）3/16in（5mm）以下

(2) 5/16in（8mm）以下

(3) ルート間隔の分だけ増し脚長を行うか，要求された有効のど厚が確保されていることを証明しなければならない。

(4) 薄い方の板厚の10%と1/8in（3mm）の小さい方

(5) 周継手間隔はパイプ外径と3ft（1m）の小さい方以上，かつ，受渡当事者間での合意がない限り継手数は長さ10ft（3m）以内に2本までとする。

問題P-2.（英語選択）

(1) 長手溶接継手の中心線を厚い方の板厚の5倍以上離さなくてはならない。

(2) 電子ビーム，エレクトロスラグ，レーザ（ビーム），ガス，テルミット溶接および摩擦撹拌接合から2つ記載してあればよい。

(3) スケール，錆，油，グリース，スラグ，有害な酸化物，および有害な異物から2つ記載してあればよい。

(4) 厚さ1/4in（6mm）以上の鋼板，および厚さ1/2in（13mm）以上の非鉄金属板を溶接する場合

(5) 加熱部の重なりは5ft（1.5m）以上必要と規定されているため許されない。

問題P-3.（選択）

(1) 目的1，2：
　・部材を所定の位置に固定する。
　・溶接中の開先間隔を保持する。

(2) 留意点1，2：
　下記から2つ挙げる。
　・ビードの最小長さは40〜50mm にする。（ショートビードにしない）
　・低水素系の被覆アーク溶接棒を用いる。
　・ガスシールドアーク溶接を採用する。

　・予熱温度を本溶接よりも 30〜50℃ 高くする。

　・本体の溶接と同等の溶接資格を保有する作業者が行う。

(3)

　・10mm の場合：裏当て材を用いて溶接する

　・20mm の場合：開先の肉盛整形後，溶接を行う。または，母材
　　の一部を取り替える。

(4)

　除去作業時：

　　・母材を傷つけないように，母材から離れた位置でガス切断し，
　　　グラインダで仕上げる。

　　・ガスガウジングを使用しない。(エアアークガウジングやグ
　　　ラインダを用いる。)

　　など

　除去作業後：ピース除去跡に対して磁粉探傷試験または浸透探傷
　　試験で傷のないことを確認する。

問題P-4.（選択）

　下記から 2 つ挙げる。

(1)

　①名称：溶接後熱処理（PWHT）

　②方法：溶接構造物全体または溶接部を含む部分を均一に加熱
　　し，一定時間保持後緩やかに冷却する方法である。(通常，最
　　低保持温度は軟鋼では595℃，低合金鋼では675℃で，軟鋼で
　　は50mm厚さ以下，低合金鋼では125mm厚さ以下の場合，厚
　　さ25mm当たり1時間の保持後，徐冷する。)

　③原理：加熱による材料の降伏点（耐力）の低下と高温でのク
　　リープ現象で溶接部に引張塑性ひずみを生じさせ，圧縮塑性ひ
　　ずみを小さくする。

(2)

　①名称：機械的手法による過ひずみ法（機械的応力緩和法）

②方法：溶接線方向に引張後，除荷する。

③原理：溶接線方向の引張で，溶接部近傍に引張塑性ひずみを発生させ，溶接部の圧縮塑性ひずみを小さくする。

(3)

①名称：ピーニング

②方法：特殊なハンマや，ショットピーニング，ウォータジェットピーニング，レーザピーニング，超音波ピーニングなどで溶接部を連続的に打撃する。

③原理：溶接部の表面近傍に，打撃方向に対し垂直方向の引張塑性ひずみを発生させ，溶接部表面近傍に圧縮残留応力を発生させる。

(4)

①名称：振動残留応力除去法

②方法：溶接部近傍に振動を付与する。

③原理：部材の共振周波数に近い振動数で加振し，振動により引張塑性ひずみを付与し残留応力を緩和する。

(5)

①名称：低温応力緩和法

②方法：溶接線の両側100〜200mm程度離れた部分を150〜200℃に加熱した後，常温に戻す。

③原理：溶接部の変形を拘束している溶接線近傍の母材を膨張させて，溶接部に引張塑性ひずみを与えて溶接部の圧縮塑性ひずみを小さくする。

問題P-5.（選択）

(1)

JIS B 8266では円筒胴の成形後の伸び率を次式で与えている。(8.6g)）

成形後の伸び率（％）$= 50t\left(1 - R_\mathrm{f}/R_\mathrm{e}\right)/R_\mathrm{f}$

ここで，tは板の呼び厚さ，R_fは成形後の板の中立軸での半径，R_e

は成形前の板の中立軸での半径で，平板の場合，R_eは∞となる。式
に数値を入れると，

伸び率 = 50×100/（800 + 50）=5.9（％）

(2)

本事例は成形後の伸び率が５％を超えており，加えて板厚が
16mmを超え，冷間加工のため成形中の温度が480℃以下なので，
後熱処理が必要である。（伸び率に加え，板厚か温度のどちらかが
記載されてあればよい。）

【参考】成形後の伸び率が５％を超え，次のいずれかの条件に該当
　　している場合は後熱処理が必要と規定されている。(8.6e)）

　　・致死的物質を取り扱うことを目的とする圧力容器

　　・衝撃試験が要求されている材料

　　・冷間成形による板の厚さが16mmを超えるもの

　　・冷間成形による板厚減少が板厚の10％を超えるもの

　　・成形中の材料の温度が480℃以下で行われるもの

(3)

加工度が大きくなると，加工硬化とひずみ時効が生じる。加工硬
化は強度が高くなり，延性が低くなる事象である。ひずみ時効は加
工後に材料が時間の経過とともに硬くなる事象である。この２つの
効果によって，通常数％のひずみで破面遷移温度は20〜30℃上昇
する。後熱処理を行うことによって，加工硬化とひずみ時効による
ぜい化は低減される。

問題P-6.（選択）

(1)

シェフラーの組織図，デュロングの組織図，WRC線図のいずれ
かが挙げてあればよい。

(2)

溶接材料：

Cr-Mo鋼側をSUS309系でバタリングした後，SUS308 系で

溶接する。（なお，バタリングしない場合は，SUS309系または
インコネル系（70Ni-15Cr-10Fe など）を選定する。）

選定根拠：

　　Cr-Mo 鋼用の溶接材料を選定すると，ステンレス鋼との希釈
により溶接金属にマルテンサイトが生じ，溶接金属が硬くても
ろくなるとともに，溶接時に低温割れを生じやすくなる。

　　一方，オーステナイト系溶接材料を用いると溶接金属はオー
ステナイト組織となり，低温割れの問題がなく，継手性能も良
好となる。SUS304用の溶接材料はSUS308 系であるが，
Cr-Mo鋼による希釈を考慮して，シェフラーの組織図から
SUS309系またはインコネル系を用いる。ただし，ステンレス
鋼溶接材料を用いる場合は，高温割れ防止の観点から溶接金属
には5％以上のフェライトを含有させる必要がある。

（3）

　　予熱およびPWHT 条件はCr-Mo 鋼の条件に合わせる。ただし，
バタリング後の予熱は不要である。Cr-Mo鋼側溶接境界部における
脱炭層・浸炭層の生成を抑制するために，PWHTの保持温度・保
持時間は必要最小限に留める。

「溶接法・機器」
問題E-1．（選択）

（1）

　　マグ溶接やミグ溶接の溶滴移行形態は，電流やシールドガス組成
の影響を受ける。これらの溶接において，溶滴の移行形態が，グロ
ビュール移行からスプレー移行に遷移する電流のこと。臨界電流は，
シールドガス組成，ワイヤ材質，ワイヤ径などによって異なる。特
に，シールドガス中の炭酸ガスの混合比率が約30％以上になると臨
界電流は存在しなくなり，溶滴は，大電流域においてもグロビュー
ル移行になる。

(2)

　アーク電圧を低下させてアーク長を短く保ち，アーク力で掘り下げられた溶融池の中までアーク柱のかなりの部分が突っ込んだ状態，またはアーク柱の大部分が母材表面より下に形成された状態。多量の大粒スパッタが発生しやすい炭酸ガスシールドのマグ溶接のグロビュール移行領域などで，スパッタの低減対策として用いられる。また，深い溶込みを確保する目的で，埋れアーク方式が採用される場合がある。

問題E-2.（選択）

(1)

　電流が比較的大きい場合，アークはトーチの軸方向に発生しようとする傾向があり，トーチを傾けてもアークはトーチの軸方向に発生する。このようなアークの直進性を"アークの硬直性"という。

(2)

　アーク溶接では，その周囲に溶接電流による磁界が形成され電磁力が発生する。そのため，シールドガスの一部はアーク柱内に引き込まれ，電極から母材に向かう高速のプラズマ気流が発生する。アークはその影響を受けて強い指向性（硬直性）を示すため，トーチを傾けてもアークはトーチの軸方向に発生しようとする。

　電流値が小さくなると電磁力は低下してプラズマ気流も弱くなるため，小電流域でのアークは硬直性が弱まり，不安定でふらつきやすくなる。

問題E-3.（選択）

(1)

　垂下特性電源ではアーク長が変化しても溶接電流はほとんど変化せず，アーク電圧が変化する。そのためアーク電圧をワイヤ送給モータにフィードバックしてワイヤ送給速度を制御する。

　アーク長が長くなると（アーク電圧が増加すると）ワイヤの送給

速度を速くしてアーク長を減少させ，アーク長を元の長さに戻す。反対に，アーク長が短くなると（アーク電圧が減少すると）ワイヤの送給速度を遅くしてアーク長を増加させる。すなわち，アーク長（アーク電圧）の変動に応じてモータ回転速度を増減させることによって，アーク長を一定に制御する（アーク電圧のフィードバック制御）。

(2)

　ワイヤが比較的速い速度で送給されるマグ溶接では，アーク電圧の変動に応じてワイヤ送給速度を変化させて，アーク長を制御することは難しい。しかし，定電圧特性の溶接電源を使用すると，アーク長が伸びると溶接電源の外部特性に従って溶接電流は減少し，ワイヤの溶融速度が低下して，アーク長を元の長さに戻す。反対にアーク長が短くなると，溶接電流は増加し，ワイヤの溶融速度が増大して，元のアーク長を維持するように作用する。

　定電圧特性の溶接電源を使用してワイヤを一定速度で送給すると，アーク長の変動に応じて溶接電流が自動的に変化し，アーク長が一定に保たれる（電源のアーク長自己制御作用）。

問題E-4.（選択）

　下記から２つ挙げる。

▷起動方式の名称：高周波高電圧方式

　概要と特徴：周波数が数MHzでピーク電圧が10kV程度の高周波高電圧交流を用いて，電極と母材間の絶縁を破壊し，電極と母材は非接触でアークを起動する。高周波高電圧方式では強い電磁ノイズが発生し，電波障害を生じやすいため，ノイズ対策が必要となることもある。

▷起動方式の名称：電極接触方式

　概要と特徴：電極を母材へ接触させて通電を開始し，通電したままで電極を引上げてアークを起動する。ノイズに関する問題をほとんど生じないが，アーク起動時に傷損した電極先端部を

溶接部に巻込み，溶接欠陥を生じることがある。

▷起動方式の名称：直流高電圧方式

概要と特徴：タングステン電極と母材との間に数kVの直流高電圧を加えて両者間の絶縁を破壊し，電極と母材は非接触でアークを起動する。溶接装置は比較的高価で，絶縁に関する対策などの制約も受けるため，適用はロボット溶接や自動溶接装置など一部の特殊な用途に限られている。

問題E-5.（選択）

（1）ティーチング・プレイバック方式

概要：実ワークを用い，アークを発生させずにロボットを動かし，その動作・作業手順をロボットに直接ティーチングして，溶接時に同一の動き・作業を再現する方式。

特徴：溶接していない状態でロボットを使用してティーチングするため，その間はロボットによる溶接作業ができず，ロボットの稼働率が低下する。実ワークを用いるため，ティーチングデータの補正は比較的少ない。

（2）オフラインティーチング方式

概要：CADデータなどを利用して，コンピュータの画面上でロボットの動作をシミュレートして，ティーチングプログラムを作成する方式。コンピュータ上で作成したティーチングデータは，記憶媒体または通信回線を利用してロボット制御装置に入力され，ロボットはそのティーチングデータに従って動作する。

特徴：ティーチング作業と溶接作業をそれぞれ独立して行えるため，ロボットの稼働率を大幅に向上させることができる。実ワークに対するティーチングデータの補正が必要になることが多い。

●2020年11月 1 日出題●

特別級試験問題

「材料・溶接性」

問題M-1.（選択）

　　　図は，SM490鋼の溶接金属部及び熱影響部におけるシャルピー衝撃試験の吸収エネルギーの分布を模式的に示したものである。以下の問いに答えよ。

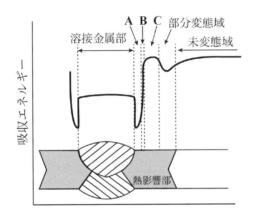

（1）領域A，B及びCの名称を記せ。

　　　領域Aの名称：

　　　領域Bの名称：

　　　領域Cの名称：

（2）領域A及び領域Cにおけるじん性の違いを，これらの領域に形成される金属組織及びその組織の形成過程と関連付けて説明せよ。

問題M-2.（選択）

　　　炭素鋼の大電流のサブマージアーク溶接やマグ溶接において，梨形ビード割れが生じることがある。この割れの発生機構を説明する

とともに，防止対策を2つ挙げよ。

　　発生機構：

　　防止対策1：

　　防止対策2：

問題M-3.（選択）

　Cr-Mo鋼の溶接部のPWHTについて以下の問いに答えよ。

（1）PWHTの最低保持温度はCr，Mo含有量が多いほど，より高温度に規定している。この理由を記せ。

（2）PWHTに際して留意しなければならない割れの名称と，その割れの形態を答えよ。また，その防止策を1つ挙げよ。

　　割れの名称：

　　割れの形態：

　　防止策：

問題M-4.（選択）

　板厚8mmのオーステナイト・フェライト系（二相）ステンレス鋼板（SUS329J1）の突合せ溶接を被覆アーク溶接で行った。溶接後1週間が経過した後に溶接金属で割れが発見された。この割れの破面形態は擬へき開破面であった。また，溶接金属のフェライト量を調べると約80%であった。この割れの種類と原因を推定し，説明するとともに，対策を2つ挙げよ。

　　割れ種類：

　　割れ原因：

　　対策1：

　　対策2：

問題M-5.（選択）

　チタン及びその合金のアーク溶接にあたっては，大気混入に留意する必要がある。大気の混入が溶接部に及ぼす影響を説明せよ。ま

た，その影響を少なくするために溶接施工上どのような対策が採られるか。さらに，外観から施工良否を判断する方法を述べよ。

　　溶接部への影響：

　　溶接施工上の対策：

　　外観から施工良否を判断する方法：

「設計」

問題D-1.（英語選択）

　　AWS D1.1/D1.1M:2010 Structural Welding Code-Steel（閲覧資料）の規定に関する以下の問いに日本語で答えよ。

(1) 完全溶込み開先溶接継手では，有効サイズをどのようにとるか。（2.4.1.2参照）

(2) すみ肉溶接の最小長さはいくらか。（2.4.2.3参照）

(3) 母材厚さが5mmの場合，すみ肉溶接の最小サイズはいくらか。（Table 5.8参照）

(4) 重ね継手の母材縁に沿ったすみ肉溶接の最大サイズはいくらか。（2.4.2.9参照）

(5) 片側表面のみの開先溶接が認められるのはどのような場合か。（2.18.1参照）

問題D-2.（英語選択）

　　ASME Boiler and Pressure Vessel Code, Section VIII-Division 1（閲覧資料）UG-20（f）では，圧力容器の材料が5つの条件を全て満足する場合に衝撃試験が免除される。次の①～⑤の記述は，それぞれUG-20（f）の条件（1）～（5）に該当するか。該当するものに○，該当しないものに×を記せ。また，×の場合はその理由を記せ。

①条件（1）：UCS-66（a）で定義される板厚が13 mm 以下のすべての種類の炭素鋼（　　　）

②条件（2）：容器の完成後に耐圧試験として気圧試験を実施する（　　　）

③条件（3）：最低設計温度が−50℃（　　）

④条件（4）：静的荷重のみが作用する（　　）

⑤条件（5）：疲労設計が要求される場合（　　）

問題D-3.（選択）

日本建築学会の鋼構造設計規準（閲覧資料）により応力を負担する溶接継手を設計する場合，下図に示した溶接継手は認められるか。認められる場合には○印を，認められない場合には×印を（　　）内に記せ。また，その理由を記せ。ただし，すみ肉溶接のサイズ＝脚長とする。

(1)（　　）

理由：

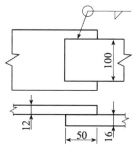

(2)（　　）

理由：

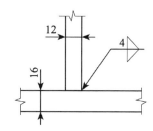

(3)（　　）16.3節〜16.5節を参照

理由：

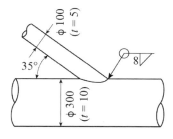

問題D-4.（選択）

　図に示すように，溶接部から距離Lの位置に集中荷重Pが作用する完全溶込み溶接継手（A）とすみ肉溶接継手（B）がある。すみ肉溶接継手（B）の静的強度を完全溶込み溶接継手（A）と等しくするには，すみ肉溶接のサイズSはいくらにすればよいか，道路橋示方書・同解説（閲覧資料）に基づき以下の手順で考えよ。

　また，$L=2h$のとき，このサイズSは道路橋示方書・同解説の規定を満足するか，理由とともに述べよ。

　なお，矩形断面梁の断面係数Zは，$Z=bh^2/6$（b：はりの厚さ，h：はりの高さ）である。

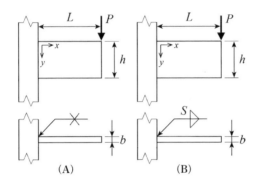

(1) 完全溶込み溶接継手（A）に働く最大曲げ応力σ_{max}，平均せん断応力τを求め，許容引張応力度の自乗σ_a^2をP, L, b, hの関数として表現せよ。

　・最大曲げ応力σ_{max}

　・平均せん断応力τ

　・許容引張応力度の自乗σ_a^2

(2) すみ肉溶接継手（B）に働く最大せん断応力τ_x，溶接線方向の平均せん断応力τ_yを求め，許容せん断応力度の自乗τ_a^2をP, L, S, hの関数として表現せよ。

　・最大せん断応力τ_x

・溶接線方向の平均せん断応力 τ_y

・許容せん断応力度の自乗 $\tau_a{}^2$

(3) すみ肉溶接継手（B）の静的強度が完全溶込み溶接継手（A）と
等しくなるすみ肉溶接のサイズ S を L, b, h の関数として求めよ。

(4) $L=2h$ のとき，前問（3）で求めた S は道路橋示方書・同解説
（7.2.5 節）の規定を満足するか。ただし，はり厚さは柱部材厚さ
より小さい。

問題 D-5.（選択）

ASME Boiler and Pressure Vessel Code, Section VIII-Division 1
（閲覧資料）UG-27 に従って，常温で気体を加圧貯蔵する球形タン
クを設計する。設計条件は次のとおりである。

・設計圧力（P）：1.5MPa

・球殻の内径（直径）：11.6m

・球殻の溶接継手の形式：完全溶込み両側突合せ溶接継手

・放射線透過試験（RT）：全線 RT を適用する

・腐れ代：3mm

(1) この容器の継手効率（E）はいくらか。Table UW-12 に従って
答えよ。

(2) 球殻の材料に次の 2 種類の鋼材を使用した場合の，それぞれの
最小設計板厚を求めよ。計算結果は小数点以下を切り上げること。
なお，S は常温における最大許容応力である。

（ア）SA-516Gr.60：引張強さ：415-550MPa，降伏応力 $\geq$ 220MPa，
S：118MPa

（イ）SA-516Gr.70：引張強さ：485-620MPa，降伏応力 $\geq$ 260MPa，
S：138MPa

(3) この規格の Table UCS-56-1 の Note（b）には次の規定がある。
この規定に従い，前問（2）の（ア），（イ）のそれぞれの材料を
使用した時の PWHT の要否を判定せよ。

 Postweld Heat Treatment is mandatory under the following conditions:
(1) for welded joints over 38 mm nominal thickness;
(2) for welded joints over 32 mm nominal thickness through 38mm nominal thickness unless preheat is applied at a minimum temperature of 95 ℃ during welding.

（ア）の場合：

（イ）の場合：

問題D-6.（選択）

　JIS B 8265及びJIS B 8266（閲覧資料）「圧力容器の構造」に関する以下の問いに答えよ。

(1) JIS B 8265では，炭素鋼又は低合金鋼の最小制限厚さをどのように規定しているか。

(2) JIS B 8266では，炭素鋼又は低合金鋼の最小制限厚さを何mmと規定しているか。

(3) JIS B 8265において規定するL-1継手とは，どのような継手か。

(4) JIS B 8265では，L-1継手の溶接継手効率をいくらとしているか。

(5) JIS B 8265では，設計温度における許容せん断応力をいくらとしているか。

(6) JIS B 8265では，引張強さが400MPa，降伏点が220 MPa の鋼材を常温で使用した場合，許容せん断応力はいくらとなるか。解説添付書2.1.1a)（283頁）を参照せよ。

(7) JIS B 8265では，板厚20mmと25mmの突合せ溶接部で外面のみに板厚差を設ける場合は，外面にテーパを設けなければならない。テーパ部を溶接部に含めてよいか。

(8) JIS B 8266では，調質高張力鋼を用いた溶接継手にB-2継手を適用することができるか。

(9) JIS B 8266では，分類Aに用いるB-1継手に部分放射線透過試験の適用を認めているか。

(10) JIS B 8266では，鏡板と胴のそれぞれの厚さの中心線の食い
違いを，いくらまで許容しているか。

「施工・管理」
問題P-1．（英語選択）

AWS D1.1/D1.1M:2010 Structural Welding Code（閲覧資料）
「5.Fabrication」の中で「5.4 ESW and EGW Process」，「5.6 Pre-
heat and Interpass Temperatures」，及び「5.7 Heat Input Control
for Quenched and Tempered Steels」の規定に関し，以下の問いに
日本語で答えよ。

(1) エレクトロガス溶接やエレクトロスラグ溶接における予熱につ
いて，どのように規定されているか。

(2) 多層溶接で予熱・パス間温度の下限が要求されている場合，溶
接中その温度に維持すべき最小範囲はいくらか。

(3) 前問（2）で予熱・パス間温度はいつ計測するか。

(4) 調質鋼に対する溶接入熱はどのように制限すべきか。

(5) 調質鋼にガウジングを適用する場合，その方法に関してどのよ
うな制約があるか。

問題P-2．（英語選択）

ASME Boiler and Pressure Vessel Code Section Ⅷ Division 1
Part UW（閲覧資料）の規定に関し，以下の問いに日本語で答えよ。

(1) 容器に適用される施工法は，ASME Code のどのSection に準
拠すべきか。（UW-28（b））

(2) 強風の場合，どのようにすることを推奨しているか。（UW-30）

(3) 両側溶接において裏側を溶接する際に，事前にどのようなこと
をすべきか。（UW-37（a））

(4) ピーニングが行われる位置はどこか。（UW-39）

(5) 補修溶接の場合，PWHT 条件を規定する厚さは，どのように
決められているか。（UW-40（f）（6））

問題P-3.（選択）

　　　炭素鋼にマグ溶接を適用する場合について，以下の問いに答えよ。

(1) 溶接中にシールド状態が悪化した場合，溶接欠陥（ポロシティ
　　など）以外に発生する機械的特性の問題点とその原因について述
　　べよ。

　　発生する問題：

　　原因：

(2) 溶接中のシールド状態を良好に保つには，ノズル先端でのシー
　　ルドガス流量を適正に保持することが重要であるが，そのために
　　留意すべき点を2つ述べよ。

　　留意点1：

　　留意点2：

(3) ノズル先端でのシールドガス流量以外に溶接中のシールド状態
　　を良好に保つために留意すべき点を2つ述べよ。

　　留意点1：

　　留意点2：

問題P-4.（選択）

　　　鉄鋼材料の溶接割れの1つに「ラメラテア」がある。ラメラテア
　　に関し，以下の問いに答えよ。

(1) ラメラテアの形態的特徴と発生原因を述べよ。

(2) ラメラテアが生じやすい継手の例を2つ挙げよ。

　　継手例1：

　　継手例2：

(3) ラメラテアの防止法を3つ挙げよ。

　　防止法1：

　　防止法2：

　　防止法3：

問題P-5.（選択）

　　LNGの地上タンク（LNG温度－162℃）では，内槽に9％Ni鋼を使用しているものが多い。この9％Ni鋼の溶接には，70％Ni合金が溶接材料として使われている。この溶接施工に関して，以下の問いに答えよ。

(1) 溶接材料に70％Ni合金が使われる理由を2つ記せ。

　理由1：

　理由2：

(2) 溶接施工時に予熱が必要か否か。また，その理由を記せ。

(3) 溶接施工上の留意点を2つ記せ。

　留意点1：

　留意点2：

問題P-6.（選択）

　　オーステナイト系ステンレス鋼（SUS304）の溶接継手に発生する応力腐食割れ（SCC）について，以下の問いに答えよ。

(1) SCCを生じさせる環境を1つ挙げよ。

(2) 溶接熱影響部にSCCが発生しやすい理由を記せ。

(3) 溶接施工面からのSCC防止策を2つ挙げよ。

　防止策1：

　防止策2：

「溶接法・機器」

問題E-1.（選択）

　　鋼板の突合せ継手を直流アーク溶接する場合，アークが板の端部に近づくと，板の中央部（ビード側）に向かってアークが偏向する（振れる）現象を生じることがある。この現象は何と呼ばれているか。また，この現象が発生する原因について簡潔に説明し，その軽減対策を2つ挙げよ。

　現象の名称：

　　　　発生原因：

　　　　軽減対策１：

　　　　軽減対策２：

問題E-2.（選択）

　　　マグ溶接で生じるアークの不安定について，考えられる原因を５つ挙げよ。

　　　　原因１：

　　　　原因２：

　　　　原因３：

　　　　原因４：

　　　　原因５：

問題E-3.（選択）

　　　ティグ溶接では，酸化物入りタングステン電極が多用される。以下の問いに答えよ。

　（1）電極材料に含まれる酸化物の名称を２つ挙げよ。

　　　　名称１：

　　　　名称２：

　（2）酸化物入りタングステン電極を使用するメリットを２つ挙げよ。

　　　　メリット１：

　　　　メリット２：

　（3）前問（2）のメリットが得られる原理を説明せよ。

問題E-4.（選択）

　　　右図は，溶接ビードの形成に及ぼす溶接電流と溶接速度の一般的な関係を示したものである。右上部の領域Ｃについて以下の問いに答えよ。

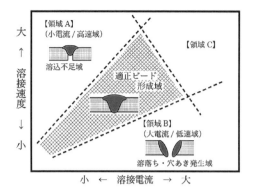

（1）発生しやすい溶接欠陥を２つ挙げよ。

　　溶接欠陥１：

　　溶接欠陥２：

（2）その欠陥が生じやすい理由を簡潔に記せ。

問題E-5.（選択）

　　炭素鋼のレーザ切断では，アシストガスに酸素（空気）を用いるが，ステンレス鋼のレーザ切断では窒素が用いられる。その理由をそれぞれ簡潔に記せ。

　　炭素鋼の切断に酸素（空気）が用いられる理由：

　　ステンレス鋼の切断に窒素が用いられる理由：

●2020年11月１日出題　特別級試験問題●
解答例

問題M-1.（選択）

　　（1）

　　　領域Ａの名称：粗粒域

　　　領域Ｂの名称：混粒域（混合域）

領域Cの名称：細粒域

(2)

　領域A（粗粒域）は溶接金属に接する領域で，溶接中にA_{C3}点を大幅に超える融点直下までの高温域に加熱され，オーステナイト粒が（著しく）粗大化する。このため，冷却過程で形成される変態組織が粗大化し，また，硬化組織も形成されやすくなるため，じん性が低下する。領域C（細粒域）はA_{C3}点直上の温度域に加熱された領域で，オーステナイト粒が粗大化しないため，変態組織が細かくなり，じん性が高くなる。

問題M-2.（選択）

　発生機構：

　大電流溶接の場合は，凝固時に柱状デンドライトが，ビード上方に向かわず対向する方向に成長しやすい。また，最終凝固時の柱状晶会合面に低融点不純物元素（P, S）が偏析し，低融点液膜が形成される。このような箇所に収縮ひずみが作用して，梨形ビード割れが発生する。この梨形ビード割れは，ビード幅に対して溶込み深さが大きい場合に生じやすい。

　防止対策1, 2：

　次のうちから2つ。

①ビード幅に対する溶込み深さの比がほぼ1以下になるようする。

②開先角度を拡げる。

③溶接電流を下げて溶接速度を小さくする。または溶接入熱を小さくする。

④不純物元素（P, S）含有量の少ない溶接材料，鋼材を選ぶ。

問題M-3.（選択）

(1)

　　PWHTの目的の1つに溶接残留応力の緩和がある。Cr, Mo量

が高いほど高温強度およびクリープ強度が高くなるので，残留応力を緩和するためには保持温度を高くする必要がある。PWHTにおいて，残留応力はまず加熱過程で材料の降伏点の低下に従って減少し，PWHT温度に達すると，その温度における降伏点直下の応力値にまで緩和される。さらに加熱・保持時間中にクリープ現象によって残留応力の緩和が進行する。また，硬化・ぜい化した溶接熱影響部の軟化および延性・じん性の回復のために必要な保持温度も，Cr，Mo量の増加とともに高くなる。

(2)

割れの名称：再熱割れ（SR割れ）

割れの形態：

溶接残留応力，応力集中の高い場合にPWHTの過程でHAZ粗粒域に生じる粒界割れである。高張力鋼やCr-Mo鋼の溶接残留応力を緩和するために，550～700℃の温度域でPWHTを行った場合に生じる。析出硬化元素量が多いほど生じやすい。

防止策：

①低いP_{SR}または低い⊿G値の鋼材の使用

②溶接入熱の減少によるHAZ粗粒化の抑制

③グラインダ仕上げによる余盛止端部の応力集中の緩和

④テンパビード溶接によるHAZの微細化

など。

問題M-4.（選択）

割れ種類：低温割れ

割れ原因：

割れが溶接後，1週間経過した後発生したこと，割れの伝播経路や破面形態の特徴，さらに溶接金属組織はオーステナイト相よりフェライト相の割合が多いことなどから，この割れは低温割れと考えられる。溶接棒の乾燥不良，溶接部の清掃不良などのため，溶接金属中に水素が混入し，また，冷却速度が大きすぎたことに

よりオーステナイト析出量が少なく，フェライト量が多くなった
ため，フェライト相において低温割れが発生したと考えられる。

対策1，2：

　オーステナイト相の確保および拡散性水素の低減が，割れ発生
防止につながる。

　オーステナイト相の確保には，

　①溶接材料を高窒素・高Ni材に変える。

　②オーステナイト相の析出を促すため，溶接時の冷却速度を小
　　さくする。

拡散性水素の低減策として，

　③水素量の少ない溶接法（ティグ溶接など）に変更する。

　④適正な条件で溶接棒を乾燥・保管する。

　⑤溶接部を清掃する。

　⑥予熱を行う。

問題M-5.（選択）

溶接部への影響：

　酸素と窒素の侵入は著しい硬化，および延性とじん性の低下
をもたらす。また，大気の混入によりポロシティが発生するこ
とがある。

溶接施工上の対策：

　大気の混入を防止するためには，溶融部ならびに高温に加熱
された部分を不活性ガスによりシールドする必要がある。この
ため，アフターシールド（トレーリングシールド）ジグ，バッ
クシールドジグ，またはチャンバなどを用いる。さらに，溶接
部が十分低い温度（500℃程度）に冷却されるまで大気から保
護する。また，プリフロー・アフターフローの時間を長くして，
スタート部およびクレータ部のシールドを十分に行う。

外観から施工良否を判断する方法：

　大気の混入の程度は，溶接部表面の色により判断することが

できる。高温での加熱温度，保持時間により「銀色→金色（麦色）→紫色→青色→青白色→暗灰色→白色→黄白色」の順（低温→高温）に変化する。一般には青色までが合格とされることが多い。

「設計」

問題 D-1.（英語選択）

(1) 薄い方の部材厚さ

(2) 公称すみ肉サイズの 4 倍の長さ

(3) 単調載荷の場合は 3 mm（1/8in）で，繰返し荷重を受ける場合は 5 mm（3/16in）

(4)

母材厚さが 6 mm（1/4in）未満の場合：母材厚さ

母材厚さが 6 mm（1/4in）以上で，母材厚さと等しい脚長が得られない場合：母材厚さから 2 mm（1/16in）減じた寸法

(5) 2 次部材または応力非伝達部材の場合と，計算応力の方向に平行な角継手の場合

問題 D-2.（英語選択）

① （×）

理由：この免除条件は，P-No.1 の炭素鋼のうち Gr.No.1 または 2 の材料にのみ適用できるため。例えば，P-No.1，Gr.No.3 の炭素鋼の場合には適用できない。

② （○）

③ （×）

理由：最低設計温度が－29〜345℃の範囲で規定されているため。

④ （○）

⑤ （×）

理由：繰返し荷重が設計条件となっていると免除されない。

問題D-3.（選択）

(1)（×）

理由：応力を伝達する重ね継手では，薄い方の板厚の5倍以上で，かつ30mm以上重ね合わさねばならない（16.8節）。この場合，薄い方の板厚は12mmで12×5＝60mmなので規定を満たしていない。

(2)（×）

理由：T継手で板厚6mmを超える場合は，すみ肉溶接のサイズは4mm以上で，かつ$1.3\sqrt{\text{厚い方の母材厚さ}}$以上でなければならない（16.5節）。

　　　サイズは$1.3\sqrt{16}$＝5.2mm以上必要で，規定を満たしていない。

(3)（○）16.3節〜16.5節を参照

理由：

・鋼管の分岐継手では，鋼管の交差角が30°超え150°未満の場合は応力を負担させることができる（16.3節）。交差角35°は規定の範囲内にある。

・支管外径が主管外径の1/3以下のときは，全周すみ肉溶接とすることができる（16.4節（3））。したがって，規定を満たしている。

・鋼管分岐継手のすみ肉のサイズは，薄い方の管（支管）の厚さの2倍まで増すことができる（16.5節）。サイズ8mmは2×5＝10mm以下なので，規定を満たしている。

問題D-4.（選択）

(1)

・最大曲げ応力 $\sigma_{\max} = PL/Z$

$= PL/(bh^2/6) = 6PL/bh^2$

・平均せん断応力 $\tau = P/bh$

・許容引張応力度の自乗 $\sigma_a{}^2 = (\sigma^2 + 3\tau^2)/1.2 = [(6PL/bh^2)^2 + 3(P/bh)^2]/1.2$

【解説】式(7.2.6)より，$(\sigma/\sigma_a)^2+(\tau/\tau_a)^2=1.2$で，許容せん断応力
度 $\tau_a=\sigma_a/\sqrt{3}$ より，$\sigma^2+3\tau^2=1.2\sigma_a^2$

(2)

・最大せん断応力 $\tau_x=PL/Z=PL/(\sqrt{2}Sh^2/6)=6PL/\sqrt{2}Sh^2=3\sqrt{2}PL/Sh^2$

【解説】荷重を支える断面はのど断面なので，梁の厚さに代えて
すみ肉溶接ののど厚の総和 $2\times S/\sqrt{2}=\sqrt{2}S$ を用いる。すみ肉溶
接継手では，最大曲げ応力 σ_{max} をせん断応力 τ_x として伝える。

・溶接線方向の平均せん断応力 $\tau_y=P/\sqrt{2}Sh$

・許容せん断応力度の自乗 $\tau_a^2=\tau_x^2+\tau_y^2=(3\sqrt{2}PL/Sh^2)^2+(P/\sqrt{2}Sh)^2$

【解説】式 (7.2.7) より，$\tau_x^2+\tau_y^2=\tau_a^2$

(3)

許容せん断応力度 $\tau_a=\sigma_a/\sqrt{3}$ より，

問 (2) の τ_a^2 は $\tau_a^2=\sigma_a^2/3=(3\sqrt{2}PL/Sh^2)^2+(P/\sqrt{2}Sh)^2 \rightarrow \sigma_a^2=3$
$[(3\sqrt{2}PL/Sh^2)^2+(P/\sqrt{2}Sh)^2]$

これを問 (1) の σ_a^2 と等しくおくと，

$3[(3\sqrt{2}PL/Sh^2)^2+(P/\sqrt{2}Sh)^2]=[(6PL/bh^2)^2+3(P/bh)^2]/1.2$

よって，$S^2=1.2b^2\dfrac{18(L/h)^2+0.5}{12(L/h)^2+1}$

(4)

$L=2h$ のとき，

$S^2=1.2\times(72.5/49)b^2=1.7755b^2$ より，$S=1.3325b$ となって，サイ
ズ S は薄い方の部材厚さ b よりも大きくなる。よって，解説の式
(7.2.1) の規定を満足しない。

問題D-5.（選択）

(1) 1.00（Table UW-12 (1) による）

(2)

球形タンクの板厚計算にはUG-27 (d) の式を用いるが，この
式を用いるための条件である板厚 $\leq0.356R$，$P\leq0.665SE$ である

ことを確認した後，板厚の計算を行う。

（ア）SA-516 Gr.60の場合：

P=1.5MPa，0.665SE=0.665×118×1.00=78.5MPa　$P \leqq 0.665SE$
を満足するので，UG-27（d）の式を用いて球殻の板厚を計算する。UG-27（d）の式にP=1.5MPa，R=5,800mm，S=118MPa，E=1.00を代入すると，必要板厚t=1.5×5,800／（2×118×1.00 − 0.2×1.5）=8,700／（236 − 0.3）=8,700/235.7=36.9mm

小数点以下を切り上げ腐れ代を足すと，最小設計板厚：37+3=40mmとなる。この厚さは0.356R以下を満たす。

（イ）SA-516 Gr.70の場合：

P=1.5MPa，0.665SE=0.665×138×1.00=91.8MPa

同様に$P \leqq 0.665SE$を満足するので，UG-27（d）の式を用いて球殻の板厚を計算する。

UG-27（d）の式にP=1.5MPa，R=5,800 mm，S=138MPa，E=1.00を代入すると，必要板厚t=1.5×5,800／（2×138×1.00 − 0.2×1.5）=8,700／（276 − 0.3）=8,700/275.7= 31.6mm

小数点以下を切り上げ腐れ代を足すと，最小設計板厚：32+3=35mmとなる。この厚さは0.356R以下を満たす。

（3）

（ア）SA-516 Gr.60の場合：

設計板厚が40mmで規定の38mmを超えるため，PWHTは必要。

（イ）SA-516 Gr.70の場合：

設計板厚が35mmで規定の32mm超え38mm以下の範囲にあるため，95℃以上の予熱を行うとPWHTは不要。予熱を行わないか，95℃未満の予熱を行う場合は，PWHTが必要。

問題D-6.（選択）

（1）2.5mm（腐食または壊食のおそれがある場合には，3.5mm以上）

（2）6 mm（成形後の腐れ代を除いた値）

(3) 両側全厚すみ肉重ね溶接継手

(4) 0.55

(5) 材料の許容引張応力の0.8倍

(6) 許容引張応力は引張強さの1/4か，降伏点の1/1.5のいずれか小さい方の値となり，

　　　この場合100MPaとなる。許容せん断応力は，その0.8倍となるので80MPaとなる。

(7) 含めてよい。

(8) 適用できない。

(9) 認めていない。全線RTを実施しなければならない。

(10) それぞれの呼び厚さの差の1/2以下。

「施工・管理」

問題P-1.（英語選択）

(1) 入熱が大きいので，通常，予熱は不要である。しかし，溶接点の母材温度が32°F（0℃）未満の場合には，0℃まで予熱しなければならない。

(2) 溶接点の周囲（すべての方向）に対し溶接部の最大厚さ（ただし，最低3in（75mm））以上

(3) 各パスの溶接開始直前

(4) 調質鋼に対する溶接入熱は予熱・パス間温度の上限に対応して低くしなければならない。

(5) 調質鋼ではガスガウジングの使用が禁止されている。

問題P-2.（英語選択）

(1) Section IXに準拠する。

(2) 溶接技能者やオペレータ，および被溶接物が適切に保護されていない限り，溶接しない。

(3) 初層の健全性を確保するために，裏溶接の前に裏側をチッピング，グラインダ研削または溶融除去する。

  (4) 溶接金属およびHAZ

  (5) 補修溶接部の深さ

問題P-3.（選択）

  (1)

   発生する問題：じん性が低下する（シャルピー吸収エネルギーが
    低下する）。

   原因：溶接金属に大気から窒素（酸素）が混入するため。

  (2)

   留意点1，2：

   以下から2つ挙げる。

   ・流量計でシールドガス流量を調整・確認する。

   ・作業開始前にボンベ内のガス残量を確認する。

   ・シールドガスの供給圧力を適正にする。

   ・ノズルのつまりを防止する（ノズル内面に付着したスパッタを
    除去する）。

   ・シールドガスの配管途中（ホースのジョイントなど）での漏洩
    を防止する。

  (3)

   留意点1，2：

   以下から2つ挙げる。

   ・ノズル高さ（トーチ高さ）を適正にする。

   ・防風対策を行う（強風の場合は，溶接しない）。

   ・ノズルの変形，取付不良がないことを確認する。

   ・シールドガスの純度・混合比，露点を適正に維持する。

問題P-4.（選択）

  (1)

   ラメラテアは，熱影響部およびその隣接部に，鋼板の圧延方向と
   平行に発生する階段状の割れである。この割れは，圧延方向に引き

延ばされた非金属介在物（多くは MnS，一部に酸化物系介在物も見られる）とマトリックスとの界面が溶接による板厚方向の引張応力で開口したものである。水素が影響するとも言われている。

(2)

　継手例 1，2：
　・厚板で溶着量の多い（開先付き）Ｔ継手
　・厚板で溶着量の多い（開先付き）角継手
　・厚板で溶着量の多い（開先付き）十字継手

(3)

　防止法 1，2，3：
　以下から 3 つ挙げる。
　・S 含有量の少ない鋼材の採用（例：S ≦ 0.008％）
　・板厚方向の絞り値が大きな鋼材の採用（例：絞り 25％以上）
　・板厚方向の溶接による収縮力（引張力）が低減できる継手設計の採用
　・開先内のバタリング
　・積層順序の適正化
　・低水素系溶接棒，マグ溶接などによる溶接金属の低水素化

問題 P-5.（選択）

(1)

　理由 1，2：
　以下から 2 つ挙げる。
　①極低温での溶接金属のじん性が優れている（共金系では－162℃で十分なじん性が得られない）。
　②線膨張係数が 9％ Ni 鋼の値に近い。
　③耐力は母材の 9％ Ni 鋼と比較して低いが，引張強度は母材に近い。
　④熱影響部のぜい性破壊が起こりにくい。

(2)

　　予熱は不要である。Ni合金の溶接材料を使えば低温割れを生じないので，予熱の必要はない。（なお，パス間温度は150℃以下と低めにして，高温割れが生じないようにする。）

(3)

　留意点1，2：

　以下から2つ挙げる。

　①高温割れが初層のクレータに生じやすいので，入念なクレータ処理が必要である。また，溶接入熱を低めにして高温割れを防ぐ。

　②ビードが垂れやすく，溶込みが小さい。運棒操作やオシレート条件に留意し，溶接条件を厳しく管理する。

　③磁気吹きが起こりやすい。鋼板の脱磁処理，マグネットリフトの使用禁止，母材へのケーブル接続位置や接続方法の工夫などの対策を講じる。

問題P-6.（選択）

(1)

　　塩化物水溶液，高温高純度水，およびポリチオン酸などから1つ

(2)

　　応力面，材質面から次のようなことが述べてあればよい。溶接熱影響部には降伏点レベルの引張溶接残留応力が存在すること，およびオーステナイト系ステンレス鋼の溶接熱影響部には鋭敏化域が生じることにより，SCCが発生しやすい。

(3)

　防止策1，2：

　以下から2つ挙げる。

　①低入熱の溶接による鋭敏化の軽減

　②スリーブ取付けや肉盛溶接による腐食環境からの遮断

　③ピーニング法（ショットピーニング，ウォータジェットピーニ

ング，レーザピーニング，超音波ピーニングなど）による表面
残留応力の圧縮化

④内面溶接水冷法（HSW）による内面溶接残留応力の圧縮化

⑤高周波誘導加熱法（IHSI）による内面溶接残留応力の圧縮化

⑥振動法，機械的方法による残留応力の低減

⑦外面バタリング溶接による内面残留応力の低減

⑧固溶化熱処理による鋭敏化域の解消

「溶接法・機器」

問題E-1.（選択）

現象の名称：磁気吹き

発生原因：

　　磁界を形成する磁束は，鋼板中に比べて大気中の方が通りに
くいため，アークが母材端部に近づくと非対称な磁界が形成さ
れる。溶接電流によって生じる磁場（磁界の強さ）が非対称に
なると，強磁場から弱磁場に向かって電磁力が発生する。その
ため，アークに板の端部から中央部へ向かう電磁力が作用し，
その影響を受けてアークは板中央部（ビード側）に向かって偏
向する（振られる）ようになる。

軽減対策1，2：

以下から2つ挙げる。

①母材（アース）ケーブルを数ヵ所に分けて接続する。

②母材（アース）ケーブルの接続位置を変える。

③アーク長をできるだけ短くした溶接を行う（アーク電圧をできるだけ低くする）。

④ジグ，母材の脱磁処理を行う。

⑤母材端部に鋼製タブ板を付ける。

問題E-2.（選択）

原因1～5：

以下から５つ挙げる。

①コンタクトチップの摩耗（通電不良）

②ライナの摩耗

③送給ローラ溝の摩耗

④不適切な送給ローラの加圧（加圧力不足，過度な加圧力設定）

⑤トーチケーブルの急激な曲げ

⑥母材側ケーブルの接触不良（通電不良）

⑦不適切な溶接条件の選定（低過ぎるアーク電圧設定，高過ぎる
　アーク電圧設定）

⑧溶接ケーブルを巻いた状態での使用（インダクタンスの増加）

⑨磁気吹き（母材側ケーブルの接続位置不良，母材形状・位置）

⑩入力電圧（一次電圧）の低下，大幅な変動

問題E-3.（選択）

(1)

名称１，２：

以下から２つ挙げる。

①酸化トリウム（ThO_2）

②酸化ランタン（La_2O_3）

③酸化セリウム（Ce_2O_3）

④酸化ジルコニウム（ZrO_2）

⑤酸化イットリウム（Y_2O_3）

(2)

メリット１，２：

以下から２つ挙げる。

①電極の熱負荷が軽減され，純タングステンの場合より電極消耗
　を少なくできる。

②アークの起動性に優れ，良好なアーク起動（瞬時アーク起動）
　が行える。

③純タングステンの場合より使用電流範囲を拡大できる（許容最

大電流値を大きくできる)。

④タングステン巻込みを生じにくい（酸化トリウム入りを除く）。

(3)

　　酸化物により，電子放出に必要なエネルギー(仕事関数) が低減でき，電極からの熱電子放出が容易となるため。

問題E-4. （選択）

(1)

溶接欠陥1，2：

アンダカット，ハンピング

(2)

　　領域Cでは，溶接電流が大きく溶接速度も大きいため，アークによる母材の掘下げ作用が強くなり，母材の溶融幅がビード幅より広くなって，アンダカットが発生しやすくなる。また，溶融金属は一旦溶融池の後方へ押しやられた後，逆流して溶融池前方に戻されるが，溶接速度が大きくなると溶融池は後方へ長く伸びて形成され，十分な溶融金属が前方まで戻りきる前に後方で凝固し，溶融池前方でのビードを形成する溶融金属量が不足するため，ハンピングが生じる。

問題E-5. （選択）

炭素鋼の切断に酸素（空気）が用いられる理由：

　　アシストガスとして酸素を用いると，酸素と鉄の酸化反応熱により切断性能を向上させることができる。空気を用いた場合は，酸素の場合に比べると，切断性能は劣る。

ステンレス鋼の切断に窒素が用いられる理由：

　　アシストガスとして窒素を用いれば，切断部の酸化を防止し，切断面が滑らかになり，ドロスの少ない良質切断が可能になる。酸素や空気を用いると，高融点のクロム酸化物を含むスラグが切断部表面に付着し，良質な切断が困難になる。

特別級試験問題

「材料・溶接性」

問題M-1.（選択）

　　下図はHT490鋼とHT780鋼の溶接用連続冷却変態図（CCT図）を示したものである。以下の問いに答えよ。

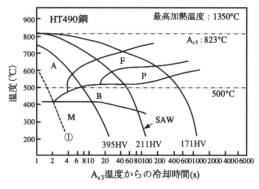

(a) HT490 鋼

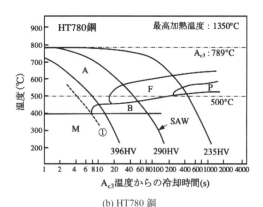

(b) HT780 鋼

（1）HT490鋼とHT780鋼をサブマージアーク溶接（SAW）相当の

冷却速度で室温まで冷却した際の組織と硬さを記せ。

　　　HT490鋼：

　　　HT780鋼：

(2) 溶接入熱が小さくなると，オーステナイトからフェライトへの変態開始温度は，どのようになるか。また，その理由を冶金的見地から説明せよ。

　　　変態開始温度：

　　　理由：

(3) 図中の①の冷却速度は何を表しているか。また，HT490鋼とHT780鋼の焼入れ性はどちらが高いか，その理由をこの冷却速度を用いて説明せよ。

　　　①の冷却速度：

　　　焼入れ性の高い鋼：

　　　その理由：

問題M-2.（選択）

低合金鋼の溶接性について，以下の問いに答えよ。

(1) 一般に調質高張力鋼の溶接では，溶接入熱の上限と下限が設定されている。その理由を簡単に説明せよ。

　　　上限設定：

　　　下限設定：

(2) 大入熱溶接用鋼の開発コンセプトを，粒成長抑制と粒内変態促進の観点から説明せよ。

　　　粒成長抑制：

　　　粒内変態促進：

問題M-3.（選択）

溶接部で発生する高温割れについて，以下の問いに答えよ。

(1) 高温割れは，凝固割れ，液化割れと延性低下割れに大別される。それぞれの発生メカニズムを述べよ。

　　　　凝固割れ：

　　　　液化割れ：

　　　　延性低下割れ：

（2）ステンレス鋼溶接部に発生する凝固割れの対策を材料学的観点
　　から2つ挙げよ。

　　　　対策1：

　　　　対策2：

問題M-4.（選択）

　　ステンレス鋼と低合金鋼の異材溶接について，以下の問いに答え
よ。

（1）ステンレス鋼と低合金鋼の異材溶接では，溶接金属の組織は母
　　材と溶接材料の化学組成及び希釈率（溶込み率）により推定でき
　　る。下図のシェフラ組織図中において，低合金鋼（Cr-Mo鋼）と
　　ステンレス鋼（オーステナイト系ステンレス鋼）の両母材，及び，
　　溶接材料（オーステナイト系ステンレス鋼）の化学組成を示す点
　　をそれぞれP，Q，R とし，希釈率30% で溶接した場合の溶接金
　　属の組織を推定する手順を図示し，その概要を説明せよ。ただし，
　　本溶接では，両母材を均等に溶融させるものとする。

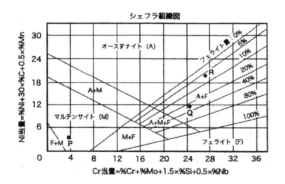

(2) ステンレス鋼と低合金鋼を異材溶接する場合，溶接金属の組織制御が重要となる。どのような組織に制御すべきか。その理由とともに述べよ。

組織：

理由：

問題M-5．（選択）

チタン及びチタン合金の溶接性について，以下の問いに答えよ。

(1) チタン及びチタン合金のティグ溶接では，大気混入による欠陥の発生や材質劣化に留意する必要がある。大気の混入が溶接部に及ぼす影響について説明せよ。

(2) チタンの溶接部の評価では，表面の色を良否の判断基準にしているが，その理由を述べよ。また，溶接部の合否の判断基準をJIS Z 3805 に準拠して説明せよ。

理由：

判断基準：

「設計」

問題D-1．（英語選択）

AWS D1.1/D1.1M:2010 Structural Welding Code - Steel（閲覧資料）の規定に関する以下の問いに日本語で答えよ。

(1) 断続すみ肉溶接における個々のすみ肉溶接長さの下限値，及びサイズ10mmのすみ肉溶接の有効長さの下限値は，それぞれいくらか。（2.4.2参照）

断続すみ肉溶接におけるすみ肉溶接長さの下限値：

サイズ10mmのすみ肉溶接の有効長さの下限値：

(2) 繰返し応力が作用する溶接継手で，禁止されているものを4つ挙げよ。（2.18参照）

1)

2)

3)

4)

問題D-2.（英語選択）

ASME Boiler and Pressure Vessel Code, Section VIII - Division 1（閲覧資料）UW-6について，以下の問いに日本語で答えよ。

(1) 容器の製造者（Manufacturer）の責任は何か。

(2) 容器の使用者（User）が製造者（Manufacturer）に伝えることは何か。

(3) 強度の異なる2つの母材を溶接するとき，どのように溶接材料を選べばよいか。

(4) 化学成分の異なる2つの母材を溶接するとき，どのように溶接材料を選べばよいか。

(5) 非鉄金属の母材を溶接するときは，どのように溶接材料を選べばよいか。

問題D-3.（選択）

日本建築学会の鋼構造設計規準 - 許容応力度設計法 -（閲覧資料）について，以下の問いに答えよ。

(1) 構造用鋼材の長期応力に対する許容応力度は，基準値Fに基づいて決定される。F値はどのように定めているか。

(2) 長期応力に対する許容引張応力度は，F値に対して安全率をいくらとしているか。

(3) 本設計規準が対象とする疲労は，どの程度の繰返し数を対象としているか。

(4) 許容疲労強さは，鋼種又は鋼材のF値に依存するか。

(5) 完全溶込み溶接継手の溶接線に垂直方向に繰返し応力が作用する場合，基準疲労強さはスカラップを有する溶接継手の何倍か。

問題D-4.（選択）

　　道路橋示方書・同解説（閲覧資料）に準拠してSM490 鋼製の鋼橋を設計するとし，下に示す静荷重が作用する溶接継手が設計強度上安全かどうか，計算過程を示して検証せよ。なお，片側の有効溶接長さは梁の深さ（200mm）に等しいものとし，矩形断面の断面係数Zは，$Z=bh^2/6$（b：梁の厚さ，h：梁の深さ）で，$1/\sqrt{2}=0.7$とする。

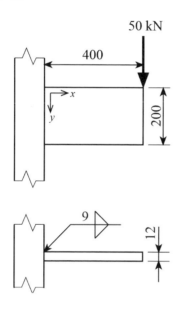

問題D-5.（選択）

　　ASME Boiler and Pressure Vessel Code, Section VIII - Division 1（閲覧資料）UG-27に従って，横置き円筒型圧力容器を設計する。設計条件は下記のとおりである。

・設計圧力（P）：2.5MPa

・胴板の内径（直径）：3.6m

・腐れ代：3 mm

・設計温度：常温

・胴板の溶接継手の形式：完全溶込み両側突合せ溶接継手で，100%放射線透過試験を実施する。

(1) この容器の継手効率（E）はいくらか。Table UW-12に従って答えよ。

(2) 容器の材料にSA-516 Gr.70（引張強さ：485〜620MPa，降伏強さ≧260MPa）を使用した場合の，胴板の最小必要板厚を小数点以下を切り上げて求めよ。なお，SA-516 Gr.70 の常温における最大許容応力Sは138MPaである。

(3)(2) で計算に用いた式が適用できることを検証せよ。

(4) 本規格では，P-1 材のPWHT に関して次の規定がある。

Postweld Heat Treatment is mandatory under the following conditions:

(1) for welded joints over 38 mm nominal thickness;

(2) for welded joints over 32 mm nominal thickness through 38 mm nominal thickness unless preheat is applied at a minimum temperature of 95℃ during welding.

SA-516 Gr.70を胴板に使用して100℃の予熱を行った場合，この容器に対するPWHTの要否を判定せよ。

問題D-6.（選択）

JIS B 8265：2010（閲覧資料）の規定について，以下の問いに答えよ。

(1) 全半球形鏡板と円筒胴の周継手は，分類A〜Dのどれに分類されるか。(6.1.3)

(2) 裏当てを用いる突合せ片側溶接継手で，裏当てを残す場合の継手の形式は何か。(6.1.4)

(3) 設計上，溶接継手効率を0.95 以上とするための継手の形式，及び放射線透過試験の割合を述べよ。(6.2)

継手の形式：

放射線透過試験の割合：

(4) 板厚20 mm の円筒胴の突合せ長手継手における食違いの許容
値はいくらか。(6.3.1)

(5) 板厚20 mm の円筒胴の突合せ溶接継手に放射線透過試験を実
施する場合，余盛高さの制限値はいくらか。(6.3.3)

「施工・管理」

問題P-1.（英語選択）

　　AWS D1.1/D1.1M:2010 Structural Welding Code-Steel（閲覧資
料）の「5.3 Welding Consumables and Electrode Requirements」
に関し，以下の問いに日本語で答えよ。

(1) 5.3.2.1「Low-Hydrogen Electrode Storage Conditions」

①AWS A5.1 及びAWS A5.5 に従う低水素系被覆アーク溶接棒
を密封された状態で購入した場合，開封後はどのように保管し
なければならないか。

②再乾燥は何回まで許されるか。

(2) 5.3.2.4「Baking Electrodes」

①AWS A5.1に従う低水素系被覆アーク溶接棒がTable 5.1 の許
容時間を超えて大気に曝された場合，ベーキング温度と保持時
間はどうしなければならないか。

　　ベーキング温度：

　　保持時間：

②AWS A5.5 に従う低水素系被覆アーク溶接棒がTable 5.1 の許
容時間を超えて大気に曝された場合，ベーキング温度と保持時
間はどうしなければならないか。

　　ベーキング温度：

　　保持時間：

③最終ベーキング温度に上昇させるまでに，炉内で溶接棒をどの
ような条件下に置いておかなければならないか。

問題 P-2.（英語選択）

ASME Boiler and Pressure Vessel Code, Section VIII, Div.1 Part UW（閲覧資料）の規定に関し，以下の問いに日本語で答えよ。

（1）突合せ溶接継手で許容される目違い量を決める要素は何か。（UW-33）

（2）板厚50mmの圧力容器円筒胴の長手溶接継手に許容される余盛高さはいくらか。（UW-35（d））

（3）片側溶接の開先合せで特別注意すべきことは何か。（UW-37（d））

（4）PWHT はいつ行うべきか。（UW-40（e））

（5）部分抜取り放射線透過試験において，抜取り程度と放射線透過写真の最小長さから求まる最小抜取り率（長さ換算）はいくらか。（UW-52（b）（1）と（c））

問題 P-3.（選択）

JIS Z 3420:2003「金属材料の溶接施工要領及びその承認 − 一般原則」，及び，JIS Z 3422-1:2003「金属材料の溶接施工要領及びその承認—溶接施工法試験」に従い，溶接施工要領書（WPS: Welding Procedure Specification）に関して，以下の問いに答えよ。

（1）溶接施工要領書（WPS）とはどういう文書か，目的を含め簡単に述べよ。

（2）溶接施工要領書（WPS）を作成するまでの手順を説明せよ。

（3）現状承認を受けている最大板厚を14 mm とする。新たに板厚36 mm の多層溶接継手の溶接施工法の承認を受ける必要が生じた。溶接施工法試験を実施する板厚をその選定理由とともに述べよ。なお，JIS Z 3422では，承認される板厚範囲は，試験材の板厚を t としたとき $0.5t$〜$2t$（最大150mm）である。

問題 P-4.（選択）

溶接変形の低減とその矯正法について，以下の問いに答えよ。

（1）溶接による変形を低減するための方法を３つ挙げよ。

(2) 溶接変形の機械的矯正法と熱的矯正法をそれぞれ1つずつ挙げよ。また，その施工上の注意点を挙げよ。

　　機械的矯正法：

　　注意点：

　　熱的矯正法：

　　注意点：

問題P-5.（選択）

　鋼の溶接継手に溶接後熱処理（PWHT）を行うと，再熱割れが生じる場合がある。再熱割れについて，以下の問いに答えよ。

(1) 再熱割れが発生しやすい鋼を2つ挙げよ。

　　①

　　②

(2) 再熱割れの特徴を述べよ。

(3) 再熱割れ防止策を2つ挙げよ。

　　①

　　②

問題P-6.（選択）

　供用中の低合金鋼製圧力容器の配管で，溶接部に漏れが検知された。これに関して以下の問いに答えよ。

(1) 漏れの発生原因として可能性のある損傷を2つ挙げよ。

　　①

　　②

(2) 補修溶接の実施に当たり，溶接管理技術者として行うべき事項を4つ挙げよ。

　　①

　　②

　　③

　　④

「溶接法・機器」

問題E-1.（選択）

アーク溶接現象に関する次の２つの用語について，簡単に説明せよ。

(1) 電磁ピンチ力

(2) 磁気吹き

問題E-2.（選択）

ティグ溶接では，電極の極性によってアークの挙動や溶接結果が大きく影響される。それぞれの極性におけるアークの特徴，溶込み形状，電極への影響，及び適用材料について簡単に説明せよ。

(1) 棒マイナス（EN）極性の場合

　　①アークの特徴：

　　②溶込み形状：

　　③電極への影響：

　　④適用材料：

(2) 棒プラス（EP）極性の場合

　　①アークの特徴：

　　②溶込み形状：

　　③電極への影響：

　　④適用材料：

問題E-3.（選択）

細径ワイヤを高速で供給するマグ溶接に多用されているワイヤ送給の制御方式，及び溶接電源の外部特性の名称を，それぞれ記せ。また，それらの組合せが用いられる理由を説明せよ。

(1) ワイヤ送給制御方式の名称

(2) 溶接電源の外部特性の名称

(3) 上記（1）及び（2）の組合せが用いられる理由

問題E-4.（選択）

　　　プラズマアークに関する、以下の問いに答えよ。

(1) プラズマアークの発生方式には、「移行式」と「非移行式」がある。それぞれの概要を簡単に記せ。

　　　移行式プラズマアークの発生方式の概要：

　　　非移行式プラズマアークの発生方式の概要：

(2) ステンレス鋼のプラズマ溶接では、一般に移行式が用いられている。その理由を2つ挙げよ。

問題E-5.（選択）

　　　アーク溶接ロボットに採用されている「協調制御」について簡単に説明せよ。また，協調制御を利用したロボット溶接の適用事例を2つ挙げ，その概要を記せ。

(1) 協調制御の説明

(2) 協調制御を利用したロボット溶接の適用事例とその概要

　　　適用事例1：

　　　その概要：

　　　適用事例2：

　　　その概要：

●2019年11月3日出題　特別級試験問題●
解答例

「材料・溶接性」

問題M-1.（選択）

　　　(1)

　　　　HT490 鋼：組織はフェライト＋パーライト＋ベイナイト＋マルテンサイトで，硬さは211HV

　　　　HT780 鋼：組織はフェライト＋ベイナイト＋マルテンサイトで，

　　　　硬さは290HV

　（2）

　　　変態開始温度：低下する。

　　　理由：オーステナイト→フェライト変態にはCの拡散をともな
　　　　　う。溶接入熱が小さくなると冷却速度が速くなり，Cの拡散が
　　　　　追いつかなくなるため。

　（3）

　　　①の冷却速度：100％マルテンサイトとなる限界の冷却速度（臨
　　　　　界冷却速度）

　　　焼入れ性の高い鋼：HT780鋼

　　　その理由：冷却曲線①（臨界冷却速度）から，100％マルテンサ
　　　　　イトとなる冷却時間$\Delta t_{8/5}$は，HT780鋼で約4s，HT490鋼で約
　　　　　2sで，HT780鋼はより遅い冷却速度でもマルテンサイトが生
　　　　　成される。すなわち，焼入れ性が高くなっている。

問題M-2.（選択）

　（1）

　　　上限設定：HAZ粗粒域でのじん性低下を防止するため（HAZ軟
　　　　　化を抑制する目的もある）。溶接入熱が過大になると，粗大化
　　　　　したオーステナイトからの冷却変態相（フェライト，ベイナイ
　　　　　ト，マルテンサイト）が粗くなって，じん性が低くなる。

　　　下限設定：冷却速度の増加による硬化組織の形成を防止するた
　　　　　め。（硬化組織が形成されると低温割れの発生リスクが高くな
　　　　　る）

　（2）

　　　粒成長抑制：溶接熱影響部のオーステナイト粒界をピン止めする
　　　　　粒子（TiN など）を利用し，オーステナイト粒の成長を抑制す
　　　　　る。

　　　粒内変態促進：オーステナイト粒内に分散させた粒子（窒化物，
　　　　　硫化物，酸化物など）を核としてフェライト変態を促進させ，

微細なアシキュラーフェライトを形成し，オーステナイトから
の冷却変態組織を微細化する。

問題 M-3.（選択）

(1)

凝固割れ：凝固割れは，凝固の最終段階において存在する液膜に
凝固収縮や熱収縮によるひずみが作用することにより発生す
る。凝固温度範囲が大きい材料ほど凝固割れ感受性が高い。

液化割れ：液化割れは，（融点降下元素の偏析や低融点化合物の
生成によって融点が低下した）溶接熱影響部または前層溶接金
属部の粒界が溶接熱で局部溶融することにより形成された液膜
に，溶接冷却過程での収縮ひずみが作用することにより発生す
る。多層溶接部に発生することが多い。

延性低下割れ：延性低下割れは，溶接熱サイクル過程の固相状態
の温度域において，熱応力により粒界が開口することにより生
じる。粒界の強度を低下させる要因としては，P，Sなどの不
純物元素の偏析や，炭化物，金属間化合物などの析出物がある。

(2)

対策1：鋼材および溶接材料の不純物元素（P，Sなど）量の低減。

対策2：溶接金属中に δ フェライトを適量（一般に5％以上）含
有させる。

（適切な Cr_{eq}/Ni_{eq} の溶接材料の選択）

問題 M-4.（選択）

(1)

図中の点PとQを結び中点（両母材が均等に溶融するため）をX
とする。点XとRを結び，希釈率30％で内分（線分XR上の点Rか
ら3:7に内分）する位置Yが溶接金属の組織となる。

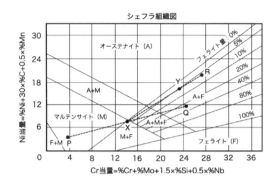

シェフラ組織図

（2）

　組織：マルテンサイトを含まず，適量の δ フェライトを含むオー
　　　　ステナイト組織（ただし，Cr_{eq} が過大となることを避ける）

　理由：マルテンサイトが生成する範囲を避けることで低温割れの
　　　　回避を，また，適量の δ フェライトを含ませることで高温割
　　　　れの回避を図るため。（高温加熱や熱処理などで粗粒化ぜい化
　　　　やシグマ相ぜい化が生じることを避けるため，フェライト量が
　　　　約25%を超えないようにする。）

問題 M-5.（選択）

（1）

　チタンは，活性であり，高温になると酸化や窒化が起こりやすく
なると同時に，溶融部では酸素，窒素，水素の固溶度が高くなり，
これらの気体を吸収して，著しく硬化，ぜい化を引き起こす。また，
微細なブローホールが生じやすい。

（2）

　理由：チタンを大気中で加熱すると，酸化や窒化による表面被膜
　　　　の厚さによって色が変わって見えるため，大気からのシールド
　　　　の良否を色によって評価できることによる。

　判断基準：チタン表面の色は，ガスシールドが不十分となるにつ
　　　　れて，銀色→金（麦）色→紫色→青色→青白色→暗灰色→白色

→黄白色と変化する。JIS Z 3805では，銀色から青色までを合格としている。なお，青白色～黄白色となると，硬化やぜい化した状態となっている。

問題D-1.（英語選択）

(1)

断続すみ肉溶接におけるすみ肉溶接長さの下限値：38mm（1-1/2in）（2.4.2.4より）

サイズ10mmのすみ肉溶接の有効長さの下限値：40mm（サイズの4が下限値）（2.4.2.3より）

(2)

1）裏当て金なし，または鋼以外の，4章で認定されていない裏当てを使用した片側開先溶接継手。ただし，二次部材または応力の作用しない部材，および計算された応力の方向に平行な角継手に適用する場合を除く。（2.18.1）

2）V開先やU開先が使用できる所で下向き姿勢で溶接したレ形およびJ形開先突合せ継手。（2.18.2）

3）サイズが5mm（3/16in.）未満のすみ肉継手。（2.18.3）

4）溶接線垂直方向の繰返し引張応力が作用する，裏当てを残したTおよび角完全溶込み溶接継手。（2.18.4）

問題D-2.（英語選択）

(1)

溶接材料と溶接方法の選定に対する責任。（UW-6）

(2)

意図した使用条件に対して容器が十分な機能を満足するために，特定の溶接材料を選定する必要のある場合は，その旨を伝える。（UW-6）

(3)

溶接金属の引張強さが低い方の母材の強度以上となるような溶接

材料の選定。（UW-6（a））

(4)

　溶接金属の成分が，どちらか一方の母材の成分と類似か，または
それに代わる容認できる成分となるような溶接材料の選定。（UW-6
（d））

(5)

　非鉄金属の製造者，または当該産業界の推奨に従う溶接材料の選
定。（UW-6（e））

問題D-3.（選択）

(1)

　鋼材の引張強さ（規格値）の70％と降伏点（規格値）のうち小さ
い方の値。（解説5.1）

(2)

　1.5（本文および解説5.1）

(3)

　$1×10^4$回（1万回）を超える繰返し数。（本文および解説7.1）

(4)

　依存しない。（解説7.2）

(5)

　2倍（100/50＝2）（表7.1）

問題D-4.（選択）

　荷重を支える断面はのど断面なので，梁の厚さに代えてすみ肉溶
接ののど厚の総和を用いて考える。

　すみ肉溶接のサイズSは9mmなので，のど厚$a＝S/\sqrt{2}＝9×$
0.7＝6.3mmとなり，のど厚の総和は6.3×2＝12.6mmで，有効のど断
面積は6.3×2×200＝2520mm^{2}となる。

　溶接部に加わる曲げモーメントMは

　　$M＝50×400＝20000$kN・mm

であり，曲げモーメントによる溶接部の縁応力（最大曲げ応力）σ_bは

$\sigma_b = M/Z = 20000 \times 10^3 / ((6.3 \times 2 \times 200^2)/6) = 238.1\mathrm{N/mm^2} \rightarrow 239\mathrm{N/mm^2}$

である。すみ肉溶接の場合，この縁応力 σ_b をせん断応力 τ_x として伝えるとみなす。すなわち

$\tau_x = 239\mathrm{N/mm^2}$

である。

また，荷重 P によってすみ肉溶接ののど断面に生じるせん断応力 τ_y は

$\tau_y = 50 \times 10^3 / 2520 = 19.8\mathrm{N/mm^2} \rightarrow 20\mathrm{N/mm^2}$

である。

SM490材（厚さ12mm）の許容せん断応力（度）τ_a は表-3.2.4より，$\tau_a = 105\mathrm{N/mm^2}$ である。よって

$$\left(\frac{\tau_x}{\tau_a}\right)^2 + \left(\frac{\tau_y}{\tau_a}\right)^2 = \left(\frac{239}{105}\right)^2 + \left(\frac{20}{105}\right)^2 = 5.22 > 1.0$$

で式（7.2.7）の1以下を満足せず，安全でない。

問題D-5.（選択）

(1)

1.00（Table UW-12 Type No.（1）による）

(2)

円筒型容器の長手継手に対する最小必要板厚の計算には，UG-27
(c) の式（1）を用いる。

この式に，$P = 2.5\mathrm{MPa}$，$R = 1800\mathrm{mm}$，$S = 138\mathrm{MPa}$，$E = 1.00$ を代入すると，

$t = (2.5 \times 1800) / (138 \times 1.00 - 0.6 \times 2.5)$

$= 4500/(138 - 1.5) = 4500/136.5 = 32.97 \rightarrow$ 小数点以下を切り上げて33mmとなる。

（3）

　　UG-27（c）の式（1）が使える条件として，次の2点を検証する。

　　・胴板の板厚が内半径の1/2を超えないこと。

　　　　腐れ代を加えた板厚は36mmで，内半径の1/2=1800×0.5=900mmより小さい

　　・設計圧力Pが0.385SEを超えないこと。

　　　　設　計　内　圧Pは2.5MPaで，0.385SE=0.385×138×1.00=53.13MPaより小さい

　　以上から，UG-27（c）の式（1）が適用できる。

（4）

　　腐れ代を加えた板厚は36mmで，32mmから38mmの間にあり，95℃を超える予熱を行っているのでPWHTを行わなくてもよい。

問題D-6.（選択）

　（1）

　　分類A

　（2）

　　B-2継手

　（3）

　　継手の形式：B-1継手（表2より）

　　放射線透過試験の割合：20%以上（表2より）

　（4）3.5mm

　　6.1.3から，胴板同士の長手継手は分類Aとなる。表3から，分類Aで板厚が50mm以下の場合の食違いの許容値は，$t/4$=20/4=5mmとなる。ただし，最大3.5mmという規定があるので，この場合の許容値は3.5mmとなる。

　（5）

　　アルミニウムおよびアルミニウム合金以外の場合：2.5mm（表4より）

　　アルミニウムおよびアルミニウム合金の場合：5.0mm（表5より）

「施工・管理」

問題 P-1.（英語選択）

(1)

①開封後すぐに少なくとも120℃（250°F）の温度に保持された炉に保管しなければならない。

②1回。

(2)

①ベーキング温度：260℃（500°F）〜430℃（800°F）

　保持時間：少なくとも2時間

②ベーキング温度：370℃（700°F）〜430℃（800°F）

　保持時間：少なくとも1時間

③最終ベーキング温度の半分を超えない温度に30分以上置いておかなければならない。

問題 P-2.（英語選択）

(1)

継手の分類（カテゴリー）と，継手の薄い方の板厚。

(2)

3mm（1/8in.）。（カテゴリーAより）

(3)

溶接線全長にわたって，溶接継手底部が完全に溶込み，融合不良が生じないようにすること。

(4)

UCS-56（f）で許される場合を除いて，水圧試験前で補修溶接が終わった後。

(5)

最小抜取り率は1%。（150mm/15m）

（抜取り程度は50ft（15m）あたり1か所で，放射線透過写真の最小長さが6in.（150mm）であることによる）

問題P-3.（選択）

(1)

　　溶接の再現性を保証するために，溶接施工要領に要求される確認事項を詳細に記述した文書。

(2)

　①過去の溶接施工の経験，溶接技術の一般的知識などを用いて，承認前（仮）の溶接施工要領書pWPS（preliminary Welding Procedure Specification）を作成する。

　②次のいずれかの方法で承認を受ける。（１つ挙げる）

　　・溶接施工法試験による方法

　　・承認された溶接材料の使用による方法

　　・過去の溶接実績による方法

　　・標準溶接施工法による方法

　　・製造前溶接試験による方法

　③溶接施工法承認記録（WPQR：Welding Procedure Qualification Record　または　WPAR：Welding Procedure Approval Record）を作成する。

　④WPQRまたはWPARに基づき，承認された溶接施工要領書（WPS）を作成する。

(3)　次のいずれかが書いてあればよい。

　・試験材の２倍の板厚まで承認されるので，経費削減の意味から18mmで試験を実施する。

　・実施工における問題点の有無を検討するため，36mmの板厚で試験を実施する。

　・現状認められている板厚14mmから連続でできるだけ厚板まで承認範囲に入るようにするため，最小板厚が14mm（$0.5t=14mm$）となるように，28mmで試験を実施する。この場合新たな承認範囲は14mmから56mmとなり，現状認められている範囲から連続で，かつ今回対象の36mmも含まれる。

　・将来，もっと厚い板厚に適用する可能性を考慮して，できるだ

け大きな板厚まで承認範囲に入れるため，今回の対象板厚が下限値となるように72mmの板厚で試験を実施する。

　　（0.5t=36mm より，t=72mm となる。承認される範囲は36mm〜144mm）

問題P-4.（選択）

　(1) 下記から3つ挙げる。

　　・健全な溶接が可能な範囲で溶接入熱を小さくする。

　　・溶着量の少ない開先形状にする。

　　・逆ひずみ法を適用する。

　　・適切な溶接順序を採用する。

　　　（構造物の中央から自由端に向けて溶接。すなわち，収縮変形を自由端に逃がす）

　　　（溶着量（収縮量）の大きい継手を先に溶接し，溶着量（収縮量）の小さい継手を後から溶接する。）

　　・部材の寸法精度および組立精度を向上させる。

　　・拘束ジグを用いる。（角変形などの防止）

　　・裏側からの先行加熱を行う。（すみ肉T継手などの角変形の低減）

　(2)

　　機械的矯正法：プレス，ローラなどによる矯正。（1つ挙げる）

　　注意点：過度の矯正は，延性・じん性低下と溶接部に割れなどの損傷をもたらすことがあるので避ける。

　　熱的矯正法：線状加熱，点加熱（お灸）などによる矯正。（1つ挙げる）

　　注意点：過度な加熱や冷却は，材質が変化する可能性があるので避ける。

問題P-5.（選択）

　(1) ①，②

以下から2つ挙げる。

・Cr-Mo鋼

・Cr-Mo-V鋼

・780N/mm^{2}級高張力鋼など

(2)

　　再熱割れは粒界割れで，溶接熱影響部の粗粒域に発生し，細粒部や母材には発生しない。

(3) ①，②

以下から2つ挙げる。

・ΔGまたはP_{SR}の値が小さい（0以下が目安）材料を選ぶ。

・余盛止端部をグラインダなどで滑らかに仕上げる。

・テンパビードをおいて，HAZの粗粒を細粒化する。

・溶接入熱を小さくして，HAZの粗粒化を抑制する。

問題P-6.（選択）

(1) ①，②

以下から2つ挙げる。

　・応力腐食割れ（SCC）

　・（局部）腐食

　・水素ぜい化割れ

　・疲労損傷

　・クリープ損傷

　・ぜい性破壊。

(2) ①，②，③，④

以下から4つ挙げる。

・漏れ部の調査を行い，漏れ原因を究明する。

・原因に応じて，補修溶接の技術的可能性，補修溶接法，必要コスト等を総合的に検討する。

・補修範囲を決めるとともに，補修溶接要領，補修工法，PWHT条件等を決定する。

　　　　・補修溶接部の検査要領を検討・決定する。

　　　　・補修溶接施工要領書を作成するとともに承認を得る。

　　　　・品質記録（補修記録，検査記録，PWHT 記録等）を作成する。

　　　　・品質記録をもとに，元の溶接施工要領書の改訂，または設計変更を行い，再発防止の処置を講ずる。

「溶接法・機器」

問題E-1. （選択）

　　（1）

　　　溶接電流によってアークの周囲に磁界が形成され，フレミング左手の法則に従う電磁力が発生する。この電磁力はアークや溶滴の断面を収縮させる力として作用する。このような作用を生じる力を電磁ピンチ力という。電磁ピンチ力はプラズマ気流の発生や溶滴移行特性に大きく影響する。

　　（2）

　　　溶接電流によって発生した磁界や母材の残留磁気が，アーク柱を流れる電流に対して著しく非対称に作用すると，その電磁力によってアークが偏向する現象。磁気吹きは磁性材料の直流溶接で発生しやすく，極性が頻繁に変化する交流溶接や非磁性材料の直流溶接などで発生することは比較的少ない。

問題E-2. （選択）

　　（1）

　　　①アークの特徴：陰極点（電子放出の起点）が電極の先端近傍に形成され動き回ることは少ないため，電極直下に集中性（指向性）の強いアークが発生する。

　　　②溶込み形状：ビード幅が狭く，溶込みは深い。

　　　③電極への影響：電極に加えられる熱量はEP 極性に比べて少なく，電極の消耗は少ない。

④適用材料：ティグ溶接で多用される極性であり，炭素鋼・低合金鋼・ステンレス鋼・ニッケル合金・銅合金・チタン合金など，アルミニウム合金とマグネシウム合金を除くほとんどの金属に幅広く適用される。

(2)

①アークの特徴：陰極点が母材表面上を激しく動き回り，アークの集中性は著しく劣るが，母材表面の酸化皮膜を除去するクリーニング（清浄）作用が得られる。

②溶込み形状：ビード幅が広く，溶込みは浅い。

③電極への影響：電極に加えられる熱量は多く，電極は過熱されて電極消耗が極めて多い。

④適用材料：クリーニング作用が必要な，強固で高融点の表面酸化皮膜を持つアルミニウム合金やマグネシウム合金などの溶接に適用される。しかし，この極性が直流で使用されることはなく，交流として利用される。

問題E-3.（選択）

(1)

定速送給制御

(2)

定電圧特性

(3)

マグ溶接では，アークの状況に応じてワイヤの溶融速度を瞬時に制御してアーク長を適正に保つことが必要である。定電圧特性電源を用い，ワイヤを一定の速度で送給することにより，アーク長の変化に応じて溶接電流が自動的に増減する。その電流変動によって，アーク長を元の長さに復元・維持する電源の自己制御作用が生じる。定電圧特性と定速送給制御を組み合わせることによって，特別なアーク長制御を付加しなくても，アーク長を適正な値に保持できる。

問題E-4.（選択）

(1)

移行式プラズマアークの発生方式の概要：タングステン電極とノズ
ル電極との間に高周波高電圧で小電流のパイロットアークを起動
し，このパイロットアークを介して，タングステン電極と母材と
の間にプラズマアークを発生させる方式。タングステン電極が陰
極，母材が陽極となる。通常の溶接・切断には，この移行式プラ
ズマが用いられる。

非移行式プラズマアークの発生方式の概要：タングステン電極とノ
ズル電極との間にプラズマアークを発生させる方式。タングステ
ン電極が陰極，ノズル電極が陽極となる。母材への通電が不要で，
非導電材料への適用も可能である。パイロットアークは非移行式
プラズマアークである。

(2) 以下から2つ挙げる。

・母材への入熱量を大きくすることができ，熱効率が良いため。

・集中したアークが得られ，深い溶込みが得られるため。

・ノズル電極への熱負荷が小さく，ノズル電極の消耗が少ないため。

問題E-5.（選択）

(1)

　　　複数台のロボットやポジショナなどを組合わせた溶接システム
において，システムを構成するロボットやポジショナの動作を，
1つの制御装置で同期させて制御する方式のこと。例えば，1台
のロボットがワークを保持し，他のロボットにトーチを搭載して，
常に下向姿勢で溶接が行えるようにするなど。

(2)

適用事例1，2

その概要1，2

以下から2つ挙げる。

◇事例：建築鉄骨の仕口部材の溶接

概要：ポジショナを用い，コーナー部で溶接ロボットの動作に同期してポジショナを回転させると，コーナー部でのトーチの移動量を大幅に低減でき，溶接姿勢を常に下向に保つことができる。

◇事例：パイプ交差部の鞍型溶接継手の溶接

概要：1台の溶接ロボットにトーチを取り付け，他方のロボットにワークを保持させて溶接すると，ほとんどの溶接部に対して下向姿勢に近い溶接姿勢での溶接が可能となる。また，ティーチング作業を簡素化することができる。

◇事例：自動車の足回り部品の溶接

概要：1台の溶接ロボットにトーチを取り付け，他方のロボットには足回り部品を保持させる。この2台のロボットを人間の両腕のように協調して動作させると，溶接姿勢，トーチ角度および溶接速度などを一定に保った溶接が可能となる。

●2019年6月9日出題●

特別級試験問題

「材料・溶接性」

問題M-1.（選択）

　　高張力鋼とその溶接性について，以下の問いに答えよ。

（1）非調質高張力鋼，調質高張力鋼及び近年開発されたTMCP鋼の，それぞれの製造方法（熱処理）と金属組織の特徴を説明せよ。

　　非調質高張力鋼：

　　調質高張力鋼：

　　TMCP鋼：

（2）780N/mm²級高張力鋼の溶接上の問題点を2つ挙げよ。

（3）TMCP鋼の溶接性の特徴を非調質高張力鋼，調質高張力鋼と比較して説明せよ。

問題M-2.（選択）

　　低炭素鋼溶接熱影響部の組織と特性ついて，以下の問いに答えよ。

（1）低炭素鋼溶接熱影響部は，粗粒域，混粒域，細粒域，部分変態域（二相加熱域）及び未変態域に大別できる。このうち，粗粒域，細粒域，部分変態域（二相加熱域）の加熱温度範囲と特性を述べよ。

　　粗粒域：

　　細粒域：

　　部分変態域（二相加熱域）：

（2）低炭素鋼の多層溶接熱影響部では，前層溶接で形成された粗粒域が次パス溶接による熱影響を受け組織が複雑になる。多重の熱履歴を受けた粗粒域は，金属組織的に粗粒HAZ（CGHAZ），細粒HAZ（FGHAZ），二相域加熱HAZ（IRCGHAZ），粗粒焼戻しHAZ（SRCGHAZ）に分類される。これらのうち，粗粒HAZ

（CGHAZ）と二相域加熱HAZ（IRCGHAZ）は，ぜい化しやすい。その理由を記せ。

　　粗粒HAZ（CGHAZ）：

　　二相域加熱HAZ（IRCGHAZ）：

問題M-3.（選択）

　　軟鋼及び高張力鋼用ソリッドワイヤについて，以下の問いに答えよ。

（1）YGW11（G49A0UC11）ワイヤ及びYGW15（G49A2UM15）ワイヤに用いられるシールドガスはそれぞれ何か。

　　YGW11（G49A0UC11）ワイヤ：

　　YGW15（G49A2UM15）ワイヤ：

（2）YGW11ワイヤ及びYGW15ワイヤに含まれるSi及びMnの役割を述べよ。また，YGW15ワイヤのSi及びMn含有量が，YGW11ワイヤに比べ低く規定されている理由を記せ。

　　役割：

　　理由：

（3）YGW15ワイヤをYGW11ワイヤ用のシールドガスで溶接すると，溶接部の機械的特性はどのようになるか。また，その理由を記せ。

　　機械的特性：

　　理由：

問題M-4.（選択）

　　二相系ステンレス鋼とその溶接性に関して，以下の問いに答えよ。

（1）二相系ステンレス鋼母材の金属組織とその特性を述べよ。

（2）二相系ステンレス鋼の溶融線近傍の熱影響部で生じる組織変化とその特性を述べよ。

（3）二相系ステンレス鋼溶接部の組織及び特性の改善のため，合金元素として窒素が添加される。その理由を記せ。

問題M-5.（選択）

Ni基合金とその溶接性について，以下の問いに答えよ。

(1) 代表的なNi基合金を1つ記せ。

(2) Ni基合金は耐熱材料としての強化機構により，大きく2種類に分類できる。どのように分類できるか。

(3) Ni基合金の溶接割れの種類と，それに影響を及ぼす元素を3つ挙げよ。

　　溶接割れの種類：

　　影響を及ぼす元素：

「設計」

問題D-1.（英語選択）

AWS D1.1/D1.1M:2010 Structural Welding Code-Steel（閲覧資料）の規定に関する以下の問いに日本語で答えよ。

(1) Fig.2.7に示すように，可撓継手（flexible connection）を溶接する場合，回し溶接部の最大長さをすみ肉サイズの4倍以下としているが，その理由を記せ。（2.9.3.3参照）

(2) 母材板厚が8mmの重ね継手において，母材端に沿うすみ肉溶接のサイズは最大いくらとすべきか。（2.4.2.9参照）

(3) 不完全溶込み開先溶接継手がのど断面に平行にせん断応力を受ける場合，許容応力（度）はいくらか。ただし，母材ネット断面のせん断応力（度）は，母材の降伏点の0.4倍を超えないものとする。（Table2.3参照）

(4) すみ肉溶接サイズが6mmのとき，荷重を受け持つすみ肉溶接の最小有効長さは何mmか。（2.4.2.3参照）

(5) 突合せ完全溶込み開先溶接継手の溶接線に直角方向の繰返し荷重が加わるとき，余盛をグラインダで除去した場合と余盛付きの場合のそれぞれにおいて，疲労設計上の応力カテゴリーは何か。（Table2.5参照）

余盛なしの場合のカテゴリー：

余盛ありの場合のカテゴリー：

問題D-2.（英語選択）

ASME Boiler and Pressure Vessel Code, Section VIII - Division 1（閲覧資料）UG-25は，腐食について規定している。以下の問いに日本語で答えよ。

(1) UG-25（a）では，この規格で要求される場合を除いて，"corrosion allowance（腐れ代）"を決めるのは誰と規定しているか。

(2) UG-25（e）で，"Telltale hole（知らせ穴）"を設ける目的は何か。

(3) UG-25（e）で，知らせ穴を設けてはいけないと規定しているのは，どのような容器か。ただし，多層巻円筒の通気口に対する規定ULW-76で許容される場合を除く。

(4) UG-25（f）で，腐食が懸念される容器において"drain opening（ドレン穴）"を設ける位置はどこか。

問題D-3.（選択）

右図のように吊り金具（重量20kN）を溶接により取り付けた。吊り金具の材質はSM400で，図に示す方向に荷重 $P = 50$kN がかかるものとして，以下の問いに答えよ。

なお，$1/\sqrt{2} = 0.7$ とする。

中立軸に対する断面2次モーメント I は，

$$I = \frac{bh^3}{12}$$

また，断面係数 Z は，$Z = \dfrac{bh^2}{6}$

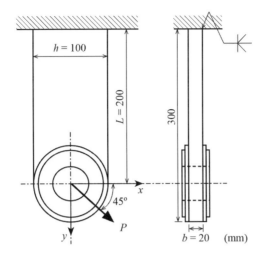

(1) 溶接部に作用するせん断応力（度）はいくらか。

(2) 溶接部に作用する曲げモーメントはいくらか。また，それにより生じる最大曲げ応力（度）はいくらか。

(3) 溶接部の y 方向に生じる最大垂直応力（度）σ_y はいくらか。なお，3 つの垂直応力の合計になることに留意せよ。

(4) 鋼構造設計規準に基づいて，この溶接継手が強度上安全であるか否かを評価せよ。

問題D-4.（選択）

図のような外力 P を受ける溶接継手がある。道路橋示方書（閲覧資料）の規定で各溶接継手は認められるか。認められる場合は（　　）内に○印を，認められない場合は×印を記し，その理由を[　　　　]内に記せ。

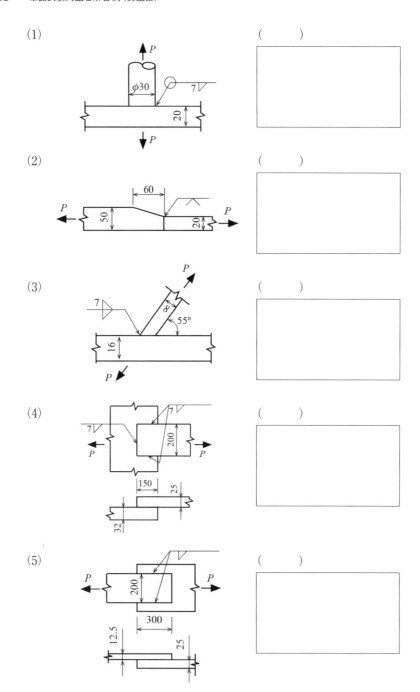

(1)　　　　　　　　　　　　　（　　　　）

(2)　　　　　　　　　　　　　（　　　　）

(3)　　　　　　　　　　　　　（　　　　）

(4)　　　　　　　　　　　　　（　　　　）

(5)　　　　　　　　　　　　　（　　　　）

問題 D-5.（選択）

　　常温で気体を加圧貯蔵する球形タンクを JIS B 8265：2010（閲覧資料）により設計・製作する。設計条件は，下記のとおりである。

- ・設計圧力（P）：1.5MPa
- ・球形タンクの内径（D_i）：16m
- ・腐れ代：3mm
- ・設計温度：常温
- ・溶接継手の形式：全て表1のB-1継手で，100%放射線透過試験を実施する。

(1) 胴板に JIS G 3106 の SM570（最小0.2%耐力：450N/mm²，引張強さ：570〜720N/mm²）を使用する場合，解説添付書「許容引張応力の設定基準」の2.1.1に従って許容引張応力を求めよ。小数点以下は切り捨てること。

(2) 胴板に JIS G 3115 SPV 450（最小0.2%耐力：450N/mm²，引張強さ：570〜700N/mm²）を使用する場合，同基準の2.1.6に従って許容引張応力を求めよ。ただし，使用材料の降伏比（r）の値には $r=450/570=0.79$ を用い，小数点以下は切り捨てること。

(3) 上記（1）（2）のそれぞれの場合で，E.2.3の内径基準の式を用いて，この球形タンクの胴板の必要板厚を求めよ。ただし，小数点第2位を切り上げて解答せよ。

(4)（3）の結果から，上記（2）の材料を使用した場合の，この球形タンクの設計・施工上の利点を述べよ。

問題 D-6.（選択）

　　JIS B 8265：2010（閲覧資料）の規定について，以下の問いに答えよ。

(1) 裏当てを用いた突合せ片側溶接継手（裏当てを残す）で継手効率を0.85としたい。放射線透過試験の最小割合はいくらか。（6.2参照）

(2) 板厚が32mmの胴板の突合せ周継手端面の食違いの許容値はい

くらか（6.3.1参照）

(3) 内圧を保持する円筒形胴板の成形後の内径を測定したところ，以下の結果を得た。この胴板の真円度の合否を判定し，その理由を記せ。（7.2.2参照）

　・最大内径：2,010mm

　・最小内径：1,995mm

　・平均内径：2,003mm

　・設計内径：2,000mm

(4) 炭素鋼製圧力容器の溶接後熱処理を行うに当たり，最低保持温度を567℃にしたい。溶接部の厚さは50mmである。この場合の最小保持時間を求めよ。（S.5.1.2e）参照）

「施工・管理」

問題P-1.（英語選択）

　　　AWS D1.1/D1.1M：2010 Structural Welding Code-Steel（閲覧資料）の「5.10 Backing」と「5.31 Weld Tabs」に関し，以下の問いに日本語で答えよ。

(1) 繰返し荷重を受ける非中空構造体（管状でない構造物）に鋼製裏当て金を用いて開先溶接をする場合，どのような事が規定されているか。（5.10.4参照）

(2) 溶接線方向に繰返し荷重を受ける非中空構造体の開先裏面に鋼製裏当て金を取り付ける場合，どのような事が規定されているか。（5.10.4.1参照）

(3) 静的荷重を受ける構造体の開先溶接に鋼製裏当て金を用いる場合，どのような事が規定されているか。（5.10.5参照）

(4) 繰返し荷重を受ける非中空構造体の溶接タブに関し，どのような事が規定されているか。（5.31.3参照）

問題P-2.（英語選択）

　　　ASME Boiler and Pressure Vessel Code, Section VIII, Div.1 Part

UW（閲覧資料）の規定に関し，以下の問いに日本語で答えよ。

(1) 母材温度が10°F（－12℃）の場合，母材表面を溶接前にどのように処置することが推奨されるか。（UW-30）

(2) 溶接による板厚減少が許される条件を2つ述べよ。（UW-35 (b)）

　　①

　　②

(3) 補修溶接時には，欠陥をどのような方法で除去すべきか。（UW-38）

(4) 炉で数回に分けてPWHTする場合，加熱部の重なり3ft（1m）は適切か。その理由とともに記せ。（UW-40 (a)(2)）

問題P-3.（選択）

溶接構造物を製作する際に，品質管理及び品質保証においてトレーサビリティが求められることが多い。

以下の問いに答えよ。

(1) トレーサビリティとは何か。

(2) トレーサビリティを確保するための具体的管理項目を溶接施工の観点より5つ挙げよ。

(3) トレーサビリティによって何ができるかを記せ。

問題P-4.（選択）

鋼のぜい性破壊について，以下の問いに答えよ。

(1) ぜい性破壊の特徴及び破面の特徴をそれぞれ2つ挙げよ。

　　ぜい性破壊の特徴：

　　破面の特徴：

(2) ぜい性破壊の3要因は，①応力集中，②低じん性，③引張応力である。各要因毎に溶接施工面からみた防止法を述べよ。

　　①応力集中：

　　②低じん性：

③引張応力：

問題P-5.（選択）

　　Cr-Mo鋼を用いた厚肉高温高圧容器を製作する。内面は，本体溶接後にオーステナイト系ステンレス鋼で肉盛溶接する。溶接管理技術者として検討することを溶接施工（品質）及び溶接コストの観点から，それぞれ2つ挙げて説明せよ。

　　（1）溶接施工（品質）

　　　　①

　　　　②

　　（2）溶接コスト

　　　　①

　　　　②

問題P-6.（選択）

　　長年にわたり，高温高圧水素雰囲気で運転してきた圧力容器の定期解放検査で，内面の肉盛溶接部（オーステナイト系ステンレス鋼）が母材（2 1/4Cr-1 Mo 鋼）からはく離しているのが見つかった。このはく離割れ（ディスボンディング）について，以下の問いに答えよ。

（1）推定される割れ種類とその原因を述べよ。

（2）はく離割れ感受性を低減するための対策を述べよ。

「溶接法・機器」

問題E-1.（選択）

　　溶接アークの硬直性について以下の問いに答えよ。

（1）溶接アークの硬直性とはどのような現象か。その概要を記せ。

（2）溶接アークの硬直性が生じる理由を記せ。

（3）溶接アークの硬直性が損なわれる事例を1つ挙げよ。

問題E-2.（選択）

　　　インバータ制御直流溶接電源におけるインバータ回路の役割を2つ挙げ，それによって得られる効果をそれぞれ簡単に説明せよ。

　　　役割1：

　　　その効果：

　　　役割2：

　　　その効果：

問題E-3.（選択）

　　　パルス周期に同期した溶滴移行が行われるパルスマグ溶接（シナジックパルスマグ溶接）では，4つのパルスパラメータ（パルス電流I_p，パルス期間T_p，ベース電流I_b及びベース期間T_b）が溶接現象に大きく影響する。以下の問いに答えよ。

（1）溶滴移行形態と大きく関係するパルスパラメータは何か。

（2）溶滴移行形態に及ぼす影響が最も少ないパルスパラメータは何か。

（3）パルスマグ溶接（シナジックパルスマグ溶接）で得られる長所とその理由を記せ。

　　　長所：

　　　理由：

問題E-4.（選択）

　　　マグ溶接ロボットに用いられるセンサの名称を2つ挙げ，それらの原理と主な機能をそれぞれ説明せよ。

　　　名称①：

　　　①の原理：

　　　①の機能：

　　　名称②：

　　　②の原理：

　　　②の機能：

問題E-5.（選択）

　　作動ガスにArやAr+H₂混合ガスを用いるプラズマ切断では電極に酸化物入りタングステンを用いるが，作動ガスに空気を用いるエアプラズマ切断では電極にハフニウム（Hf）が用いられる。以下の問いに答えよ。

(1) エアプラズマ切断の電極にハフニウム（Hf）が用いられる理由を記せ。

(2) 電極は，ハフニウム（Hf）を銅シースへ圧入した構造となっている。この理由を記せ。

●2019年6月9日出題　特別級試験問題●
解答例

「材料・溶接性」

問題M-1.（選択）

　(1)

　　非調質高張力鋼：圧延のまま，または，焼ならしの状態で仕上げた高張力鋼であり，フェライト・パーライト組織からなる。（ベイナイト組織となることもある。）

　　調質高張力鋼：焼入焼戻し処理を行うことにより強度を高めた鋼材であり，焼戻しマルテンサイトと微細炭化物からなる組織を有する。非調質鋼に比べ高い強度が得られる。

　　TMCP鋼：オンラインでの熱加工制御（TMCP）技術（制御圧延，加速冷却など）により高張力鋼としての性質を与えた鋼材であり，微細なフェライト・パーライト組織，または，ベイナイト（マルテンサイト）組織からなる。

　(2) 以下のうち，2つ。

　　　・低温割れの発生

　　　・溶融線近傍の熱影響部のじん性低下（ボンド部ぜい化）

・溶接熱影響部の強度低下（HAZ軟化）

(3)

　TMCP鋼は，強度を維持しつつ炭素当量Ceqまたは溶接割れ感受性組成P_{CM}を下げることができるので，予熱温度を低減できる。また，非調質高張力鋼，調質高張力鋼に比べて溶融線近傍の熱影響部での硬化やじん性低下が少ない特徴がある。一方，TMCP鋼は，加工熱処理により形成した強化組織が溶接熱により軟化（HAZ軟化）しやすいため，調質高張力鋼と同様，強度低下に注意が必要である。

問題M-2.（選択）

(1)

粗粒域：溶融境界線に接し約1250℃以上に加熱され，結晶粒が粗大化した領域で，小入熱溶接では硬化が，大入熱溶接ではぜい化が生じやすい。

細粒域：900〜1100℃に加熱され，焼ならし効果により結晶粒が微細化した領域で，一般にじん性が良好である。

部分変態域（二相加熱域）：750〜900℃（A_{c1}〜A_{c3}点の間）に加熱され，層状パーライトの形状がぼやける（丸みを帯びる）。島状マルテンサイトの生成によってぜい化することがある。

(2)

粗粒HAZ（CGHAZ）：次パス溶接によって粗粒域が再度1250℃以上に加熱された部分であり，粗大化したオーステナイトから冷却されるので，冷却変態後の組織（フェライト，パーライト，ベイナイト）も粗大（結晶粒が粗大）で，硬さが上昇するとともにじん性が低下する。

二相域加熱HAZ（IRCGHAZ）：次パス溶接によって，粗粒域がA_{c1}〜A_{c3}点の間の温度域（750〜900℃）に再加熱された部分であり，フェライトと高炭素オーステナイト（二相加熱中にオーステナイト相へのC濃化が進行）の二相状態となり，冷却過程において高炭素オーステナイトが島状マルテンサイト（M-A constituent）

に変態する。島状マルテンサイトは非常に硬く，ぜい性き裂の発生起点となりじん性を著しく低下させる。

問題M-3.（選択）

(1)

　　YGW11（G49A0UC11）ワイヤ：100%CO_2

　　YGW15（G49A2UM15）ワイヤ：Ar+CO_2（または Ar+O_2）混合ガス

(2)

　　役割：溶接金属の脱酸（と強度確保）

　　理由：シールドガス中のCO_2の比率が少ないため，CO_2の乖離によって生じる酸素が少なく，溶融金属中の脱酸反応を強くする必要がないため。

(3)

　　機械的特性：溶接金属の強度が所定の強度より低下する傾向を示す。

　　理由：シールドガス中のCO_2の比率が増加すると，溶融金属中の酸素量が増加し，酸素と親和力の強いSi，Mnの歩留まりが低下する。Ar+CO_2混合ガス用のYGW15ワイヤを100%CO_2で使用すると，Ar+CO_2混合ガスの場合より酸素量が高く，Si，Mnの歩留まりが低くなるため。

問題M-4.（選択）

(1)

　　二相系ステンレス鋼は，微細なフェライト・オーステナイトの混合組織（概ね1：1で分散した組織）からなり，優れた強度，耐食性を有し，じん性も比較的優れている。

(2)

　　溶融線近傍の熱影響部では，オーステナイトが固溶し，一旦フェライト単相となった後，冷却される。その冷却速度が速いため，オーステナイトの再析出が十分でなく，フェライト相が過多となる

（フェライト／オーステナイト相比が適正範囲から逸脱する）。また，フェライト相過多となった組織では，溶接熱サイクルの冷却過程で過飽和となったCおよびNがCr炭窒化物として析出しやすい。このため，じん性や耐食性が劣化しやすい。

(3)

窒素は拡散速度が速いので，溶接熱サイクル過程で十分拡散してオーステナイト相を生成することができる（オーステナイト相の安定化）。このため，窒素を添加すると，フェライト／オーステナイト相比を母材原質部に近づけ，Cr炭窒化物の析出を抑制する効果がある。

問題M-5.（選択）

(1)

アロイ600，アロイ625，アロイ690，アロイ718，アロイ713C（以上は，アロイの代わりにインコネルも可），アロイC-276など（アロイの代わりにハステロイも可）

(2)

固溶強化型と析出強化型（Cr，Mo，Wなどによる固溶強化型と，NiとAl，Ti，Nbとの微細金属間化合物であるγ'，γ''などによる析出強化型に分類できる。）

(3)

溶接割れの種類：高温割れ（凝固割れ，液化割れ，延性低下割れ）

影響を及ぼす元素：P，S，Al，Ti，Nb（高温割れ感受性は合金元素の影響を大きく受け，不純物元素であるP，Sに加え，γ'やγ''を形成するAl，Ti，Nbなども割れ感受性を増大させる。一般に，（Al+Ti）量が6％を越えるNi基合金では，溶融溶接が困難である。このため，析出強化型合金は固溶強化型合金に比べ高温割れ感受性（特に，凝固割れ，液化割れ）が高い傾向にあり，Cr含有量が高い合金種では，延性低下割れ感受性も高いことが知られている。なお，溶接施工に際しては，個々の合金の割れ感受性に応じ

た溶接材料の選定，溶接入熱，パス間温度の管理が重要である。）

「設計」
問題D-1．（英語選択）
(1)
継手の柔軟性（たわみやすさ，しなやかさ）を確保するため。
(2) 6 mm
(3)
溶着金属の引張強さの規格値の0.3倍（Table 2.3のFillet Welds
の欄）
(4)
24mm。（少なくともすみ肉サイズの４倍は必要。）
(5)
余盛なしの場合のカテゴリー：B
余盛ありの場合のカテゴリー：C

問題D-2．（英語選択）
(1)
使用者または使用者が指定した代理者。（UG-25（a），１行目）
(2)
厚さが危険な程度にまで減少したときに，それを示す明確な兆候
を確認するため。
(3)
致死的物質を入れる容器。（UG-25（e），３行目）
(4)
容器の実際にとりうる最低位置。（UG-25（f），１行目）

問題D-3．（選択）
(1)
溶接部に作用するせん断力：$P_x = P/\sqrt{2}$

せん断応力（度）：$\tau_x = P_x/A$（のど断面積）$= 0.7P/(b \cdot h)$

　　$= 0.7 \times 50 \times 10^3/(20 \times 100)$

　　$= 17.5$（N/mm²）

（2）

曲げモーメント $M = P_x \times L = (0.7 \times 50 \times 10^3) \times 200 = 7 \times 10^6$（N・mm）

最大曲げ応力（度）$= M/Z = 7 \times 10^6/(20 \times 100^2/6) = 210$（N/mm²）

（3）

$\sigma_y = P$ の y 方向成分による応力＋自重による応力＋最大曲げ応力

$= 0.7 \times 50 \times 10^3/(20 \times 100) + 20 \times 10^3/(20 \times 100) + 7 \times 10^6/(20 \times 100^2/6)$

$= 17.5 + 10 + 210 = 237.5$（N/mm²）

（4）

　　(5.24)式：$f_t^2 \geq \sigma_x^2 + \sigma_y^2 - \sigma_x \cdot \sigma_y + 3\tau_{xy}^2$ を満たすかどうか検討する。

　　ここに，σ_x，σ_y：互いに直交する垂直応力度，τ_{xy}：σ_x，σ_y の作用する面内のせん断応力度 f_t は許容引張応力度で，（5.1）式および表5.1より，$f_t^2 = (F/1.5)^2 = (235/1.5)^2 \approx 24544$

　　$\sigma_x^2 + \sigma_y^2 - \sigma_x \cdot \sigma_y + 3\tau_{xy}^2 = \sigma_y^2 + 3\tau_{xy}^2 = 237.5^2 + 3 \times 17.5^2 = 57325$

　　ゆえに，$f_t^2 < \sigma_x^2 + \sigma_y^2 - \sigma_x \cdot \sigma_y + 3\tau_{xy}^2$ となり，強度上安全ではない。

問題D-4.（選択）

（1）（○）

　　有効溶接長はサイズの10倍以上かつ80mm以上と規定している（7.2.6項）。この場合は $30 \times 3.14 = 94.2$（mm）で規定を満足する。

（2）（×）

　　厚さは徐々に変化させ，長さ方向の傾斜を1/5以下と規定している（7.2.10項）。この場合は $30/60 = 1/2$ で規定を満足しない。

（3）（×）

　　材片の交角が60°未満のT継手には完全溶込み開先溶接を用いるのを原則とする（7.2.12項）。この場合はすみ肉溶接で規定を満足しない。

(4)（×）

　主要部材の応力を伝えるすみ肉溶接のサイズSは，$S \geq \sqrt{2t_2}$（t_2：厚い方の母材の厚さ）とするのを標準とする（7.2.5項）。

　サイズSは7mmで，$S<\sqrt{2 \times 32}=8$であり，規定を満足しない。

(5)（○）

　軸方向に引張力のみを受ける部材の重ね継手に側面すみ肉溶接のみを用いる場合は，溶接線の間隔は薄い方の板厚の20倍以下とする（7.2.11項（4）1））。この場合は12.5×20=250>200であり，規定を満足する。

問題D-5.（選択）

(1)

　2.1.1a）より，設計温度が常温の場合，許容引張応力は1）の570/4=142.5N/mm²（小数点以下を切り捨て142N/mm²）と3）の450/1.5= 300N/mm²の小さい方となる。142N/mm²

(2)

　2.1.6a）より，許容引張応力は450×0.5×（1.6 − 0.79）=182.25N/mm²。

　小数点以下を切り捨て，182N/mm²

(3)

　B-1継手で100%放射線透過試験の場合，継手効率ηは表2より$\eta =1$。

　(1)では$0.665 \sigma_a \eta =0.665 \times 142 \times 1=94.43$，(2)では$0.665 \sigma_a \eta =0.665 \times 182 \times 1=121.03$となり，どちらの場合も$P \leq 0.665 \sigma_a \eta$が成り立つので，E.2.3a）の内径基準の式を用いて計算する。

　(1)の場合：$t=PD_i/(4 \sigma_a \eta − 0.4P) =1.5 \times 16,000/(4 \times 142 \times 1 − 0.4 \times 1.5) \approx 42.298$

　小数点第2位を切り上げて腐れ代を加えると，必要板厚は42.3+3=45.3mm

　(2)の場合：$t=PD_i/(4 \sigma_a \eta − 0.4P) =1.5 \times 16,000/(4 \times 182 \times 1 − 0.4$

× 1.5）≈ 32.994

小数点第２位を切り上げて腐れ代を加えると，必要板厚は 33.0+3=36.0mm

（4）

S.4.1a）の規定から，（2）のSPV450を用いた場合は，板厚が 32mmを超え38mm以下となるので，95℃以上の予熱を行えば PWHTを省略できる。

問題D-6.（選択）

（1）

20%（表１より，裏当てを用いる突合せ片側継手で，裏当てを残す場合はB-2継手に分類される。表２より，B-2継手で放射線透過試験の割合が20%のとき，継手効率は0.85以下となるため。）

（2）

5mm（6.1.3より，胴板の周継手は分類Bなので，表３から板厚が32mmの場合の食違い許容値は，32/4（=8mm）以下，かつ，最大5mmまでと規定されている。したがって，この場合の許容値は5mmとなる。）

（3）

判定：合格

7.2.2a）から，

真円度＝（最大内径－最小内径）/設計内径

$$= (2010 - 1995) / 2000$$

$$= 15/2000 = 0.0075$$

すなわち0.75%で，真円度の許容値１%以下なので，合格となる。

（4）

2.25時間。

母材が炭素鋼（P-1）の場合，最低保持温度を567℃にすることは，表S.1の595℃の規定保持温度から28℃の低減であるから，表S.2より板厚25mm以下の場合は，最小保持時間は２時間となる。

　厚さが25mmを超える場合は，表S.2注a）から，超えた厚さ分について25mm当たりさらに1/4時間を加える必要がある。したがって，必要保持時間は2.25時間となる。

「施工・管理」
問題P-1.（英語選択）
(1)

　溶接線に直角に応力が作用する場合は，鋼製裏当て金を除去しなければならない。さらにその継手はグラインダなどで滑らかに仕上げなければならない。溶接線に平行に応力が作用する場合や作用応力が問題とならない場合は，鋼製裏当て金は除去する必要はない。（ただし，オーナーから任された技術者の特別な指示がある場合はその限りでない。）

(2)

　鋼製裏当て金の取り付け溶接は，全長を連続溶接しなければならない。

(3)

　鋼製裏当て金の全長にわたる溶接をしなくてよい，また除去する必要もない。（ただし，オーナーから任された技術者の特別な指示がある場合はその限りでない。）

(4)

　溶接が完了し，溶接部が冷却後に溶接タブを除去しなければならない。また，溶接始終端は滑らかに，かつ，隣接部材と同一平面に仕上げなければならない。

問題P-2.（英語選択）
(1)

　溶接開始点から3in.(75mm)以内のすべての範囲の表面を手で温かく感じる温度(60°F(15℃)より高い温度) に予熱すること。

(2)

①いかなる点でも，板厚が材料の突合わせ面の最小必要厚さ以上
であること。

②板厚減少は，1/32in.(1mm)または突合せ面の公称板厚の10%
のどちらか小さい方を超えないこと。

(3)

機械的方法，または熱を用いたガウジング法。

(4)

加熱部の重なりは5ft(1.5m)以上必要なため，適切でない。

問題P-3.（選択）

(1)

考慮の対象となっているものの履歴，適用または所在を追跡できる
ことをいう。例えば，材料や部品の入手先，製品実現工程の履歴，配
送方法や引渡し後の所在を記録によってたどれること。

(2)　下記のうち5つ記述。

①鋼材および溶接材料のミルシート，②施工日時，天候（温度・
湿度)，③施工場所，④作業者名と所有資格，⑤予熱・後熱の有無
と条件，⑥溶接条件（溶接法，電流・電圧・速度など)，⑦補修の
有無と条件，⑧PWHTの有無と条件

(3)

①事故やトラブルが生じた場合の原因究明

②使用者や客先からのクレームに対して製造時の記録を提出

問題P-4.（選択）

(1)

ぜい性破壊の特徴：以下のうち，2つ。

①延性－ぜい性遷移温度以下の低温で生じやすく，低応力でも
発生する。

②き裂が高速で伝播し，大規模な破壊につながりやすい。

③ほとんど塑性変形を生じずに破壊する。

　　　④破壊に要するエネルギーが小さい。

　　破面の特徴：以下のうち，2つ。

　　　①平坦でキラキラした荒々しい破面である。

　　　②肉眼でシェブロンパターン（山形模様）が見られ，き裂の発
　　　　生点と進展方向が推定できる。

　　　③ミクロ的には，リバーパターン（河川模様）が見られる。

　(2)

　　　①応力集中：アンダカット，溶込み不良，割れなどの欠陥（特に
　　　　面状欠陥）の防止。

　　　②低じん性：溶接入熱の制限およびパス間温度の管理。低温じん
　　　　性の優れた材料の選択。

　　　③引張応力：PWHTや機械的応力緩和法などによる残留応力低
　　　　減。また，角変形や目違いによる2次応力の発生防止。近接溶
　　　　接を避ける。

問題P-5.（選択）

　(1) 次のうち，2つ挙げていればよい。

　　　・低温割れを防止するため，予熱・パス間温度を200℃程度以上
　　　　にする。また，直後熱（200～350℃で0.5～数時間程度）の実
　　　　施要否を検討する。

　　　・一般に溶接部のじん性は，PWHTにより溶接ままの状態より
　　　　良くなる。しかし，焼戻しパラメータ（ラーソン・ミラーのパ
　　　　ラメータ）がある値を超えると，じん性が低下する。そのため，
　　　　PWHTを複数回施工する場合には，じん性に問題がないかど
　　　　うかを検討する。

　　　・肉盛溶接では，溶接入熱および希釈率に注意して，目標の品質
　　　　を確保できる溶接施工法を検討する。

　　　・再熱割れ防止の観点から母材成分（P_{SR}やΔG）に応じて溶接
　　　　入熱を選定する。

(2) 次のうち，2つ挙げていればよい。

・本体溶接では，狭開先溶接を指向し，工場設備を勘案して，高能率な最適溶接法の採用を検討する。溶接法としてはサブマージアーク溶接，狭開先マグ溶接，電子ビーム溶接などの適用を検討する。

・肉盛溶接では，帯状電極を用いたサブマージアーク溶接またはエレクトロスラグ溶接の採用を検討する。

・直後熱の採用により，中間熱処理の削減を検討する。

・溶接品質不良率が小さくなるように溶接施工管理の内容を検討する。

問題P-6.（選択）

(1)

　水素ぜい化割れであり，割れの原因は次のように考えられる。母材・肉盛溶接の境界部にはCrとNiの濃度遷移領域ができ，水素ぜい化感受性の高いマルテンサイト組織（ボンドマルテンサイト）が生じている。オーステナイト系ステンレス鋼肉盛溶接金属は，運転状態で多量の水素を吸蔵しており，肉盛溶接金属と母材とでは水素の拡散速度に違いがあることと，水素の固溶量の差により，運転停止時に肉盛溶接金属側境界部に高濃度の水素が集積する。このマルテンサイト組織およびPWHTで生じる浸炭層，水素集積，熱膨張の差による熱応力などが原因で運転停止時に水素ぜい化割れを生じる。

(2)

　運転停止時に脱水素運転（たとえば200℃×5h）をする，運転停止時の冷却速度を緩やかにするなど，水素の集積を少なくする対策を講じる。

　肉盛溶接の溶接入熱が高いと境界部の結晶粒が粗粒となり割れやすくなるため，溶接入熱を小さくする。また，浸炭層を小さくするため必要最小限の条件でPWHTを行う。

耐ディスボンディング性の優れた母材を採用する。（例えばV添加Cr-Mo鋼など）

「溶接法・機器」
問題E-1.（選択）

(1)

電流が比較的大きい場合，アークはトーチの軸方向に発生しようとする傾向があり，トーチを傾けてもアークはトーチの軸方向に発生する。このようなアークの直進性を"アークの硬直性"という。

(2)

アーク溶接では，その周囲に溶接電流による磁界が形成され電磁力が発生する。それによって，シールドガスの一部はアーク柱内に引き込まれ，電極から母材に向かう高速のプラズマ気流が発生する。アークはその影響を受けて強い指向性を示し，トーチを傾けてもアークはトーチの軸方向に発生しようとする。

(3)

・磁気吹き（溶接電流によって発生する磁場が非対称になると，アークに作用する電磁力も非対称となり，アークは強磁場から弱磁場の方向に偏向する。）

・小電流での溶接（電流値が小さくなると，電磁力は低下してプラズマ気流も弱くなり，小電流域でのアークは硬直性が弱まって不安定でふらつきやすくなる。）

問題E-2.（選択）

下記から2つ。

(1)

役割：商用交流を整流して得た直流を高周波交流に変換して溶接変圧器（トランス）へ入力する。

効果：溶接変圧器への入力交流周波数と溶接変圧器の体積は反比例するため，溶接変圧器（溶接電源）を小型・軽量化できる。

(2)

役割：溶接電源の出力制御周波数を高くする。

効果：溶接電源の出力を高い周波数で制御できるため，出力の応答
　　　性を高められる。（スパッタを低減，アーク起動性を向上できる。）

(3)

役割：溶接電源の変圧器における無負荷損失の発生を防止する。

効果：溶接休止時にはインバータ回路の動作が停止するため，変圧
　　　器には励磁電流が流れず無負荷損出が発生せず，省エネ効果が得
　　　られる。

(4)

役割：パルス幅制御で溶接電源の出力レベルを制御する。

効果：溶接電源の力率や効率の改善が可能となり，省エネ効果が得
　　　られる。

問題E-3.（選択）

(1) パルス電流（I_p）とパルス期間（T_p）

(2) ベース電流（I_b）

(3)

　長所：薄板から厚板までの広範囲な継手でスパッタを低減した安
　　　　定な溶接が可能となる。

　理由：

　・溶滴は，パルス期間中に生じる強い電磁ピンチ力の作用でワイ
　　ヤ端から離脱し，溶融池へ短絡することなく移行する。そのた
　　め，短絡にともなうスパッタの発生を抑制できる。

　・ベース期間の長／短によって平均電流の小／大を決定でき，小
　　電流から大電流に至るすべての電流域で安定したスプレー移行
　　（プロジェクト移行）を実現できる。

問題E-4.（選択）

　下記から2つ。

(1)

名称：ワイヤタッチセンサ（または電極接触センサ，ワイヤアース
　　　センサ）

原理：溶接ワイヤが母材と接触したときの電流（または電圧）の変
　　　化を利用して，接触部のロボットの位置情報から，その位置の3
　　　次元座標データを検出する。

機能：開先形状，溶接位置または部材の始終端部の位置の検出。

(2)

名称：アークセンサ

原理：トーチ高さ（ワイヤ突出し長さ）が変わると溶接電流が変化
　　　する現象を利用して，トーチの位置情報を得る。トーチのウィー
　　　ビング（または回転）によって生じる溶接電流の変化パターンか
　　　ら，トーチ位置の溶接線からのずれを検出する。

機能：溶接中のトーチ位置の自動修正。厚板開先内溶接やすみ肉溶
　　　接に対する溶接線ならい。

(3)

名称：光センサ（レーザポイントセンサ）

原理：レーザ光を距離センサとして利用し，トーチ／母材間などの
　　　距離を検出する。

機能：溶接線，溶接開始／終了位置，開先位置，溶接継手形状の検
　　　出。（ワイヤタッチセンサに比べ，センシング時間は格段に速く，
　　　検出精度にも優れる。）

(4)

名称：光センサ（光切断センサ）

原理：開先や段差によるレーザスリット光の反射状態の変化を検出
　　　器（カメラ）で認識し，得られた情報を画像処理して，制御情報
　　　を検出する。

機能：溶接位置，開先形状，トーチ位置の検出。

(5)

名称：光センサ（直視型視覚センサ）

原理：CCDカメラなどで撮影した画像を処理して，電極，アーク，
　　　および溶融池の状態や位置・形状を検出する。
機能：トーチ位置や溶接条件の制御。

問題E-5.（選択）

（1）

　タングステンは融点が約3,400℃の高融点金属であるが，酸化す
ると1,400℃程度まで融点が急激に低下する。そのためエアプラズ
マ切断で使用すると消耗が著しく，電極として使用できない。

　ハフニウム（Hf）の融点は約2,200℃であるが，酸化すると2,800℃
程度まで融点が上昇し，電極の消耗が少ないため。

（2）

　ハフニウム（Hf）の熱伝導性は極めて悪いため，棒状のハフニウ
ム（Hf）を銅シースへ圧入することによって，電極の冷却を促進す
る構造となっている。

●2018年11月11日出題●

特別級試験問題

「材料・溶接性」

問題M-1.（選択）

　　高張力鋼溶接部のじん性について，以下の問いに答えよ。

（1）高張力鋼の大入熱溶接では，溶融境界線近傍の溶接熱影響部において，じん性が低下することがある。その理由をミクロ組織と関連させて説明せよ。また，その対策を材料面から述べよ。

　　ぜい化理由：

　　対策：

（2）490〜590N/mm² 級高張力鋼の溶接では，溶接金属のじん性確保のため，Ti-B系溶接材料が用いられる。その理由を説明せよ。

問題M-2.（選択）

　　低温用鋼の溶接性について，以下の問いに答えよ。

（1）Ni含有低温用鋼の溶接熱影響部におけるNiの冶金学的効果と，それによって生じる組織的特徴を説明せよ。

　　Niの冶金学的効果：

　　組織的特徴：

（2）Ni含有低合金鋼の多層溶接では，低入熱で熱影響部厚さを薄くして溶接することが原則である。その理由を説明せよ。

問題M-3.（選択）

　　Cr-Mo鋼溶接部における再熱割れについて，以下の問いに答えよ。

（1）再熱割れとは，どのような割れか説明せよ。

（2）再熱割れ発生に及ぼす鋼材成分の影響を表すパラメータとして次の ΔG, P_{SR} がある。

$$\Delta G = Cr + 3.3Mo + 8.1V - 2 \quad (\%)$$

$$P_{\mathrm{SR}} = Cr + Cu + 2Mo + 10V + 7Nb + 5Ti - 2 \ (\%)$$

　ΔG, P_{SR} の値が 0 以上となると，再熱割れ発生の恐れがある。これらのパラメータに含まれる合金元素の役割を説明せよ。

(3) 再熱割れ発生の冶金的メカニズムを説明せよ。

問題 M-4.（選択）

　オーステナイト系ステンレス鋼の溶接性に関して，以下の問いに答えよ。

(1) オーステナイト系ステンレス鋼溶接金属には，凝固割れ防止のため数％の δ フェライトを含ませることが有効である。δ フェライトによる凝固割れ防止メカニズムを述べよ。

(2) オーステナイト系ステンレス鋼溶接熱影響部に発生するウェルドディケイとはどのような現象か説明せよ。また，ウェルドディケイに対する対策を 3 つ述べよ。

　　　現象：

　　　対策 1：

　　　対策 2：

　　　対策 3：

問題 M-5.（選択）

　アルミニウム及びその合金の溶接性について，以下の問いに答えよ。

(1) アルミニウム合金溶接部では，高温割れ，特に，凝固割れが発生することがある。その理由を説明せよ。

(2) アルミニウムの溶接では，ポロシティ（ブローホール）が発生しやすい。この主原因となる気体元素は何か。また，ポロシティの発生メカニズムを述べよ。

　気体元素：

　発生メカニズム：

「設計」

問題D-1.（英語選択）

　　AWS D1.1/D1.1M:2010 Structural Welding Code - Steel（閲覧資料）の規定に関する以下の問いに日本語で答えよ。

（1）本規定の適用対象は何か。また，鋼種，及びその板厚と規定最小降伏応力をどのように規定しているか。（1.2参照）

　a）適用対象

　b）鋼種

　c）板厚

　d）規定最小降伏応力

（2）重ね継手の母材の縁に沿うすみ肉溶接の最大サイズはいくらか。（2.4.2.9参照）

　a）母材板厚が6 mm未満の場合

　b）母材板厚が6 mm以上で，かつ設計図に別途指示がない場合

（3）重ね継手の重ね代の最小寸法はいくらか。（2.9.1.2参照）

（4）平板の端部重ね継手を縦すみ肉溶接のみで製作する場合について，以下に答えよ。（2.9.2参照）

　a）各すみ肉溶接継手の長さはいくら以上とすべきか。

　b）座屈又はすみ肉溶接の剥がれ防止の措置がない場合，すみ肉溶接の間隔はいくら以下とすべきか。

問題D-2.（英語選択）

　　ASME Boiler and Pressure Vessel Code, Section VIII - Division 1（閲覧資料）UW-2（a）の第1パラグラフでは，"lethal substances"を入れる容器に対する制限について述べている。以下の問いに日本語で答えよ。

（1）このパラグラフの中に，lethal substancesに関する次の英文がある。

　　"fluids of such a nature that a very small amount mixed or unmixed with air is dangerous to life when inhaled"

この英文を日本語に訳せ。

(2) 本規定の (2) と (3) 及びUW-11 (a)(4) の条項を除いて，lethal substancesを入れる容器の突合せ継手において要求される非破壊試験の内容は何か。

(3) このlethal substancesを入れる容器を炭素鋼又は低合金鋼で製作する場合に特に要求される処理は何か。

(4) 容器の内容物がlethal substancesかどうかを決める責任を持つのは誰か。

問題D-3. （選択）

日本建築学会の鋼構造設計規準には，次のような規定がある。これらの規定が定められた理由を本規準の解説に基づいて述べよ。

(1) すみ肉溶接のサイズは，薄い方の母材の厚さ以下でなければならない。

(2) 被覆アーク溶接による部分溶込み溶接の有効のど厚は，開先形状がレ形又はK形の場合は，グルーブの深さより3mmを差し引いた値とする。

(3) 一つの継手を溶接後に高力ボルトで締め付けた場合には，全応力を溶接で負担しなければならない。

(4) 接合しようとする母材間の角度が60°以下又は120°以上である場合のすみ肉溶接には，応力を負担させてはいけない。

問題D-4. （選択）

図のように，板厚10mmの鋼板をすみ肉溶接することで製作されたⅠ型断面の片持ち梁がある。これに関する以下の問いに答えよ。

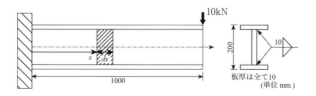

10kN

200

10

板厚は全て10
（単位 mm）

1000

(1) 片持ち梁の曲げモーメント線図及びせん断力線図を描け。ただし，梁が下に凸となる変形を生じさせる曲げモーメントを正（＋）とし，右側を下に変形させるせん断力を正（＋）とする。

固定端　　　　　　　　　　　　　　　　　　負荷点

(2) 固定端（$x = 0$）における曲げモーメントM_0およびせん断力F_0を求めよ。

(3) 図中の網掛けした幅dxのウエブにおけるせん断力のつり合いから，すみ肉溶接ののど断面に作用するせん断応力τを求めよ。なお，せん断力はウエブが，曲げモーメントはフランジが分担するものとし，$1/\sqrt{2}$は0.7としてよい。

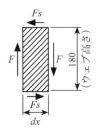

問題D-5.（選択）

気体を貯蔵する円筒型圧力容器をJIS B 8265：2010（閲覧資料）により設計・製作する。設計は，付属書EのE.2.2にある内径基準の式によるものとする。設計条件は，次の通りである。

　・使用材料：炭素鋼（P-1）

　・許容引張応力（σ_a）：100MPa

・設計圧力（P）：2.8MPa

・溶接継手の形式：B-1継手で，100％放射線透過試験を実施する

腐れ代は考慮しなくてよいとして以下の問いに答えよ。

(1) 次の２つの条件で，この容器の設計を行った。

【条件１】胴の内径D_i = 3 m，胴部の長さL = 4 m

【条件２】胴部の内容積は条件１と同じで，胴の内径D_iを２mとする。

それぞれの設計条件の場合で胴板の必要最小板厚はいくらになるか。単位はmmとし，小数点第２位を切り上げて答えよ。

(2) 附属書Sの規定に従って，【条件１】と【条件２】の場合でそれぞれ溶接後熱処理の要否を判断せよ。

(3) 【条件１】と【条件２】の設計で，胴板に使用する鉄鋼材料の重量はどのように変化するか。ただし，胴板の重量Wは，内径D_i，胴板の板厚t，胴の長さL，鋼の比重ρから簡易的に次式$W = \pi \times D_i \times t \times L \times \rho$で求めてよい。

問題D-6.（選択）

JIS B 8265：2010（閲覧資料）により横置円筒型圧力容器を設計・製作する。円筒胴板に使われる材料は，JIS G 3115のSPV490（610N/mm² ≤ 引張強さ ≤740N/mm²）で板厚は25mmである。この容器の製作に際し，8.1及び付属書Oに従って溶接継手の機械試験を実施する。この容器の溶接部には－10℃で衝撃試験の要求がある。機械試験の種類及び判定基準について以下の問いに答えよ。ただし，いずれも再試験の場合は除く。

(1) 胴板の長手突合せ継手に対する試験板に必要な機械試験の種類と，それぞれの試験片の数はいくらか。

(2) 継手引張試験の結果，試験片の引張強さは603N/mm²，破断位置は母材で，溶接継手に有害な割れなどの欠陥はなかった。この試験結果の合否判定と判定根拠を説明せよ。

(3) 継手曲げ試験で，１個のブローホールと，長さ２mmの割れが

３個検出された。この曲げ試験結果の合否判定と判定根拠を説明
せよ。

(4) − 10℃における衝撃試験３本の吸収エネルギーは，以下の通り
であった。

・溶接金属：92J，35J，83J

・熱影響部：38J，52J，15J

この試験結果の合否判定と判定根拠を説明せよ。

「施工・管理」

問題P-1.（英語選択）

AWS D1.1/D1.1M:2010 Structural Welding Code-Steel（閲覧資
料）の「5.3.3.2 Condition of Flux」と「5.3.3.3 Flux Reclamation」
の規定に関し，以下の問いに日本語で答えよ。

(1) SAWに使用するフラックスは，何による汚染又は混入に注意
しなければならないか。

(2) フラックスは包装されたものを購入しなければならない。この
包装にはどのような要求がなされているか。

(3) 包装が損傷した場合，どのように対処すべきか。

(4) 回収したフラックスを再利用する場合，溶接施工者はどのよう
にしなければならないか。

問題P-2.（英語選択）

ASME Boiler and Pressure Vessel Code, Section VIII, Div.1 Part
UW（閲覧資料）の規定に関し，以下の問いに日本語で答えよ。

(1) 強風の場合，どのようにすることを推奨しているか。（UW-30）

(2) 溶接する表面の清掃方法と清掃範囲は何によって決めるか。
（UW-32（a））

(3) 厚さが1in.（25mm）の鋼板を溶接する場合，溶接技能者が識
別番号，文字，又は記号をスタンプする間隔はいくらか。（UW-
37（f）(1)）

(4) 溶接金属の初層及び最終層にピーニングが許されるのはどのような場合か。(UW-39 (a))

(5) 炉で数回に分けてPWHTする場合，炉外に出る部分をどのようにしなければならないか。(UW-40 (a)(2))

問題P-3.（選択）

溶接構造物の設計，製作におけるスカラップに関し，以下の問いに答えよ。

(1) スカラップとはどういうものか。

(2) 従来，船舶・橋梁・鉄骨などの溶接でスカラップが採用されてきた理由を述べよ。

(3) スカラップを設けたために損傷が生じる場合がある。損傷名を2つ挙げ，その理由を述べよ。

　　損傷名1：

　　損傷名2：

　　理由：

(4) 上記のような損傷を防ぐために最近はどのような対策がなされているか。

問題P-4.（選択）

溶接施工で構造物に大きな変形や残留応力が生じる場合がある。これについて以下の問いに答えよ。

(1) 溶接順序の工夫により溶接変形や残留応力を低減するための対策を2つ記せ。

　　対策1：

　　対策2：

(2) 溶接変形低減のために，溶接順序を工夫する以外に溶接施工面からの対策を3つ挙げよ。

問題P-5.（選択）

低合金鋼板を用いて圧力容器の円筒胴を成形する場合について，以下の問いに答えよ。

(1) 成形温度の違いによる成形法の種類を3つ挙げよ。

　　成形法1：

　　成形法2：

　　成形法3：

(2) JIS B 8266：2003（閲覧資料）に規定されている円筒胴の成形後の伸び率の式を用いて，厚さが80mm，胴の内径が1400mmの場合の成形後の伸び率を求めよ。

(3) 450℃以下の温度における成形で，加工度が大きくなると後熱処理が必要とされる。この理由を成形後の低合金鋼板に生じる2つの事象から説明せよ。

問題P-6.（選択）

高温高圧容器では炭素鋼又は低合金鋼の内面にオーステナイト系ステンレス鋼が肉盛溶接されているものがある。以下の問いに答えよ。

(1) 肉盛溶接を行う目的を記せ。

(2) 肉盛溶接法を選択する場合に，考慮すべき項目を2つ挙げよ。

　　項目1：

　　項目2：

(3) 圧力容器の胴内面の肉盛溶接に最も適した溶接法を1つ挙げるとともに，アンダクラッド・クラッキング（UCC）の観点から留意すべきことを記せ。

　　溶接法：

　　留意すべきこと：

「溶接法・機器」
問題E-1.（選択）
　　　　電磁ピンチ力に関する以下の問いに答えよ。
　　(1) アーク柱に作用する電磁ピンチ力の発生メカニズムを簡単に説
　　　　明せよ。
　　(2) 電磁ピンチ力が大きく関係する現象を3つ挙げよ。
　　　　　現象1：
　　　　　現象2：
　　　　　現象3：

問題E-2.（選択）
　　　　ティグ溶接では，数～十数Hzの周波数で溶接電流を変化させる
　　　パルス溶接（低周波パルスティグ溶接）を用いることがある。この
　　　溶接法の特徴を簡単に説明せよ。また，これが効果的な溶接施工を
　　　3つ記せ。
　　(1) 低周波パルスティグ溶接の特徴
　　(2) 低周波パルスティグ溶接が効果的な溶接施工（3つ）
　　　　　溶接施工1：
　　　　　溶接施工2：
　　　　　溶接施工3：

問題E-3.（選択）
　　　　シールドガスに100%炭酸ガス（CO_2）を用いたソリッドワイヤ
　　　のマグ溶接における溶滴の移行形態は，短絡移行と反発移行に大別
　　　される。それぞれの溶滴移行形態について，簡単に説明せよ。
　　　　(1) 短絡移行
　　　　(2) 反発移行

問題E-4.（選択）
　　　　アーク溶接機では，定格出力電流I_Rと定格使用率X_Rが規定されて

いる。これは，溶接機の焼損を避けるためである。定格出力電流以下の出力電流Iで使用する場合の許容使用率Xは，次式で求まる。

$$X \times I^2 = X_\mathrm{R} \times I_\mathrm{R}^2$$

この式が成立する理由を説明せよ。

問題E-5.（選択）

低炭素鋼のガス切断の切断原理を簡単に説明せよ。また，予熱炎の役割を2つ挙げよ。

(1) 切断原理

(2) 予熱炎の役割（2つ）

　　役割1：

　　役割2：

●2018年11月11日出題　特別級試験問題●

解答例

「材料・溶接性」

問題M-1.（選択）

(1)

ぜい化理由：

　　溶融境界線近傍の溶接熱影響部は，溶融温度付近の高温に加熱され，結晶粒が粗大化しやすく，島状マルテンサイト（MA）や上部ベイナイト主体の組織が生成するため。

対策：

　　次のような対策を講じる。

　　①Tiや希土類元素などを添加して，溶融境界線近傍の結晶粒の粗大化防止（オーステナイト粒のピン止め効果）を図る。

　　②炭素当量の少ない鋼（TMCP鋼など）を採用して，焼入れ性を下げる（MAや上部ベイナイトの生成を防止する）。

(2)

　　Ti-B系溶接材料を用いたときの溶接金属の組織は，Ti系酸化物を変態核として生成されるアシキュラーフェライト（粒内変態フェライト）組織である。また，Bは粒界フェライトの析出を抑制（焼入れ性を増加）し，ある温度まで過冷されたときに，粒内で急激なオーステナイト→アシキュラーフェライト変態を生じさせる。生成されたアシキュラーフェライト組織は，フェライト・パーライトや上部ベイナイト組織に比べ微細となるためじん性が確保される。

問題M-2.（選択）

(1)

　　Niの冶金学的効果：オーステナイトを安定化し，焼入れ性を向上（A$_1$温度とA$_3$温度を低下）させる。

　　組織的特徴：溶接熱影響部はマルテンサイト組織の比率が高くなる。

(2)

　　オーステナイト粒の粗大化を抑制するとともに，後続パスの再加熱効果で，マルテンサイトを焼戻してじん性を回復させる（焼戻し効果が及ぶようにする）ため。

問題M-3.（選択）

(1)

　　残留応力緩和を目的として550〜700℃の溶接後熱処理（PWHT）を施した場合に，溶接熱影響部粗粒域において生じる粒界割れ。

(2)

　　これらの元素は析出硬化元素で，溶接熱影響部粗粒域の結晶粒内に炭化物などを析出し，粒内強度を高める役割を果たす。

(3)

　　PWHT過程で微細炭化物などが析出して粒内強度が高まり，粒内強度に比べて相対的に強度の低い粒界にすべりが集中し，粒界が開口する。この微小割れが，粒界を伝播して再熱割れとなる。

問題M-4.（選択）

(1)

　　オーステナイト系ステンレス鋼の凝固割れの主要因は，凝固過程においてオーステナイト粒界や柱状晶境界に沿ってP，Sなどが濃化した低融点の液相領域（液膜）が残存することにある。δフェライトは，オーステナイトに比べてP，Sの固溶限が高いため，液相に残存するP，S量を減らし（凝固偏析の抑制），凝固割れを発生しにくくする。また，最終凝固部にδフェライトが存在することにより，固液界面を不連続化することも凝固割れの進展を抑制している。

(2)

現象：

　　オーステナイト系ステンレス鋼において，500～850℃程度に加熱された溶接熱影響部では，粒界にCr炭化物（$M_{23}C_6$）が析出し，Cr炭化物周辺でCr濃度が低い領域（Cr欠乏層）が形成される。このCr欠乏層が粒界腐食感受性を増大させる。これを鋭敏化という。溶接熱影響部において，鋭敏化により粒界腐食を生じる現象をウェルドディケイと呼ぶ。

対策1，2，3：

次のうち3つ

①低炭素ステンレス鋼の使用（C<0.03%：Lグレード鋼）

②TiやNbを添加してCを固定した安定化ステンレス鋼（SUS321，SUS347）の使用

③溶接入熱を小さくする。（例えばレーザ溶接や電子ビーム溶接などの低入熱溶接法を用いる。）

④水冷しながら溶接するなどの処置により，Cr炭化物が析出
しやすい鋭敏化温度域（500〜850℃程度）を急熱・急冷する。

⑤1000〜1100℃の高温に再加熱してCr炭化物を固溶させる固
溶化熱処理を行う。

問題M-5.（選択）

(1)

　　アルミニウム合金溶接金属では，デンドライト樹間や結晶粒界
において，次の現象が生じることによる。

①融点低下を引き起こす合金元素が偏析し，低融点化合物が形
成しやすい。

②アルミニウムの熱膨張係数や凝固収縮が大きいため，溶接部
に引張ひずみが作用しやすい。

(2)

気体元素：水素

発生メカニズム：アルミニウム中の水素溶解度が，液相から固相
に変わることで約1/20に激減し，気泡となった水素が溶融池
表面まで浮上しきれずに残存する。

「設計」

問題D-1.（英語選択）

(1)

a）適用対象：溶接鋼構造物

b）鋼種：炭素鋼または低合金鋼

c）板厚：1/8inch（3mm）以上

d）規定最小降伏応力：100ksi（690MPa）以下

(2)

a）母材板厚が6mm未満の場合：母材板厚

b）母材板厚が6mm以上で，かつ設計図に別途指示がない場合：
母材板厚より1/16inch（2mm）小さい寸法

(3)

　　薄い方の板厚の5倍，ただし1inch（25mm）以上。

(4)

　a）すみ肉溶接の間隔以上

　b）薄い方の板厚の16倍以下

問題D-2.（英語選択）

(1) 空気と混じりあっているかどうかを問わず，たとえ微量でもそれを吸い込むことで生命に危険を及ぼすような流体。

(2) 全線の放射線透過試験を行う。

(3) 溶接後熱処理

(4) ユーザーとユーザーが指名した代理人の両方またはいずれか一方

問題D-3.（選択）

(1)

　　母材の板厚に比べてサイズを大きくすると，以下の点が問題となるため。

　　①溶接部の強さが，のど厚に比例して大きくならない。

　　②母材に対する熱影響が大きくなる。（鋼構造設計規準　解説16.5項）

(2) 開先底部まで十分に溶込みを期待できないため。（鋼構造設計規準　解説13.2項）

(3) 溶接熱によって板が曲がり，溶接後に高力ボルトで締めつけても接合面が密着しなかったり，板に所定の板間圧縮力を与えることができないことがあるため。（鋼構造設計規準　解説14.7項）

(4) T継手の交角が60°以下の場合はすみ肉溶接のルート部の溶込みを完全に施工することが困難であること，また，交角が120°以上の場合も溶接継手の形状や施工の面から好ましくないことによる。（鋼構造設計規準　解説16.3（2）項）

問題D-4.（選択）

(1)

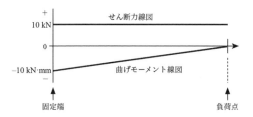

曲げモーメントMおよびせん断力Fは次式で与えられる。

M＝－負荷荷重×負荷点からの距離＝－10×（1000－x）kN・mm

F＝右側に作用する荷重の合計＝10kN（一定）

(2)

M_0＝－10×1000kN・mm＝－10kN・m，　F_0＝10kN

(3)

位置xとx＋dx間のウエブのせん断力のつり合いは，次のように表される。

F×dx＝Fs×180（ウエブ高さ180の代わりにのど断面間距離175でもよい）

ここで，Fsはdx間の上側または下側のすみ肉溶接に作用するせん断力であり，次のように表わされる。

Fs＝（すみ肉溶接部のせん断応力）×（のど厚）×dx＝τ×（2×10×0.7）×dx＝14τ×dx

したがって，10000N×dx＝14τ×dx×（180 or 175）

τ＝10000／（14×（180 or 175））＝3.97 or 4.08N／mm^2→4.0 or 4.1N／mm^2

問題D-5.（選択）

(1)

　　$P = 2.8$MPaで溶接継手効率 $\eta = 1.00$ であるから，$P \leq 0.385\,\sigma_a\,\eta$ $= 0.385 \times 100 \times 1 = 3.85$MPaが成り立つので，E.2.2a）の内径基準の式：計算厚さ $t = PD_i /（2\,\sigma_a\,\eta - 1.2P）$ を用いる。

　　【条件1】の場合は $t = 2.8 \times 3000 /（2 \times 100 \times 1 - 1.2 \times 2.8）= 8400/$ $（200 - 3.36）= 8400/196.64 = 42.71$mm $= 42.8$mm（小数点第2位を切り上げ）となる。

　　【条件2】の場合は $t = 2.8 \times 2000 /（200 - 3.36）= 5600/196.64 =$ 28.48mm $= 28.5$mm（小数点第2位を切り上げ）となる。

(2)

　　【条件1】の場合は厚さが38mmを超えるので，S.4.1a）の規定により，溶接後熱処理が必要である。

　　【条件2】の場合は，厚さが32mm以下なので，溶接後熱処理は不要である。

(3)

　　胴板の重量 $W = \pi \times D_i \times t \times L \times \rho$ で，厚さ $t = PD_i /（2\,\sigma_a\,\eta - 1.2P）$ より，

　　$W = \pi PD_i^2 L \rho /（2\,\sigma_a\,\eta - 1.2P）= D_i^2 L \times \pi P \rho /（2\,\sigma_a\,\eta - 1.2P）$

　　【条件1】と【条件2】で内容積は同じなので，$D_i^2 L$ は変わらない。したがって，胴部の内容積が同じであれば，内径を変えても胴板の重量は変わらない。

問題D-6.（選択）

(1)

　　表O.1より，試験板の板厚が25mmの場合は，継手引張試験片1個，側曲げ試験片1個，裏曲げ試験片1個，衝撃試験片は溶接金属と熱影響部から各々3個

(2)

　　試験結果の引張強さは603N/mm^{2}で，母材の規定引張強さの最小

値の95%（610×0.95 = 580N/mm²）以上を満たし，かつ溶接継手に
有害な割れなどがない。したがって，8.1.2a）1）の規定から，この
結果は合格である。

（3）

　長さ2mmの割れが3個であれば，合計長さ7mmを超えないの
で8.1.2b）2）の条件に該当しない。

　また，3個の割れと1個のブローホールならば合計個数10個以
内なので8.1.2b）3）の条件にも該当しない。したがって，この結果
は合格である。

（4）

　母材の規定最小引張強さ610N/mm²の材料に要求される表6の規
定値は，平均値 ≥ 27J，最小値 ≥ 20Jである。

　溶接金属では，吸収エネルギーの平均値は70J，最小値は35Jで
あり，規定を満たすので合格である。熱影響部では，吸収エネル
ギーの平均値は35J，最小値は15Jで，規定を満たさないので不合
格である。

「施工・管理」
問題P-1．（英語選択）

（1）

　汚れ，ミルスケール，また，それら以外の異物

（2）

　少なくとも6ヵ月間通常状態で保管しても，溶接作業性や溶接部
特性に影響を与えないものでなければならない。

（3）

　廃棄するか，使用前に500℉（260℃）以上で1時間乾燥する。

（4）

　回収した未溶融フラックスと追加の新しいフラックスが，ほぼ均
一に混ざるようにして，溶接結果に影響を及ぼさないようにする。

問題P-2.（英語選択）

(1)

溶接技能者や溶接オペレータ，および被溶接物が適切に保護されていない限り，溶接しないことを推奨している。

(2)

溶接する母材と，除去すべき汚れ物質によって決める。

(3)

3ft（1m）以内。

(4)

引き続いて，溶接部が溶接後熱処理される場合。

(5)

炉外の部分を遮蔽して，温度勾配がPWHTの結果に悪影響を与えないようにしなければならない。

問題P-3.（選択）

(1)

突合せ継手とすみ肉継手，またはすみ肉継手同士の交差部に設ける扇形（または貝形）の切抜き。

(2)

溶接が交差する場合に，未溶融部等の溶接欠陥を残さないため。

(3)

損傷名１：①疲労破壊

損傷名２：②ぜい性破壊

理由：幾何学的不連続による応力集中と，断面欠損による応力増
　　　加

(4)

ノンスカラップ工法を採用する。やむを得ない場合は，断面欠損を極力小さくして，すみ肉溶接の回し溶接部がソフトトゥとなるような改良スカラップ形状を採用する。

問題P-4.（選択）

(1)

次の中から2つ挙げる。

①構造物の中央から自由端に向けて溶接。すなわち，収縮変形を自由端に逃がす。

②溶着量（収縮量）の大きい継手を先に溶接し，溶着量（収縮量）の小さい継手を後から溶接する。

③未溶接継手を通り越して溶接しない。

④著しい拘束応力を発生させない。

(2)

次の中から3つ挙げる。

①健全な溶接が可能な範囲で溶接入熱を低くする。

②溶着量の少ない開先形状にする。

③逆ひずみ法を適用する。

④部材の寸法精度および組立精度を向上させる。

⑤拘束ジグを適用する。（角変形などの低減）

⑥裏側からの先行加熱を適用する。（すみ肉T継手などの角変形低減）

問題P-5.（選択）

(1)

成形法1，2，3：

熱間成形，温間成形，冷間成形

(2)

JIS B 8266では円筒胴の成形後の伸び率を次式で与えている。(8.6g)

成形後の伸び率(%) $= 50t \ (1 - R_f/R_e) \ /R_f$

ここで，tは板の呼び厚さ，R_fは成形後の板の中立軸での半径，R_eは成形前の板の中立軸での半径で，平板の場合，R_eは∞となる。式に数値を入れると，

　　　　伸び率 ＝ 50×80／（700 ＋ 40）　＝ 5.4（％）

（3）

　加工度が大きくなると，加工硬化とひずみ時効が生じる。加工硬化は強度が高くなり，延性が低くなる現象である。ひずみ時効は加工後に材料が時間の経過とともに硬くなる現象である。この2つの効果によって，通常数％のひずみで破面遷移温度は20〜30℃上昇する。後熱処理を行うことによって，加工硬化とひずみ時効によるぜい化は低減される。

問題P-6.（選択）

（1）

　低コストで耐食性を向上させ，容器の寿命を長くするために行う。高温高圧容器全体を耐食性を有するオーステナイト系ステンレス鋼で製作すると高価になるため，安価な炭素鋼または低合金鋼に強度を負担させ，耐食性が必要な内面部分にオーステナイト系ステンレス鋼を肉盛溶接して，材料費の低減を図っている。

（2）

　項目1：希釈率。希釈率が低いほどよい。

　項目2：溶着速度。溶着速度が大きいほどよい。

（3）

　溶接法：帯状電極を用いた，サブマージアーク溶接（バンドアーク溶接）かエレクトロスラグ溶接（このうち，どちらか1つを挙げていればよい）。

　留意すべきこと：溶接入熱が大きくなると熱影響部粗粒域の結晶粒がより粗大化し，PWHT時にアンダクラッド・クラッキング（UCC）を生じる恐れがある。アンダクラッド・クラッキング防止のために，幅の狭い帯状電極（低入熱）を用いて溶接施工を行うとともに，再熱割れ感受性指数（ΔG, P_{SR}）の低い鋼材を選定する。

「溶接法・機器」

問題E-1.（選択）

(1)

　　　平行な導体に同一方向の電流が通電されると，導体間には電磁力による引力が発生する。アークは気体で構成された平行導体の集合体とみなせ，平行導体間に発生する引力はアークの断面を収縮させる力として作用する。このような作用を"電磁的ピンチ効果"といい，その力を"電磁ピンチ力"という。

(2)

　　　現象1，2，3：

　　　　　①プラズマ気流の発生

　　　　　②アークの硬直性

　　　　　③アーク圧力またはアーク力

　　　　　④溶滴のスプレー移行化

　　　　　⑤ワイヤ端からの溶滴離脱

　　　などから3つ挙げる。

問題E-2.（選択）

(1)

　　　低周波パルス溶接では，大電流を通電するパルス期間で母材を溶融し，小電流を通電するベース期間中に溶融池を凝固させる。溶融金属の垂下がりや溶落ちを抑制することができる。また，ビード形状を整える効果がある。

(2)

　　　溶接施工1，2，3：

　　　　　・裏波溶接

　　　　　・固定管の全姿勢溶接

　　　　　・板厚差が大きい継手（差厚継手）の溶接

　　　　　・ルート間隔（ギャップ）が大きい継手の溶接

　　　　　・立向上進溶接

　　　　・上向溶接

問題E-3.（選択）

　(1)

　　比較的小電流域における溶滴の移行形態で，電極先端の溶滴が溶融池と接触して短絡状態になり，短絡部での電磁ピンチ力や表面張力などによって，この短絡部分が分離して溶融池へ移行する溶滴の移行形態である。短絡期間と，短絡が解放されてアークが発生するアーク期間とが，比較的短い周期（60～120回／秒程度）で交互に繰返される。（ワイヤ端の溶滴はアーク期間中に形成され，溶滴と溶融池の短絡（橋絡）部に作用する電磁ピンチ力や表面張力などが主となって，短絡期間中にワイヤ端から分離して溶融池へ移行する。ワイヤ端から溶滴が分離されると，短絡が解放されてアークが再生し，アーク期間へ移行する。）

　(2)

　　中・大電流域における溶滴の移行形態で，CO_2の解離にともなう吸熱反応によるアークの冷却作用で陽極部が収縮し，アークの反力で溶極端が上方（ワイヤ方向）に押し上げられ，溶滴が大塊となって，主に重力などの影響でワイヤから離脱して溶融池へ移行する溶滴の形態である。大粒で多量のスパッタが発生しやすい。

　　（CO_2は高温になると一酸化炭素（CO）と酸素（O）に解離し，多量の熱（283kJ）を奪う。アークはこの強い冷却作用（熱的ピンチ効果）を受けて緊縮し，溶滴の下端部に集中して発生する。その結果，溶滴はアークによる強い反力を受けてワイヤ方向に押上げられ，ワイヤ端からのスムーズな離脱が妨げられ，ワイヤ径以上の大塊となった溶滴がワイヤ端から離脱する。）

問題E-4.（選択）

　　溶接時の変圧器や巻線における発熱の主なものは，巻線で発生する抵抗発熱（ジュール熱）である。発熱量（電力）は電圧×電流

で与えられ，電圧は抵抗×電流であるため，発熱量は抵抗×電流^{2}となる。このため，使用率Xでの断続負荷作業中の平均発熱量は$X \times I^2$に比例することになる。定格使用率での発熱量と与えられた電流に対する許容使用率での発熱量は等しいので，この式が成立する。

問題E-5.（選択）

(1)

　ガス切断は，切断材と酸素との化学反応熱を利用した切断法であり，切断部に供給される高純度な酸素と鋼（鉄）との間で生じる反応熱で切断材を溶融させる。溶融で生じた酸化鉄スラグは，高速の切断酸素噴流で裏面側へ吹き飛ばされ，切断溝が形成されて切断材は切り離される。切断作業では，切断開始点の表面近傍を予熱炎で加熱し，その部分に切断酸素を吹き付けて切断を開始する。

(2)

　役割1，2：

　　①切断開始点の温度を発火温度（鉄の場合，900〜950℃程度）以上に上げる。

　　②切断酸素噴流の純度を維持する。

　　③切断酸素噴流の運動量（流速）を維持する。

　　④切断酸素噴流を外気からシールドする。

　　⑤切断材表面の錆，スケール，ペイントなどを剥離し，切断酸素と鋼との反応を容易にする。

　　⑥材料を予熱し，切断の進行を助ける。

　などから2つ挙げる。

特別級試験問題

「材料・溶接性」

問題M-1.（選択）

　　JISに規定されたSS材（一般構造用圧延鋼材），SM材（溶接構造用圧延鋼材）及びSN材（建築構造用圧延鋼材）について，次の問いに答えよ。

　（1）溶接性と機械的特性からみたSM材の特徴を，化学組成と関連させながらSS材と比較して述べよ。

　（2）溶接性と機械的特性からみたSN材の特徴を，SM材と比較して述べよ。

問題M-2.（選択）

　　低合金鋼の大入熱多層溶接では，溶融境界近傍の熱影響部（HAZ粗粒域）において，次層パスによる熱影響を受けた領域は，金属組織的に粗粒HAZ（CGHAZ），細粒HAZ（FGHAZ），二相域加熱HAZ（IRCGHAZ），粗粒焼戻しHAZ（SRCGHAZ）に分類される。これらのうち，ぜい化が生じやすい部分を2つ挙げ，それぞれのぜい化化理由を説明せよ。

　　ぜい化しやすい部分1：

　　その理由1：

　　ぜい化しやすい部分2：

　　その理由2：

問題M-3.（選択）

　　低合金高張力鋼の溶接熱影響部における低温割れについて，次の問いに答えよ。

（1）低温割れの支配要因を3つ挙げよ。

　　　　要因1：

　　　　要因2：

　　　　要因3：

(2) 低温割れを抑制するための対策として，①溶接割れ感受性組成
　　P_{CM}の低い鋼材の選定，②予熱及び直後熱の実施が有効とされる。
　　その理由を低温割れの要因と関連付けて説明せよ。

　　　　①溶接割れ感受性組成の低い鋼材の選定：

　　　　②予熱及び直後熱の実施：

(3) 低温割れの検出を確実にする観点から，非破壊検査時期をどう
　　するか。また，その理由を説明せよ。

　　　　検査時期：

　　　　理由：

問題M-4.（選択）

　　フェライト系ステンレス鋼の溶接時に発生しやすい溶接冶金上の
問題点を2つ挙げ，それぞれの現象を説明するとともに，その防止
対策を述べよ。

　　　　問題点1：

　　　　現象1：

　　　　対策1：

　　　　問題点2：

　　　　現象2：

　　　　対策2：

問題M-5.（選択）

　　チタン合金とその溶接について，次の問いに答えよ。

(1) チタン合金のうち，構造材としてよく用いられる（$\alpha + \beta$）
　　合金の代表例を1つ挙げよ。

(2) 本合金が構造材としてよく用いられる理由を3つ挙げよ。

(3) チタン合金の溶接上の問題点を述べ，その防止対策を1つ挙

　　げよ。
　　　問題点：
　　　対策：

「設計」

問題D-1.（英語選択）

　　AWS D1.1/D1.1M:2010 Structural Welding Code-Steel（閲覧資料）の規定に関する次の問いに日本語で答えよ。

（1）繰返し応力が作用する板幅の異なる鋼板の突合せ継手の製作において，板幅の広い側の鋼板に対して行うべき処理の仕方を2つ述べよ。（2.17.1.2参照）

　　　処理1：

　　　処理2：

（2）繰返し応力が作用するすみ肉溶接の終端における回し溶接の長さに対する制限は何か。（2.17.6項参照）

（3）負荷応力の方向に平行に研削仕上げした同一板幅・同一板厚の完全溶込み突合せ継手で60,000サイクルの疲労寿命を得るには，繰返し負荷の応力範囲をいくら以下にすればよいか。（Table 2.5, Figure 2.11参照）

問題D-2.（英語選択）

　　板厚の異なる2つの部材を突合せ溶接する。厚い方の部材厚さは25mm，薄い方の部材厚さは20mm である。また，開先は圧力容器の内面合せとする。このとき，ASME Boiler and Pressure Vessel Code, Section Ⅷ-Division1（閲覧資料）UW-9（c）の規定に従い，次の問いに答えよ。

（1）この開先にはテーパを設ける必要がある。その理由を記せ。

（2）テーパ部の長さlは何mm以上にすべきか。

（3）テーパ部に突合せ溶接部を含めてもよいか。

問題D-3.（選択）

　　　右図のように長さ600mmの鋼管が剛体壁にレ形開先で完全溶込み全周溶接されている。鋼管は板厚10mmのSM400であり，その端に垂直荷重50kNが作用する。鋼構造設計規準を適用し，以下の問いに答えよ。ただし，$\pi = 3.14$とし，小数点以下は安全側になるように切上げ，又は切下げて整数にする。

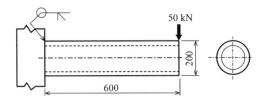

(1) 溶接のど断面に作用する平均せん断応力（度）はいくらか。

(2) 溶接のど断面に作用する曲げモーメントはいくらか。

(3) 曲げモーメントによる溶接のど断面に作用する最大引張応力（度）はいくらか。ただし，図のような鋼管の中立軸の周りの断面二次モーメントIは$I = \pi (d_0^4 - d_i^4)/64$で与えられる。ここで，$d_0$は外径，$d_i$は内径である。

(4) 鋼管の許容引張応力（度）はいくらか。

(5) 溶接継手の組合せ応力（度）が作用する場合の強度評価式を示し，この継手が強度上安全かどうかを評価せよ。

問題D-4.（選択）

　　　鋼橋の構造の一部に，下図のようなものがある。いずれも応力を伝える主要部材である。道路橋示方書によって認められる場合には（　　）内に○印を，認められない場合は×印を記し，その理由を右側の枠内に記せ。

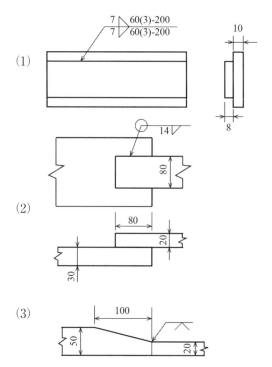

(1)

(2)

(3)

問題D-5.（選択）

　　JIS B 8265：2010（閲覧資料）に従って横置き円筒型圧力容器を設計する。設計は，附属書EのE.2.2にある内径基準の式によるものとする。圧力容器の設計条件は，次のとおりである。

・球殻の材料：P-1（炭素鋼）

・許容引張応力（σ_a）：100MPa

・設計圧力（P）：2.8MPa

・胴板の溶接継手の形式：完全溶込み突合せ両側溶接継手（B-1継手）

・放射線透過試験（RT）：胴板の長手継手及び周継手に全線RTを要求する。

・胴板の内径：2,500mm

・腐れ代：3mm

(1) JIS B 8265の表２に従うと，この容器の円筒胴板の継手効率（η）はいくらか。

(2) E.2.2の円筒胴の計算厚さの内径基準の式のうち，a）又はb）のどちらの式を使うことが適当か。その理由も記せ。

(3) 円筒胴の最小必要板厚を計算せよ。ただし，単位はmm とし，小数点以下は切り上げること。

(4) 附属書Sに従えば，この容器の円筒胴には溶接後熱処理が必要か。また，その理由を述べよ。

問題D-6.（選択）

JIS B 8265：2010（閲覧資料）の規定に従い，次の問いに答えよ。

(1) 完全溶込み突合せ片側溶接継手で，B-1継手とB-2継手の違いを説明せよ。（6.1.4参照）

(2) B-2継手に対する溶接継手効率（η）は，放射線透過試験の割合によってそれぞれいくらと規定されているか。（6.2 参照）

(3) 母材の呼び厚さが25mmの鉄鋼材料の突合せ溶接部の余盛高さの許容値はいくらか。（6.3.3参照）

(4) 内圧を受ける内径3,000mmの円筒胴で許容される真円度（mm）はいくらか。（7.2.2a）参照）

(5)(4) の円筒胴で，内径を測定したところその最大値は3,020mmであった。最小内径は何mm以上あればよいか。

「施工・管理」
問題P-1.（英語選択）

AWS D1.1/D1.1M:2010 Structural Welding Code-Steel（閲覧資料）の「5.18 Tack Welds and Construction Aid Welds」に関し，次の問いに日本語で答えよ。

(1) タック溶接はどのような文書に従って，どのような作業者が溶接しなければならないか。（5.18.1参照）

(2) 繰返し荷重が作用する梁で，本規格2.17.2 で許される場合を除

いて，本溶接で溶融しないタック溶接が禁止されている範囲はどこか。（5.18.2 参照）

(3) 本溶接で溶融するタック溶接のワイヤへの要求及び本溶接前になすべきことは何か。（5.18.4（1）参照）

(4) 切欠きじん性が要求される本溶接の場合，本溶接で溶融されるタック溶接の溶加材に求められる内容は何か。（5.18.4（3）参照）

問題 P-2.（英語選択）

ASME Boiler and Pressure Vessel Code, Section VIII, Div.1 Part UW（閲覧資料）の規定に関し，次の問いに日本語で答えよ。

(1) 長手継手と周継手の交点から長手継手を 4 in.（100 mm）の範囲で放射線透過試験しない場合，胴の長手溶接継手の中心線をどのようにすべきか。（UW-9（d））

(2) 製造中の溶接施工記録を作成するのは誰か。（UW-28（a））

(3) 板厚 20mm の圧力容器周溶接継手に許容される余盛高さはいくらか。（UW-35（d））

(4) 両側溶接では，どのような準備をすべきか。（UW-37（a））

(5)(4) の前処理が要求されないのは，どのような溶接法か。（UW-37（b））

問題 P-3.（選択）

船舶，建築鉄骨，橋梁などのフレーム系大形溶接構造物の製作を対象とした生産計画を立案する際に，考慮しなければならない事項を 5 項目挙げよ。

問題 P-4.（選択）

溶接構造物の工場製作において，溶接施工時に溶接割れが発生した。この場合，原因調査，補修，再発防止の 3 つの観点で，溶接管理技術者として実施すべき項目を合計 5 項目を挙げ，簡単に説明よ。ただし，各観点から少なくとも 1 項目挙げるものとする。

　　　　原因調査：

　　　　補修：

　　　　再発防止：

問題P-5.（選択）

　　　Cr-Mo鋼とオーステナイト系ステンレス鋼（SUS304）との厚肉
配管異材アーク溶接継手について，次の問いに答えよ。

　（1）溶接割れ防止の検討に用いられる組織図を2つ挙げ，その違い
　　　を説明せよ。

　（2）割れを防止するために用いるべき溶接材料は何か。また，溶接
　　　材料の選定根拠を述べよ。

　　　　溶接材料：

　　　　選定根拠：

問題P-6.（選択）

　　　石油精製装置では，多くの圧力設備が湿潤硫化水素環境下で使用
されている。この圧力設備に生じる可能性のある硫化物応力割れ
（Sulfide Stress Cracking:SSC）について，次の問いに答えよ。

　（1）SSCが生じやすい材料を1つ挙げよ。

　（2）SSCの発生機構（メカニズム）を説明せよ。

　（3）材料面以外のSSC防止策を2つ挙げよ。

「溶接法・機器」

問題E-1.（選択）

　　　プラズマ溶接に関する次の2つの用語について，それぞれの意味
を簡単に説明せよ。

　（1）移行式プラズマ

　（2）パイロットアーク

問題E-2.（選択）

ワイヤ径が一定である場合，マグ溶接のワイヤ溶融速度MRは近似的に下式で表わされる。

$$MR = \alpha I + \beta L I^2$$

ここで，Iは溶接電流，Lはワイヤ突出し長さ，α 及び β は比例定数である。上式の物理的意味を述べよ。

問題E-3.（選択）

パルスマグ溶接では，通常はワイヤは定速で送給されており，溶接電源には定アーク長制御が採用されている。定アーク長制御が採用されている理由，及び定アーク長制御の概要を簡単に述べよ。

定アーク長制御が採用されている理由：

定アーク長制御の概要：

問題E-4.（選択）

ティグ溶接のアーク起動方式を2つ挙げ，その概要と特徴をそれぞれ簡単に述べよ。

方式1：

概要と特徴：

方式2：

概要と特徴：

問題E-5.（選択）

アーク溶接ロボットでのティーチング・プレイバック方式とオフラインティーチング方式の教示方法の概要と特徴について，それぞれ簡単に説明せよ。

ティーチング・プレイバック方式：

オフラインティーチング方式：

●2018年６月３日出題　特別級試験問題●
解答例

「材料・溶接性」

問題M-1.（選択）

(1)

　SS材は，化学組成でP，Sの最大含有量を規定している。これに対して，SM材は，溶接性とじん性を考慮して，SS材に規定のないC，Si，Mnの含有量を規定するとともに，SおよびPの最大含有量を低く抑えている（0.035%以下）。さらに，B種とC種にはシャルピー値が規定されている（0℃でB種は27J以上，C種は47J以上）

(2)

　SN材はSM材に比べて，次の特徴を有する。

①大地震に対して十分な塑性変形能力を持つよう，B種，C種に対して降伏比を80%以下に規定。

②ラメラテア防止のため，C種では，Sの最大含有量を厳しく規定（0.008%以下）するとともに，板厚方向の絞り値を25%以上としている。さらに鋼材の超音波探傷試験を要求。

③溶接性の観点から，B種とC種には，炭素当量およびP_{CM}を規定し，P，Sの上限値も厳しく規定。

問題M-2.（選択）

　ぜい化しやすい部分１：粗粒HAZ（CGHAZ）

　その理由１：

　　粗粒HAZ（CGHAZ）は，前層の溶接パスの熱影響で約1250℃以上に加熱された領域が，次層の溶接パスによって再度1250℃以上に加熱された部分であり，旧オーステナイト粒が粗大化し，それによって，冷却変態後の組織（フェライト，パーライト，ベイナイト）も粗大化（結晶粒の粗大化）し，硬化組織が生じやすいためじん性が低下する。

ぜい化しやすい部分２：二相域加熱HAZ（IRCGHAZ）

その理由２：

　　二相域加熱HAZ（IRCGHAZ）は，前層の溶接パスの熱影響で約1,250℃以上に加熱された領域が，次層の溶接パスによって，A_{c1}～A_{c3}点の間の温度域（約750～900℃）に再加熱された部分であり，フェライトと高炭素オーステナイト（二相域加熱中にオーステナイト相へCが濃化）の二相状態となり，冷却過程において高炭素オーステナイトが島状マルテンサイト（MA）に変態する。島状マルテンサイトは非常に硬く，じん性を著しく低下させる。

問題M-3.（選択）

(1)

　　要因1，2，3：溶接部の硬化組織，溶接部の拡散性水素，引張応力（拘束度）

(2)

　　①溶接割れ感受性組成の低い鋼材の選定：HAZの硬化を抑制するため。

　　②予熱および直後熱の実施：溶接時の冷却速度が遅くなり，HAZの硬化抑制および拡散性水素量の低減が図られるため（大気中への拡散放出による）。（残留応力低減に対する予熱や直後熱の効果はほとんどない）

(3)

　　検査時期：溶接終了後48時間以上経過後

　　理由：割れ発生に潜伏期間があるため（遅れ割れ現象を呈するため）。

問題M-4.（選択）

　　下記のうち２つを挙げる。

①結晶粒粗大化による延性，じん性の低下

　　現象：フェライト系ステンレス鋼は相変態が生じないため，溶接

熱により結晶粒が粗大化し，これにより延性，じん性の低下を引き起こしやすい。溶接後熱処理によって延性は回復されるが，じん性は回復されない。

対策：1）溶接入熱の低減，または，レーザ溶接などの採用により，結晶粒が成長しやすい温度域をできるだけ短時間で通過するようにする。2）粒界移動を阻止し粒成長を抑制する効果のあるNbやTiを添加した溶接材料（および母材）を採用する。

②低温割れの発生

現象：C，Nの多いフェライト系ステンレス鋼では，900℃付近に一部オーステナイト相との二相組織となる温度域が存在するため，熱影響部は一部マルテンサイトを含む組織となり硬化する。その結果，拡散性水素が多いと低温割れを引き起こす。

対策：予熱（100～200℃）および直後熱が有効である。

③475℃ぜい化

現象：約400～550℃の温度域を徐冷されるか，またはその温度域に複数回加熱されるとぜい化することがある。これは，フェライトがCr濃度の高い固溶体（α'）と低い固溶体（α）に二相分離（スピノーダル分解）し，α'相が転位の移動を妨げることによる。

対策：上記温度域に保持される時間を短くするか，溶接後熱処理として固溶化熱処理（溶体化処理）が有効である。

④σ相ぜい化

現象：約600～800℃の温度域に加熱されると，硬くてもろいσ相（FeCr系金属間化合物）が析出し，延性やじん性が著しく低下する。冷間加工された高Crステンレス鋼の大入熱溶接で生じやすい。

対策：大入熱溶接を避け，上記温度域の冷却速度を速くするか，溶接後熱処理として固溶化熱処理（溶体化処理）が有効である。

問題M-5.（選択）

(1)

Ti-6Al-4V 合金

(2)

次の中から３つ挙げる。

1）軽量である。（比重が約4.4で鋼の約半分）

2）比強度（引張強さ（耐力）／密度）が高張力鋼の約２倍と高い。

3）低温での切欠きじん性に優れる。

4）耐食性が非常に優れる。

5）加工性が比較的良好である。

6）溶接性が良好である。

(3)

問題点：

　　チタン合金の溶接で最も問題になるのは，大気による汚染ぜい化とポロシティである。

　　チタンは活性であり，高温になると酸化や窒化が起こりやすくなる。高温では酸素，窒素の固溶限が高くなり，これらの気体を吸収して，著しく硬化，ぜい化を引き起こす。また，高温では水素化物が形成され，ぜい化を引き起こす。さらに，微細なブローホールが生じやすい等の問題点がある。

対策：

①十分なガスシールドを行い，大気巻込みによる汚染を防ぐため，溶接部が約450℃以下に冷却されるまでアフターシールド（トレーリングシールド）を確実に実施する。

②溶加材，開先面の汚れ（油分，水分等）を除去する。

③プリフロー時間を長くする。

④バックシールドを実施する。

「設計」

問題D-1.（英語選択）

　（1）

　　処理1，2：

　　1）板幅の両側に1/2.5以下の勾配をつける。

　　2）600mm（24in.）以上の曲率半径を有するように板幅を両側で
　　　漸減させる。

　（2）

　　回し溶接の長さは，2.17.6項より公称サイズの2倍以上，かつ
　　2.9.3.3項より公称サイズの4倍以下とする。

　（3）

　　400MPa。Table 2.5の5.1よりStress Category Bなので，Figure
　　2.11より400MPaとなる。

問題D-2.（英語選択）

　（1）片面合せの開先の端面食い違いは25 − 20mm = 5mmで，これ
　　　はテーパが必要な食い違い3mm（薄い方の板厚の1/4すなわち
　　　5mmと，1/8インチ（3mm）のうち小さい方）を超えているた
　　　め。

　（2）内面合せの片側テーパでは，板厚差5mmの3倍以上，すなわ
　　　ち15mm以上のテーパ長さlが必要である。

　（3）含めてもよい。

問題D-3.（選択）

　（1）

　　鋼管肉厚中心の直径は190mmなので，

　　平均せん断応力（度）τ = 荷重/のど断面積 = 50000/（10×190
　　×3.14）= 8.4→9N/mm²

　（2）

　　曲げモーメントM = 荷重 × 鋼管長さ = 50,000×600 = 3×10⁷N・

mm

（3）

$I = 3.14 \left(200^4 - 180^4\right) /64 = 26{,}996{,}150 \mathrm{mm}^4$

最大曲げ応力

$\sigma = \left(M/I\right) \times \mathrm{d_o}/2 = \left(3 \times 10^7/26{,}996{,}150\right) \times 200/2 = 111.1 \rightarrow 112\mathrm{N/mm}^2$

（4）

板厚40mm以下のF値は235N/mm²なので，許容引張応力（度）は235/1.5 = 156.7→156N/mm²

（5）

組合せ応力（度）　$\sigma_{eq} = \sqrt{\sigma^2 + 3\tau^2}$

$\sigma_{eq}^2 = \sigma^2 + 3\tau^2 = 112^2 + 3 \times 9^2$

$= 12{,}787 < 156^2 = 24{,}336$

よって，この継手は安全である。

問題D-4.（選択）

（1）（×）

すみ肉溶接の最小有効長は，サイズの10倍（＝70mm）以上かつ80mm以上必要。

（2）（×）

部材の重なり長さは，薄い方の板厚20mmの5倍（＝100mm）以上必要。

（3）（×）

勾配は1/5以下であるべき。

問題D-5.（選択）

（1）1.00以下

（2）

与えられた設計条件から，$P = 2.8\mathrm{MPa}$，$0.385\sigma_a\eta = 0.385 \times 100$

×1 = 38.5MPa である。

$P \leq$（$0.385 \sigma_a \eta$ なので，E.2.2a）の内径基準の式を用いる。

(3)

39mm

E.2.2a）の内径基準の式を用いると，計算厚さ $t=PD_i/$（$2\sigma_a \eta -$ 1.2P）より，

t=2.8×2,500／（2×100×1 − 1.2×2.8)

=7,000／（200 − 3.36）=35.6mm→36mm

計算板厚 t に腐れ代を加えたものが必要板厚なので，36+3=39mm

(4)

P-1材で板厚が38mmを超えているのでPWHTが必要である。

問題D-6.（選択）

(1)

B-1継手は裏波溶接，融合インサートなどを用いる方法によって十分な溶込みが得られ，裏側の滑らかな突合せ片側溶接継手（ただし融合インサートが残っていないもの），および裏当てを用いて溶接した後は，これを除去して母材と同一面に仕上げた突合せ片側溶接継手。B-2 継手は裏当てを用いる突合せ片側溶接継手で裏当てを残す継手。

(2)

RT100%の場合0.90以下，RT20%の場合0.85以下，RTなしの場合0.65以下である。

(3)

2.5mm。

(4)

30mm 以下（真円度の許容値は内径の1％以下）。

(5)

（4)から，真円度＝最大内径－最小内径 ≦ 30mmであるから，最小内径は，3020 − 30 = 2990mm 以上。

「施工・管理」

問題P-1.（英語選択）

(1)

　承認されたWPSまたは事前承認WPSに従い，認証された溶接技能者が溶接しなければならない。

(2)

　梁の引張側フランジ面からウェブ高さの1/6以内。

(3)

　本溶接の要求事項を満足する溶接ワイヤを使用。本溶接前にタック溶接部を清浄にしておく。

(4)

　タック溶接には本溶接に要求される切欠きじん性を満足する溶加材を用いなければならない。

問題P-2.（英語選択）

(1)

　長手溶接継手の中心線を厚い方の板厚の5倍以上離さなくてはならない。

(2)

　製造事業者。

(3)

　5mm（3/16in.）。

(4)

　初層の健全性を確保するために，裏溶接の前に裏側をチッピング，グラインダ研削または溶融除去する。

(5)

　適切な溶融と溶込みが確保でき，初層に溶接欠陥を生じない溶接法。

問題P-3.（選択）

　①溶接物の製造順序に関する仕様（個々の部品～小組立品～最終組立の順序）

　②製造に必要な個々の工程の識別

　③適切な溶接施工要領書（WPS）の引用

　④溶接順序

　⑤個々の工程を実施する順序，時期

　⑥検査および試験に関する要領

　⑦環境条件（雨，風からの保護など）

　⑧バッチ，構成部品，または部品ごとの適切な単位での品物の識別

　⑨適格性が確認された要員（溶接，試験）の割当て

　⑩すべての製造時溶接試験の計画・手配

　⑪テクニカルレビュー・デザインレビューなどによる工事内容・要求品質の確認

　⑫溶接法

　⑬作業環境，溶接姿勢

　⑭溶接設備

　⑮溶接材料，溶接条件

　⑯溶接欠陥，溶接変形の防止

　⑰溶接品質記録（トレーサビリティ）

　（①から⑩はJIS Z 3400に基づく）

問題P-4.（選択）

　次の観点から5項目挙げる。

　（1）原因調査

　　①溶接割れの状況調査

　　　割れの形状，位置，深さ，特徴（性状），発生範囲などの詳細を，非破壊試験，破壊試験で調査する。

　　②発生原因の特定のための記録類の調査：品質記録を調査

(a) 母材および溶接材料の化学組成，炭素当量，P_{CM} などを材料証明書（ミルシートなど）によりチェックする。

(b) 当該溶接継手に適用された溶接法，溶接材料，溶接条件，予熱条件などをチェックする。また，当該継手のWPS（溶接施工要領書）をチェックする。

(c) 当該溶接継手の溶接時の環境，開先検査結果，非破壊検査結果など必要な記録を調査する。

③割れ原因の特定

上記割れの状況の調査，記録類の調査，さらには関連資料，文献，事故事例報告書，再現試験などから，割れ発生原因を特定する。

(2) 補修

①補修方法の討議と方法の決定

設計，施工，検査，研究部門などの関係者が討議を行い，その補修方法を決定する。

②補修溶接施工要領書の作成，承認

補修溶接施工要領書（補修用WPS），補修作業指示書を作成する。施工責任者の承認および必要に応じて発注者や検査機関に承認を得る。補修溶接の施工法試験を実施する場合もある。

③補修溶接の実施

承認された補修溶接施工要領書にしたがって，補修溶接を実施する。

④補修溶接部の検査

補修溶接部に新たな欠陥がないかどうかの検査を実施する。

⑤補修記録の作成

実施した補修作業に関する記録（(1)の原因調査記録も含む）を作成し，保管する。

⑥類似箇所の点検・補修

(3) 再発防止

①再発防止のための各種図書や文書の改訂

　　　　　原因調査書，補修溶接施工要領書をもとに，必要により，当
　　　　該構造物に対する溶接設計図書，および溶接施工要領書を改訂
　　　　する。
　　　②事故事例の教育

問題P-5.（選択）

　　（1）

　　　シェフラーの組織図およびデュロングの組織図。デュロングの組
　　織図にはNi 当量の計算にシェフラーの組織図にない窒素（N）が
　　考慮されている。

　　（2）

　　溶接材料：

　　　　オーステナイト系ステンレス鋼用溶接材料を選ぶ。溶接施工
　　　はCr-Mo鋼側をSUS309系でバタリングした後，SUS308系で
　　　溶接する。（なおインコネル系（70Ni-15Cr-10Feなど）を選定
　　　してもよい。）

　　選定根拠：

　　　　溶接材料として，Cr-Mo鋼用の材料を選定すると，溶接金属
　　　にマルテンサイトが生じるために，溶接金属が硬くて脆くなる
　　　とともに，溶接時に低温割れを生じやすくなる。一方，オース
　　　テナイト系ステンレス鋼用溶接材料を用いると溶接金属はオー
　　　ステナイト組織となり，低温割れの問題がなく，継手性能も良
　　　好となる。ただし，高温割れ防止の観点から溶接金属には5％
　　　以上のフェライトを含有させる必要がある。SUS304用の溶接
　　　材料はSUS308系であるが，Cr-Mo鋼による希釈を考慮して，
　　　バタリングにはCr，Ni量の多いSUS309系を用いる。

問題P-6.（選択）

　　（1）

炭素鋼，低合金鋼および高張力鋼から1つ挙げてあればよい。

(2)

硫化水素による腐食反応で発生した水素が鋼中に侵入することにより，硬化した部分（溶接熱影響部，溶接金属）で水素ぜい化割れが生じる現象。

(3)

①溶接部の最高硬さを硫化水素濃度に応じて制限する。（例えば
235HB以下等）

②PWHTを施工する。

③硫化水素濃度を低くする。

「溶接法・機器」

問題E-1.（選択）

(1)

電極をマイナス（陰極），母材をプラス（陽極）とし，ノズル電極（小口径の拘束ノズル）を通過させたアークをタングステン電極と母材との間に発生させるプラズマアークの発生方式。この方式は，非移行式プラズマに比べ，アーク電圧が高く，アークの熱効率も高く溶接に適しているため，通常のプラズマ溶接に用いられる。

(2)

電極をマイナス，ノズル電極（小口径の拘束ノズル）をプラスとしてノズル内で発生させた小電流（十数A程度）の非移行式アーク。電極と母材との間に発生させるメインアーク（プラズマアーク）は，パイロットアークを利用して起動する。パイロットアークによって電極近傍のガスが電離され，この部分の導電性が高められるため，メインアークの発生が容易になる。

問題E-2.（選択）

溶接ワイヤの溶融速度は，アークからワイヤに流入するエネルギー（熱）とワイヤ中を流れる電流による抵抗発熱により支配され

る。右辺第１項は，アークからワイヤ（電極）に流入するエネルギー（熱）を意味し，そのエネルギーはほぼ電流に比例する。右辺第２項は，ワイヤを流れる溶接電流によって生じる抵抗発熱を意味し，ワイヤ突出し部の抵抗値，および溶接電流の２乗に比例する。ワイヤ突出し部の抵抗値は，ワイヤ突出し長さにほぼ比例し，ワイヤの断面積に逆比例するが，この問題ではワイヤ径が一定であるため，ワイヤ突出し長さのみが変数となる。

問題E-3.（選択）

定アーク長制御が採用されている理由：

　　パルスマグ溶接では電流を精密に制御する必要があるため，定電流特性電源を用いる。しかし，定電圧特性電源が持つアーク長自己制御作用を利用できない。そのため，アーク長を所定の長さに維持するため，定アーク長制御機能を電源に付加する必要がある。

定アーク長制御の概要：

以下から１つ挙げる。

①パルス期間変調制御：

　　アーク長が伸びて平均アーク電圧が高くなると，パルス期間を短くすることによって平均溶接電流を低減させ，ワイヤ溶融速度を減少させて，長くなったアーク長を短くして元の長さに戻す。反対に，アーク長が短くなって平均アーク電圧が低くなると，パルス期間を長くして平均溶接電流を増加させ，ワイヤ溶融速度を増加させることによって，短くなったアーク長を長くして元に戻す。

②パルス周波数変調制御：

　　アーク長が伸びて平均アーク電圧が高くなると，ベース期間を長くすることによって平均溶接電流を低減させ，ワイヤ溶融速度を減少させて，長くなったアーク長を短くして元の長さに戻す。反対に，アーク長が短くなって平均アーク電圧が低くなると，ベース期間を

短くすることによって平均溶接電流を増加させ，ワイヤ溶融速度を増大させて，短くなったアーク長を長くして元に戻す。

③パルス電流変調制御：

アーク長が伸びて平均アーク電圧が高くなると，パルス電流を小さくすることによって平均溶接電流を低減させ，ワイヤ溶融速度を減少させて，長くなったアーク長を短くして元の長さに戻す。反対に，アーク長が短くなって平均アーク電圧が低くなると，パルス電流を大きくすることによって平均溶接電流を増加させ，ワイヤ溶融速度を増大させて，短くなったアーク長を長くして元の長さに戻す。

問題E-4.（選択）

方式1，2：

概要と特徴1，2：

以下から2つ挙げる。

①高周波高電圧方式：

周波数が数MHzでピーク電圧が10kV程度の高周波高電圧交流を用いて，電極と母材間の絶縁を破壊し，電極と母材とを非接触でアークを起動する。高周波高電圧方式では強い電磁ノイズが発生し，電波障害を生じやすいため，ノイズ対策が必要となることもある。

②電極接触方式：

電極を母材へ接触させて通電を開始し，通電したままで電極を引上げてアークを起動する。ノイズに関する問題をほとんど生じないが，アーク起動時に傷損した電極先端部を溶接部に巻込み，溶接欠陥を生じることがある。

③直流高電圧方式：

タングステン電極と母材との間に数kVの直流高電圧を加えて両者間の絶縁を破壊し，母材とは非接触でアークを起動する。溶接電源は比較的高価で，絶縁に関する対策などの制約も受けるため，適用はロボット溶接や自動溶接装置など一部の特殊な用途に

限られている。

問題E-5.（選択）

ティーチング・プレイバック方式：

　アークを発生させずにロボットを動かし，その動作・作業手順をロボットに直接ティーチングして，溶接時に同一の動き・作業を再現する方式。溶接していない状態でロボットを使用してティーチングするため，その間はロボットによる溶接作業ができず，ロボットの稼働率が低下する。

オフラインティーチング方式：

　CAD データなどを利用して，コンピュータの画面上でロボットの動作をシミュレートして，ティーチングプログラムを作成する方式。コンピュータ上で作成したティーチングデータは，記憶媒体または通信回線を利用してロボット制御装置に入力され，ロボットはそのティーチングデータに従って動作する。ティーチング作業と溶接作業をそれぞれ独立して行えるため，ロボットの稼働率を大幅に向上させることができる。

特別級試験問題

「材料・溶接性」

問題M-1.（選択）

　下図は，Fe-C（Fe$_3$C）系平衡状態図である。鋼の相変態に関する以下の問いに答えよ。

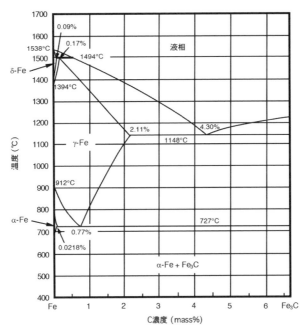

（1）α-Fe と γ-Fe の結晶構造と炭素の最大固溶限を答えよ。

　　α-Fe

　　結晶構造：

　　最大固溶限：

　　γ-Fe

　　結晶構造：

　　　　最大固溶限：

(2)　C含有量0.5%の鋼を1350℃から室温まで徐冷したときの組織
　　変化を変態温度と関連させて説明せよ。

(3)　上記（2）において，冷却速度を増加させた場合の変態につい
　　て，炭素の拡散と関連させて述べよ。

問題M-2.（選択）

　　高温用低合金鋼に関する以下の問いに答えよ。

(1)　高温用低合金鋼に要求される特性を2つ挙げよ。また，その特
　　性を得るために添加される代表的な合金元素を2つ挙げ，それぞ
　　れの役割について簡単に説明せよ。

　　　　要求される特性：

　　　　合金元素1：

　　　　その役割：

　　　　合金元素2：

　　　　その役割：

(2)　高温用低合金鋼の溶接後熱処理（PWHT）における最低保持温
　　度は，前問の合金元素の含有量が多いほど，高く規定されている。
　　この理由を説明せよ。

問題M-3.（選択）

　　炭素鋼溶接部に発生するラメラテアに関して，以下の問いに答え
よ。

(1)　ラメラテアとは，どのような割れか。また，その発生メカニズ
　　ムを説明せよ。

　　　　ラメラテアとは：

　　　　発生メカニズム：

(2)　ラメラテアの発生は，鋼材のどのような機械的特性と密接に関
　　係するか。

(3)　材料選択の観点からのラメラテアの防止策を1つ挙げよ。

問題 M-4.（選択）

ステンレス鋼溶接金属の凝固組織と耐食性に関して，以下の問い
に答えよ。

(1) 次式で定義される Cr 当量／Ni 当量の比により，凝固モードが
どのように変化するかを説明せよ。

　　Cr 当量 = Cr + 1.5Si + Mo + 0.5Nb + 2Ti

　　Ni 当量 = Ni + 0.5Mn + 30C + 30N

(2) 同じ化学組成であっても，溶接速度が速くなると凝固モードが
変化することがある。どのように変化するかを述べよ。

(3) オーステナイト系ステンレス鋼溶接金属における耐食性の劣化
原因について，凝固モードと偏析の観点から説明せよ。

問題 M-5.（選択）

アルミニウム合金について，以下の問いに答えよ。

(1) 熱処理合金と非熱処理合金の特徴について述べよ。

　　熱処理合金：

　　非熱処理合金：

(2) 熱処理合金と非熱処理合金の溶接熱影響部組織の特徴について
説明せよ。

　　熱処理合金：

　　非熱処理合金：

(3) アルミニウム合金と鉄鋼の異材溶接部では，アルミニウム合金
側に著しい腐食を生じることがある。このような腐食を何と呼ぶ
か。また，その腐食メカニズムを説明せよ。

　　腐食の名称：

　　メカニズム：

「設計」
問題D-1.（英語選択）

　　AWS D1.1/D1.1M:2010 Structural Welding Code - Steel（閲覧資料）の規定に関する以下の問いに日本語で答えよ。

(1) 厚さの異なる鋼板の突合せ継手において，静的応力が作用する場合と繰返し応力が作用する場合のそれぞれについて，厚さ変化部をどのように処理するべきか。（2.8節及び2.17節参照）

　　静的応力が作用する場合：

　　繰返し応力が作用する場合：

(2) 同一厚さの鋼板の完全溶込み継手において，溶接線に直角方向に繰返し応力が作用するとき，

　　a) 余盛を削除した場合の応力範囲の限界値は，余盛をそのまま残した場合の何倍か。

　　b) 疲労亀裂は，それぞれどの位置で発生する可能性があるか。（2.14節参照）

　　余盛を削除した場合：

　　余盛を残した場合：

問題D-2.（英語選択）

　　ASME Boiler and Pressure Vessel Code, Section VIII - Division 1（閲覧資料）UW-5の規定について，以下の問いに日本語で答えよ。

(1) 規格が異なる２種類の材料を溶接することを認めているか否かを答えよ。認めている場合はその条件を，認めていない場合はその理由を述べよ。

(2) オーステナイト系ステンレス鋼の溶接にエレクトロスラグ溶接，及びエレクトロガスアーク溶接の使用を認めているか否かを答えよ。認めている場合はその条件を，認めていない場合はその理由を述べよ。

(3) 圧力容器に溶接される非耐圧部材には，溶接性を保証すること

が求められている。非耐圧部材の材料が特定できない場合，どのように溶接性を証明すればよいか。

問題 D-3.（選択）

　図に示すように，壁に溶接された片持ち梁に，垂線に対して45°傾いた方向に40 kN の力が作用する。この継手は道路橋示方書（閲覧資料）に従って設計され，使用鋼材をSM400として以下の問いに答えよ。

　なお，図のような矩形断面の中立軸のまわりの断面二次モーメント I は，$I = bh^3/12$ で与えられる。ここに，b は梁の厚さ，h は梁の高さである。また，$1/\sqrt{2} = 0.7$ とする。

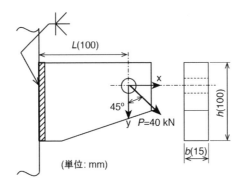

(1) 溶接のど断面に作用する平均せん断応力度はいくらか。
(2) 溶接のど断面に作用する曲げモーメントはいくらか。
(3) 溶接のど断面に作用する最大引張応力度はいくらか。
(4) SM400 材の許容せん断応力度，及び許容引張応力度はいくらか。
(5) この継手が強度的に安全かどうかを，評価手順とともに示せ。

問題 D-4.（選択）

　下図に示す溶接継手がある。いずれも応力を伝える主要部材であ

る。鋼構造設計規準（閲覧資料）の16章に従って許容される場合は
○印を，許容されない場合は×印を（　　）内に記せ。また，その
判定理由（例えば，「1章1節（1）を満足する」）を，□□□□内
に記せ。

(1)（　　）

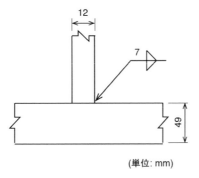

(単位: mm)

(2)（　　）

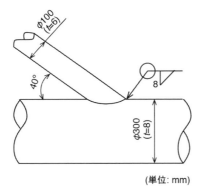

(単位: mm)

(3)（　　）

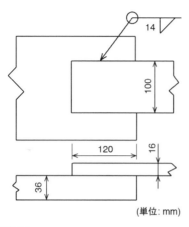

（単位：mm）

問題 D-5.（選択）

　　ASME Boiler and Pressure Vessel Code, Section VIII - Division 1（閲覧資料）UG-27により，常温で気体を加圧貯蔵する球形タンクを設計する。設計条件は以下のとおりである。

　　・球殻の材料：P-1（炭素鋼）

　　・許容引張応力（S）：194MPa

　　・設計圧力（P）：1.5MPa

　　・球殻の溶接継手の形式：両側突合せ継手（Category A）

　　・放射線透過試験（RT）：全線RTを要求する。

　　・球殻の設計板厚（t_s）：38mm

　　・腐れ代：3 mm

　　以下の問いに答えよ。

(1) 計算に用いる必要最小板厚（t）はいくらか。

(2) 最大許容継手効率はいくらか。

(3) 球殻の内半径（R）は何mか，小数点以下1桁まで求めよ。計算式，及び計算過程も示すこと。

(4)(3) の計算式が適用できることを，球殻の板厚，及び設計圧力
の観点から検証せよ。

問題D-6.（選択）

JIS B 8265：2010（閲覧資料）附属書 S の規定に従い，圧力容器
の溶接後熱処理（PWHT）に関する以下の問いに答えよ。

(1) 次の4つの条件のうちPWHTを実施する必要があるのはどれ
か。該当するものをすべて選べ。

①材料が炭素鋼（P-1）で板厚が20mmの致死的物質を保有する
圧力容器。

②材料が炭素鋼（P-1）で板厚が38mm，100℃の予熱を行う圧力
容器。

③材料がクロムモリブデン鋼（P-5）で板厚が20mm，150℃ の予
熱を行う圧力容器。

④材料が9％ニッケル鋼で，板厚が45 mm の圧力容器。

(2) 板厚50 mm のP-1 材料の圧力容器に対してPWHTを行うもの
とする。保持温度を600℃としたとき，最小保持時間はいくらか。

(3) 容器の材料が板厚50mmのQT鋼（P-1）のため，その焼戻し温
度を超えないように，S.5.1.2e）に従って保持温度を低減したい。
低減温度を最も小さくする場合，PWHTの最低保持温度と最小
保持時間はいくらか。

「施工・管理」
問題P-1.（英語選択）

AWS D1.1／D1.1 M:2010 Structural Welding Code-Steel（閲覧
資料）の「5.26 Repairs」項に補修に関する規定がある。この規定
に従って，以下の問いに日本語で答えよ。

(1) 溶接金属，又は母材部分の除去方法を記せ。

(2) 除去時の注意事項を記せ。

(3) 割れ範囲の確認方法と，除去及び補修の範囲を記せ。（5.26.1.4）

割れ範囲の確認方法：

除去及び補修の範囲：

(4) 溶接により変形が生じた部材はどうするか。(5.26.2)

(5) 局部加熱による溶接変形矯正時の制限事項を記せ。(5.26.2)

問題P-2.（英語選択）

ASME Boiler and Pressure Vessel Code, Section VIII, Div.1 Part UW（閲覧資料）の規定に関し，以下の問いに日本語で答えよ。

(1) 容器の製作に適用される施工法承認試験はASME Code の何番のSection に準拠すべきか。(UW-28(b))

(2) 母材温度が10°F（－12℃）の場合，母材表面を溶接前にどのように処置すべきか。 (UW-30)

(3) 突合せ溶接継手で許容される目違い量は，板厚（t）と継手のカテゴリの組合せで決められている。この板厚（t）はどのように規定されているか。(UW-33(a))

(4) 溶接技能者が識別番号，文字，又は記号を溶接線に沿って，3ft（1m）以内ごとにスタンプするのは，どのような溶接の場合か。(UW-37(f)(1))

(5) 部分抜取り放射線透過試験において，抜取り程度と放射線透過写真の最小長さから求まる最小抜取り率（長さ換算）はいくらか。(UW-52(b)(1) と (c))

問題P-3.（選択）

溶接部材の組立てに関して，以下の問いに答えよ。

(1) 高張力鋼にタック溶接する場合の留意点を2つ述べよ。

(2) タック溶接で最小溶接長を規定している理由を記せ。

(3) 本体に溶接で取り付けたピースを除去する時の留意点を2つ記せ。

問題P-4.（選択）

　　　裏はつりについて以下の問いに答えよ。

（1）アークを利用したガウジング法を2つ記せ。

　　　ガウジング法1：

　　　ガウジング法2：

（2）上記の各ガウジング法の長所と適用上の留意点をそれぞれ2つ
　　　記せ。

　　　ガウジング法1：

　　　ガウジング法2：

問題P-5.（選択）

　　　溶接後熱処理（PWHT）について，以下の問いに答えよ。

（1）圧力容器に用いてもPWHTが要求されない材料を2つ挙げ，
　　　PWHTが要求されない理由を述べよ。

　　　材料（2つ）：

　　　理由：

（2）PWHTと直後熱について，それぞれ目的と熱処理条件を記せ。

　　　PWHT：

　　　直後熱：

問題P-6.（選択）

　　　供用中のオーステナイト系ステンレス鋼製高温配管で，溶接部に
　　漏れが検知された。これに関して以下の問いに答えよ。

（1）漏れの発生原因として可能性のある損傷を2つ挙げよ。

（2）この漏れ防止のために補修溶接が必要となった。溶接管理技術
　　　者として，行うべき事項を4つ挙げよ。

「溶接法・機器」

問題E-1.（選択）

　　　アルミニウムのティグ溶接では交流電源を用いる場合が多い。そ

の理由を述べよ。

問題E-2.（選択）

　シールドガスに80%Ar + 20%CO_2混合ガスを用いるソリッドワイヤのマグ溶接の溶滴移行形態を，次の電流・電圧域に分けて説明せよ。

(1) 小電流・低電圧域

(2) 中電流・中電圧域

(3) 大電流・高電圧域

問題E-3.（選択）

　エレクトロスラグ溶接（ESW）とエレクトロガスアーク溶接（EGW）について，以下の問いに答えよ。

(1) 両溶接法の類似点を2つ具体的に記せ。

(2) 両溶接法の相違点を2つ記せ。

問題E-4.（選択）

　マグ溶接ロボットに用いられるセンサの名称を2つ挙げ，それらの原理と機能を簡単に説明せよ。

(1) センサの名称：

　　原理と機能：

(2) センサの名称：

　　原理と機能：

問題E-5.（選択）

　レーザ切断のアシストガスとして，炭素鋼の場合には酸素が，ステンレス鋼の場合には窒素が用いられることが多い。その理由を述べよ。

●2017年11月12日出題　特別級試験問題●

解答例

「材料・溶接性」

問題 M-1.（選択）

(1)

α -Fe

結晶構造：　体心立方（bcc）

最大固溶限：　0.0218%

γ -Fe

結晶構造：　面心立方（fcc）

最大固溶限：　2.11%

(2)

　1350℃における0.5%C鋼の組織はオーステナイト単相であり，1350℃から徐冷すると約780℃でオーステナイトからフェライトへの変態が開始（初析フェライトが析出）し，フェライト＋オーステナイト二相組織となる。さらに温度が低下すると，フェライト分率が増加し，727℃で残留していたオーステナイトが，パーライト（フェライト＋セメンタイト）に共析変態し，室温組織は初析フェライト＋パーライト（フェライト＋セメンタイトの混合組織）となる。

(3)

　鋼の変態は炭素の拡散により支配され，フェライトが生成するとオーステナイト中に炭素が拡散する。冷却速度が増加するほど，炭素の拡散が追いつかなくなり，相変態が遅れるとともに変態温度は低下し，ベイナイトが形成されるようになる。冷却速度がある限界を超えると，拡散に要する時間的余裕がなく，フェライト中に炭素が閉じ込められたマルテンサイトに変態する。

問題M-2.（選択）

(1)

　　要求される特性：

　　　　クリープ強度（高温強度）と高温における耐酸化性・耐食性

　　合金元素１：Mo

　　その役割：

　　　　Moはクリープ強度に特に顕著な影響を及ぼし，１％程度の添加でもクリープ強度を数倍に高める効果がある。

　　合金元素２：Cr（Vも可）

　　その役割：

　　　　Crは１％程度の添加でクリープ強度向上に有効であり，１％以上の添加は耐酸化性・耐食性の向上を目的としている。（Vは微細な炭化物や炭窒化物を形成し，分散析出硬化による一層のクリープ強度向上を目的としている。）

(2)

　　溶接後熱処理は主に溶接残留応力の緩和のために用いられる。溶接残留応力の緩和は，溶接後熱処理過程での降伏応力の低下とクリープ現象により進行する。合金元素（Cr，Mo，V）含有量が多いほど，高温での降伏応力の低下が小さくクリープ強度も高くなるため，最低保持温度を高くする必要がある。

問題M-3.（選択）

(1)

　　ラメラテアとは：

　　　　十字形突合せ継手やすみ肉多層盛継手などの溶接熱影響部，およびその隣接部において鋼板の圧延方向と平行に階段状に発生する割れ。

　　発生メカニズム：

　　　　圧延組織に沿って層状に存在する非金属介在物（主にMn硫化物，一部に酸化物）とマトリックス界面が，板厚方向に作用

する引張応力（拘束応力）や残留応力によって剥離・開口し，階段状の連続した割れに至る。また，水素がラメラテアの発生に関与することもある。

(2)

　板厚方向の絞り（延性）

(3)

　1）板厚方向の絞りが十分な鋼材を選定する。SN材C種では絞り値を25%以上としている。

　2）S含有量を制限した鋼材を選定する。SN材C種ではS含有量を約0.008%以下としている。

　3）Ca処理により非金属介在物を球状化した鋼材を選定する。

問題M-4.（選択）

(1)

　Cr当量／Ni当量の低い順に，Aモード（凝固開始から完了までオーステナイト単相凝固）→AFモード（オーステナイト初晶で凝固を開始し，完了までに包晶または共晶反応によりフェライト相が晶出）→FAモード（フェライト初晶で凝固を開始し，完了までに包晶または共晶反応によりオーステナイト相が晶出）→Fモード（凝固開始から完了までフェライト単相凝固）となる。

(2)

　溶接速度が速くなり，凝固速度が増加すると，AモードとFモードとなる化学組成範囲が広くなり，AFおよびFAモードの範囲が狭くなる。すなわち，溶接速度が遅いときにAFモードとなる化学組成でも，溶接速度が速くなるとAモードに変化する場合がある。また，溶接速度が遅いときにFAモードとなる化学組成でも，溶接速度が速くなるとFモードとなる場合がある。

(3)

　オーステナイト系ステンレス鋼溶接金属では，耐食性に有効な元素（CrやMo）の濃度が低下した部位で孔食が生じやすい。Crや

Moの凝固偏析は凝固モードの影響を大きく受け，特に，Aモード，またはAFモード凝固する場合，デンドライトの中心部でCr，Moが負偏析となり，これらの元素含有量が減少する。このため，孔食がデンドライトの中心部に選択的に発生する。

問題M-5.（選択）

(1)

熱処理合金：

　　熱処理合金（2000，6000，7000系）は，Alに常温で固溶限以上となる合金元素を添加し，高温で固溶させた後急冷し，その後の時効処理（自然時効（T4調質材）または人工時効（T6調質材））で微細な金属間化合物を析出させ，機械的特性（強度）を向上させた合金である。熱処理合金は，非熱処理合金に比べ一般に強度は高いが，耐食性や溶接性に劣る。

非熱処理合金：

　　非熱処理合金（1000，3000，4000，5000系）は，熱処理（時効処理）は施さず，焼なました（O調質材）または加工硬化させた（H調質材）合金である。H調質材には，①加工硬化だけのもの，②加工硬化後，適度に軟化処理したもの，③加工硬化後，安定化処理したものの3種類がある。

(2)

熱処理合金：

　　熱処理合金のHAZでは，溶接熱により時効析出物が固溶し，粗粒化した固溶域や，過時効（微細析出相が硬化に寄与しない成長した中間相や平衡相・安定相に遷移）となった軟化域が形成され，強度低下を引き起こす。合金種によっては，じん性低下や耐食性劣化も生じる。

非熱処理合金：

　　焼なまし材（O調質材）のHAZでは，回復域や再結晶域は形成されにくく，母材原質部からの硬さ低下はほとんどない。

加工硬化材（H調質材）のHAZでは，溶接熱により結晶粒が粗大化するほか，回復や再結晶が生じ，軟化や強度低下を引き起こすことがある。一般に熱処理合金に比べ非熱処理合金の軟化や強度低下の程度はやや軽微である。

(3)

　腐食の名称：

　　　ガルバニック腐食（異種金属接触腐食，電気化学的腐食）

　メカニズム：

　　　アルミニウム合金と鋼が電解質を含む環境中で接触していると，局部電池が形成され両者の間に電流が流れる。その結果，電位の卑な（相対的に電位の低い）アルミニウム合金側の腐食が促進される。

「設計」

問題 D-1.（英語選択）

(1)

　静的応力が作用する場合：

　　　厚さの変化を滑らかに整えるためのすみ肉溶接は必要がないとしている。(2.8.1 項)

　繰返し応力が作用する場合：

　　　突合せ溶接部表面に勾配を付けるか，厚い方の鋼板の角をそぐか，または両方法を併用することにより，厚さの勾配を 1/2.5 以下にする必要がある。(2.17.1.1 項)

(2)

　a）1.6倍（16ksi/10ksi = 1.6）(Table 2.5の5.1，および5.4)

　b)

　　余盛を削除した場合：溶接金属の内部欠陥または溶融境界
　　　　　　　　　　　　（Table 2.5の5.1）

　　余盛を残した場合：溶接止端または溶融境界（Table 2.5の5.4）

問題 D-2.（英語選択）

(1)

認めている。（UW-5(c)）

条件：Section IX の QW-250（Welding Variables）の要求に合致していること。

(2)

認めている。（UW-5(d)）

条件：フェライトを含む溶接金属とするオーステナイト系材料（SA-240 Types 304(L)，316(L)；SA-182F304(L)，F316(L)；SA-351 CF3，CF3A，CF3M，CF8，CF8A，CF8M）を用いる。

(3)

各材料の突合せ溶接継手試験体（テストクーポン）を作成し，Section IX QW-451 に従って，ガイド曲げ試験を行い合格すること。（UW-5(b)(3)）

問題 D-3.（選択）

(1)

溶接のど断面に作用するせん断力 P_y は，荷重 P の y 方向分力であり，$P_y = P/\sqrt{2}$

平均せん断応力度 τ_y は，

$$\tau_y = P_y/A = \frac{P}{\sqrt{2}bh} = \frac{40 \times 1000}{\sqrt{2} \times 15 \times 100}$$

$$= \frac{28000}{1500} = 18.7\,\text{N/mm}^2 \quad (A：部材断面積)$$

(2)

溶接のど断面に作用する曲げモーメント M は，$M = P_y \cdot L = \frac{40}{\sqrt{2}} \times 100 = 2800\,\text{kN·mm}$

(3)

溶接ののど断面に作用する最大引張応力度 σ は，曲げモーメントによる最大垂直応力 σ_{Mx} と荷重 P による x 方向の垂直応力度 σ_x の和で与えられる。

$$\sigma_{Mx} = \frac{M}{I} \cdot \frac{h}{2} = \frac{6M}{bh^2} = \frac{6 \times 2800 \times 1000}{15 \times 100^2}$$

$$= 112 \text{N} \cdot \text{mm}^2,$$

$$\sigma_x = \frac{P_x}{A} = \frac{P}{\sqrt{2}bh} = \frac{40 \times 1000}{\sqrt{2} \times 15 \times 100} = \frac{2800}{1500}$$

$$= 18.7 \text{N/mm}^2$$

ゆえに，

$$\sigma = \sigma_{Mx} + \sigma_x = 112 + 18.7 = 130.7 \text{N/mm}^2$$

(4)

許容せん断応力度 τ_a は，$\tau_a = 80 \text{N/mm}^2$，許容引張応力度 σ_a は，$\sigma_a = 140 \text{N/mm}^2$（表 -3.2.4 と表 -3.2.1）

(5)

溶接継手の合成応力度の照査すると

$$\left(\frac{\sigma}{\sigma_a}\right)^2 + \left(\frac{\tau}{\tau_a}\right)^2 = \left(\frac{130.7}{140}\right)^2 + \left(\frac{18.7}{80}\right)^2$$

$$= 0.872 + 0.055 = 0.927 < 1.2$$

したがって，この継手は強度的に安全であると言える。

問題D-4.（選択）

(1)（　×　）

16章5節を満足しない。

16章5節：すみ肉のサイズは板厚6mmを超える場合は，

$1.3\sqrt{厚い方の板厚} = 9.1$mm以上でなければならず，この条件を満足しない。

(2)（　○　）

16章3，4，および5節を満足する。

16 章3節：鋼管の分岐継手で，鋼管の交差角度が30°を超え150°未満の場合は，すみ肉溶接に応力を負担させることができる。

16章4節（3）：支管外径が主管外径の1/3以下のときは，全周すみ肉溶接とすることができる。

16章5節：鋼管の分岐継手のすみ肉のサイズは，薄い方の管の厚さの2倍まで増やすことができる。

(3)（　○　）

16章5節，および8節を満足する。

16章5節：すみ肉のサイズは薄い方の母材の厚さ以下で，かつ板厚6mmを超える場合，$1.3\sqrt{厚い方の板厚}=7.8$mm以上でなければならない。

16章8節：応力を伝達する重ね継手は，2列以上のすみ肉溶接を用いるのを原則とし，薄い方の板厚の5倍以上，かつ30mm以上重ね合わせなければならない。

問題 D-5.（選択）

(1)

必要最小板厚（t）は，設計板厚（t_s）から腐れ代を引いたものであるから，

$t = 38 - 3 = 35$mm

(2)

Table UW-12 から，Full RT ではCategory A両側溶接継手の継手効率（E）は1.00（1または100%でも可）である。

(3)

（計算式）UG-27（d）の式 $t = PR/(2SE - 0.2P)$ をRについて解くと，

$R = t \times (2SE - 0.2P)/P = 35 \times (2 \times 194 \times 1 - 0.2 \times 1.5)/1.5 = 35 \times 387.7/1.5 = 9,046$ mm

内半径Rは安全側に切り捨てる。

（正解）9.0m

(4)

UG-27（d）の式を用いるには，$t_s < 0.356R$ と $P < 0.665SE$ が成り立つ必要がある。

$t_s = 38$，$0.356R = 0.356 \times 9{,}000 = 3{,}204$，

よって $t_s < 0.356R$ が成り立つ。

$P = 1.5$，$0.665SE = 0.665 \times 194 \times 1 = 129$，よって $P < 0.665SE$ が成り立つ。

したがって，（3）の計算式が適用できる。

問題D-6.（選択）

(1)

①と③

解説　①S.2a），3）により，PWHT が必要である。②S.4.1a) 2) により，95℃以上の予熱を行う場合はPWHTを省略できる。③S.4.4a）により，厚さに関係なくPWHTが必要である。④S.4.9により，厚さが50mmを超えなければ9% ニッケル鋼にPWHT は不要である。

(2)

表S.1に従い，板厚 $t = 50$mm の場合の最小保持時間は $t/25 = 50/25 = 2$ 時間。

(3)

最低保持温度：567℃，

最小保持時間：2時間15分

表S.2に従い，低減温度は28℃である。したがって，最低保持温度は $595 - 28 = 567$℃ となる。また，その時の最小保持時間は表S.2の注a）により，25mmを超える厚さ分について25mmあたり1/4時間を加えて，2時間15分となる。

「施工・管理」
問題P-1.（英語選択）

(1)

　機械仕上げ，グラインダ，チッピングまたはガウジング

(2)

　・隣接する溶接金属または母材が切り込まれたり，掘られないようにする。

　・ガスガウジングは，焼入れ焼戻し鋼に使用してはいけない。

(3)

　割れ範囲の確認方法：

　　　酸によるエッチング，MT，PTまたは同様な有効な方法

　除去及び補修の範囲：

　　　割れ両端からそれぞれ2in.（50mm）以内の健全部を含む範囲

(4)

　機械的方法，または局部加熱により矯正する。

(5)

　認定された方法で測定した温度が，焼入れ焼戻し鋼では1100°F（600℃）を，その他の鋼では1200°F（650℃）を超えてはならない。

問題P-2.（英語選択）

(1)

　Section IXに準拠する。

(2)

　溶接開始点から3in.（75mm）内のすべての範囲の表面を手で温かく感じる温度（60°F（15℃）より高い温度）に予熱することが推奨される。

(3)

　継手の薄い方の公称板厚。

(4)

　厚さ1/4in.（6mm）以上の鋼板，および厚さ1/2in.（13mm）以上の非鉄金属板を溶接する場合。

(5)

　最小抜取り率は1％（150mm/15m）。

　（抜取り程度は50ft（15m）あたり1ヵ所で，放射線透過写真の最小長さは6in.（150mm）であることによる）

問題P-3.　（選択）

(1)

・過度の硬化と割れの防止のため，最小溶接長さを40〜50 mm 程度とする。

・本溶接で予熱を必要とする場合，タック溶接の予熱温度を本溶接の予熱温度より30〜50℃高くする。

・本溶接で必要な技量資格を有する技能者が施工する。

(2)

　タック溶接長が短いと冷却速度が大きくHAZの硬化が著しい。よって，低温割れのリスクが高まる。そのため，最小溶接長を規定して低温割れリスクを低減している。

(3)

・母材が傷がつかないように注意して除去する。

・ガス切断やガウジングを用いて行なった場合，母材表面は平滑に研削仕上げする。

・高張力鋼を用いた構造物では，仕上げ後MTやPTによる検査を行い，傷が除去されていることを確認する。

問題P-4.　（選択）

(1)

　ガウジング法1，2：

・エアアークガウジング（アークエアガウジングでも可）

　　　・プラズマガウジング（プラズマアークガウジングでも可）

　（2）

　　ガウジング法１，２：

　　①エアアークガウジングの場合

　　＜長所＞

　　　・手動で操作でき，操作性に優れる。

　　　・狭あい部でも適用でき，作業場所の制約が少ない。

　　　・機器の導入コストが低い。

　　＜留意点＞

　　　・粉じんを多量に飛散するので十分換気を行い，防じんマスク
　　　　の使用が必要。

　　　・作業音が大きく，耳栓などの騒音対策が必要。

　　　・溶接割れの原因となる炭素が付着するので，グラインダやワ
　　　　イヤブラシで完全除去しなければならない。

　　　・電極の交換頻度が高い。

　　②プラズマガウジングの場合

　　＜長所＞

　　　・ガウジング溝に炭素や銅の付着物がない。

　　　・炭素鋼のみならずアルミニウムやステンレス鋼にも適用でき
　　　　る。

　　　・作業能率が良い。

　　＜留意点＞

　　　・プラズマアークの安定のためにトーチ高さの制御が重要であ
　　　　り，手動では難しく，自動機が使われる。

　　　・①に比較して，消耗品が多く高価である。

　　　・粉じんに対する環境対策が必要。

問題P-5.（選択）

　（1）

　　材料（２つ）：

　　　オーステナイト系ステンレス鋼

　　　アルミニウム合金

　　理由：

　　　　これらの材料は遷移挙動を示さず，ぜい性破壊の恐れがない
　　　ことから，PWHT を要求されない。

　(2)

　　PWHT：

　　　　PWHT の主目的は，溶接残留応力緩和によるぜい性破壊や
　　　応力腐食割れの防止と溶接部の材質改善（延性，じん性の向上）
　　　である。P-1 材料の場合，PWHT は 595℃ 以上で保持する（通
　　　常は 25mm あたり 1 時間以上）。

　　直後熱：

　　　　直後熱の主目的は溶接金属中の拡散性水素を放出させ，低温
　　　割れを防止することである。P-1 材料の場合，直後熱は 200～
　　　350℃ で 30 分～数時間保持する。

問題 P-6.（選択）

　(1)

　　応力腐食割れ（SCC），（すき間）腐食，疲労亀裂等から 2 つ挙げ
　てあればよい。

　(2)

　　次のような処置内容が 4 つ記述されてあればよい。

　　①漏れ部の調査を行い，漏れ原因を究明する。

　　②原因に応じて，補修溶接の技術的可能性，補修溶接法，必要コ
　　　スト，補修後の余寿命等を総合的に検討する。

　　③補修範囲を決めるとともに，補修溶接手順，補修工法等を決定
　　　する。

　　④補修溶接施工要領書を作成するとともに承認を得る。

　　⑤補修溶接部の検査。

　　⑥品質記録の作成（補修記録，検査記録等）。

⑦品質記録をもとに，元の溶接施工要領書の改訂または設計変更を行ない，再発防止の処置を講ずる。

「溶接法・機器」
問題E-1.（選択）

アルミニウムの融点は約660℃であるが，その表面には融点が2000℃を超える酸化皮膜（Al_2O_3）が存在する。この酸化皮膜はアーク熱のみで除去することが難しく，クリーニング作用と呼ばれる現象を利用して除去する。クリーニング作用は棒プラス極性で得られるが，この極性では電極が過熱され，アークの指向性・集中性に欠ける。一方，棒マイナス極性では集中した指向性の強いアークが得られ，電極の熱負担も少ない。このような理由から，両極性の利点を併用できる交流を用いた溶接が採用される。

問題E-2.（選択）

(1)

短絡移行となり，ワイヤ先端部に形成された小粒の溶滴が溶融池へ接触（短絡）する短絡期間と，それが解放されてアークが発生するアーク期間とを比較的短い周期（60～120回／秒程度）で交互に繰返す。

(2)

ドロップ移行となり，ワイヤ端にはワイヤ径より大きい径の溶滴が形成されるが，アークによる強い押上げ作用の影響は少なく，溶滴移行は比較的スムーズでスパッタの発生も少ない。

(3)

臨界電流以上になると，電磁ピンチ力が強力に作用してワイヤ先端部の溶融金属の離脱を容易にするためスプレー移行となる。臨界電流直上近傍での溶滴移行形態はプロジェクテッド（プロジェクト）移行であるが，溶接電流の増加にともなって移行形態はストリーミング移行へ，そしてローテーティングスプレー移行へと推移

する。

問題E-3.（選択）

(1)

以下から2つ挙げる。

①立向姿勢での溶接を高能率に行う自動溶接法

②摺動式水冷銅当て金で開先の表および裏面を囲う

③水冷銅当て金で囲われた空間の上方から溶接ワイヤを供給して溶融金属を生成

(2)

以下から2つ挙げる。

①熱源（ESWは抵抗発熱，EGWはアーク発熱）

②溶融金属のシールド方法（ESWは溶融スラグ，EGWはシールドガス）

③開先形状（一般に，ESWはI開先，EGWはV開先）

④厚板材への適用限界（ESWでは極厚材（板厚1,000mm以上）への適用も可能，EGWでは35mm程度，最大でも板厚60mm程度まで）

問題E-4.（選択）

以下から2つ挙げる。

センサの名称：

原理と機能：

(1) ワイヤタッチセンサ（電極接触センサ，またはワイヤアースセンサと書いてもよい。）

溶接ワイヤが母材と接触したときの電流，または電圧の変化を利用して，接触部のロボットの位置情報からその位置の3次元座標データを求める。このような母材への接触動作を数回繰り返すことによって得られた複数の座標データから，開先形状，溶接位置や部材の始終端部の位置などを検出する。

(2) アークセンサ

　マグ溶接では，トーチ高さ（ワイヤ突出し長さ）が変わると溶接電流が変化する。

　この現象を利用してトーチの位置情報を得るのがアークセンサである。溶接トーチをウィービングしたり，回転させたりすると電流（または電圧）が変化するため，その変化パターンから溶接線からのずれを検出でき，溶接中にトーチ位置修正を自動的に行える。

(3) 光センサ

　光センサにはレーザスリット光を利用した光切断センサや，CCDカメラ等で溶接部を直視する視覚センサ等がある。

　光切断センサでは，開先や段差があるとスリット光の反射状態が変化するので，それを検出して画像処理し，溶接位置や開先形状などを求め，トーチ位置や溶接条件を制御する。

　視覚センサでは，CCDカメラ等で得られた視覚画像を処理して，電極，アーク，および溶融池の状態や位置・形状を求め，溶接条件などを制御する。

問題E-5.（選択）

　炭素鋼の場合，アシストガスとして酸素を用いると，酸素と鉄の酸化反応熱により切断性能を向上させることができる。しかし，ステンレス鋼の場合は，アシストガスに酸素を用いると，クロム酸化物を含むスラグが切断部表面に付着し，良質な切断面を得ることが困難になる。アシストガスに窒素を用いれば，切断部の酸化を抑制し，切断面が滑らかになり，ドロスの少ない良質切断が可能になる。

●2017年6月4日出題●

特別級試験問題

「材料・溶接性」

問題M-1.（選択）

TMCP鋼とその溶接性について，次の問いに答えよ。

(1) TMCP鋼の製造法の特徴を，成分設計と圧延方法の2つの観点から述べよ。

成分設計：

圧延方法：

(2) TMCP鋼のミクロ組織及び機械的性質の特徴について述べよ。

ミクロ組織の特徴：

機械的性質の特徴：

(3) 普通圧延鋼と比較して，TMCP鋼を採用するメリットを溶接性の観点から2つ挙げよ。

メリット①：

メリット②：

問題M-2.（選択）

HT780鋼の溶接性について，次の問いに答えよ。

(1) 溶接熱影響部粗粒域のじん性は，溶接入熱が過大になると劣化する。その理由を熱影響部のミクロ組織と関連づけて説明せよ。

(2) アーク溶接における入熱の上限値について説明せよ。

問題M-3.（選択）

炭素鋼溶接部の凝固割れについて，次の問いに答えよ。

(1) 凝固割れの発生メカニズムを凝固偏析と関連させて述べよ。

(2) 炭素鋼のサブマージアーク溶接やマグ溶接の初層において，凝固割れが生じることがある。この割れの発生には，凝固偏析のほかに柱状晶の成長形態が影響する。割れを助長する柱状晶の成長形態を説明せよ。

問題 M-4.（選択）

二相ステンレス鋼とその溶接性について，次の問いに答えよ。

(1) 二相ステンレス鋼の組織とその特徴を述べよ。

(2) 二相ステンレス鋼溶接熱影響部では，機械的特性，耐食性が劣化することがある。その理由を２つ述べよ。

(3) 二相ステンレス鋼溶接熱影響部における組織改善，及び性能劣化抑制に最も有効な添加元素は何か。その理由とともに延べよ。

添加元素：

理由：

問題 M-5.（選択）

チタンの溶接性について，次の問いに答えよ。

(1) 溶接上の問題点とその対策を述べよ。

問題点：

対策：

(2) 溶接部の良否を判断する評価基準を WES 8104（現在は JIS Z 3805）に準拠して説明せよ。

「設計」

問題 D-1.（英語選択）

AWS D1.1/D1.1M:2010 Structural Welding Code - Steel （閲覧資料）の規定に関する次の問いに日本語で答えよ。

(1) 鋼板のすみ肉溶接継手が，有効断面にせん断力を受ける場合，許容応力はいくらと規定しているか。ただし，母材のせん断応力は，規定降伏強さの0.4倍以上とする。（Table 2.3参照）

(2) 母材と溶加材の規定降伏強さが620 MPa 以上で，溶接線に直角方向に負荷応力が作用し，負荷応力の方向に平行に研削して，かつ厚さ又は幅の変化の勾配が1/2.5より大きくない完全溶込み開先溶接継手の疲労限はいくらか。（Table 2.5参照）

(3) (2) の継手で疲労亀裂発生の可能性がある場所はどこか。３つ挙げよ。（Table 2.5参照）

問題 D-2. (英語選択)

ASME Boiler and Pressure Vessel Code, Section VIII - Division 1 (閲覧資料) UW-11 (a) で，容器のシェル (胴板) 及びヘッド (鏡板) の突合せ溶接継手に対して，全線放射線透過試験 (RT) を必要とするのはどのような場合か，次の観点から述べよ。

(1) 容器の内容物が何の場合か。

(2) 溶接部の公称板厚がいくらの場合か (特に規定された材料を除く)。

(3) 火なしスチームボイラーでは，全線RTを必要とする設計圧力と板厚の関係はどうなっているか。

問題 D-3. (選択)

下図のような引張荷重が作用するT 継手に対する次の問いに答えよ。なお，材料はSM490で，鋼構造設計規準 (閲覧資料) に従って設計し，脚長とサイズは等しいものとする。

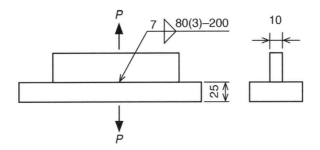

(1) すみ肉溶接のサイズが規定を満足するかどうか，その根拠とともに記せ。

(2) すみ肉溶接の有効長さが規定を満足するかどうか，その根拠とともに記せ。

(3) この溶接継手の許容応力度，及び許容最大荷重はいくらか。

　　許容応力度：

　　許容最大荷重：

問題D-4.（選択）

　　鋼構造設計規準（閲覧資料），及び道路橋示方書・同解説（閲覧資料）に準拠した，溶接継手の疲労設計に関する次の問いに答えよ。

（1）鋼構造設計規準

　（1-1）建築構造物において疲労の検討を必要とする部材は何か。

　（1-2）基準疲労強さとは何か。

（2）道路橋示方書・同解説

　（2-1）板厚12mmの鋼板の横突合せ溶接継手において，止端仕上げ（曲率半径3mm以上）を行った場合の疲労強度は，行わなかった場合の何倍か。なお，溶接内部のきず寸法は3mm以下で，アンダカットがなく，仕上げは応力の方向と平行に行うものとする。

　（2-2）止端仕上げを行わなかった上記溶接継手において，裏当て金付き片面溶接の場合の疲労強度は，良好な裏波形状を有する片面溶接の場合の何倍か。

　（2-3）板厚12mmの鋼板の縦方向溶接継手（溶接線が応力軸に平行な継手）において，アンダカット深さが0.3mm以下の断続すみ肉溶接の疲労強度は，連続すみ肉溶接の場合の何倍か。

問題D-5.（選択）

　　ASME Boiler and Pressure Vessel Code, Section VIII - Division 1（閲覧資料）UG-27に従って横置き円筒型圧力容器を設計する。設計条件は，次のとおりである。

・材料：P-1（炭素鋼）

・許容応力（S）：100MPa

・設計圧力（P）：2.8MPa

・胴板の溶接継手の形式：完全溶込み両側溶接突合せ継手

・放射線透過試験（RT）：全線RTを要求する。

・腐れ代を含む円筒胴の板厚：38mm

・腐れ代：3mm

　　上記の設計条件における円筒胴の許容最大内径の算定に関して次

の問いに答えよ。

(1) この容器の継手効率（E）はいくらか Table UW-12 に従って答えよ。

(2) この容器の許容最大内径（直径）を UG-27 の式を用いて計算せよ。

(3) (2) で用いた式が適用できることを検証せよ。

問題D-6.（選択）

JIS B 8265：2010（閲覧資料）8.5節，及び附属書Pに従って，完成後の圧力容器に対して耐圧試験を実施する。

次の問いに答えよ。

(1) 寒冷時に水圧試験を行う場合，水温に対してどのような規定があるか。

(2) この圧力容器の設計圧力は1.2MPaである。耐圧試験圧力 P_t（MPa）はいくらにすべきか。ただし，耐圧試験温度における材料の許容応力 σ_t は，設計温度における許容応力 σ_a と同じとする。

(3) 容器の構造上，耐圧試験後の水抜きが完全にできないことがわかった。この場合の耐圧試験はどうすればよいか。

(4) (3) の場合の試験圧力 P_t（MPa）はいくらにすべきか。

「施工・管理」

問題P-1.（英語選択）

AWS D1.1/D1.1 M:2010 Structural Welding Code-Steel（閲覧資料）の「5.Fabrication」の「5.24 Weld Profiles」では，溶接部の目視検査の許容基準が Table 6.1 に規定されている。この規定に従って次の問いに日本語で答えよ。

(1) 静的荷重を受ける板厚20mmの管状でない溶接部に下図のようなアンダカットが存在するものとする。このアンダカットが許容されるか否かを理由とともに記せ。

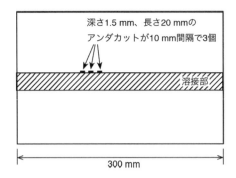

（2）設計上の引張応力に垂直な完全溶込開先突合せ継手の管状でない溶接部に繰返し荷重が作用する。この溶接部に目視観察で直径0.5 mm 程度の小さいパイプ状ポロシティが発見された。このポロシティが許容されるか否かを理由とともに記せ。

（3）ASTM A514, A517等の鋼では，目視検査の実施時期をどう規定しているか。

問題P-2.（英語選択）

ASME Boiler and Pressure Vessel Code, Section VIII - Division 1（閲覧資料）Part UWの規定に関し，次の問いに日本語で答えよ。

（1）溶接前に表面から除去するものを2つ挙げよ。（UW-32）

（2）突合せ溶接継手で許容される目違い量を決める要素は何か。（UW-33）

（3）サブマージアーク溶接で溶接作業を中断した場合，再スタートにあたって特に推奨されていることは何か。（UW-37（c））

（4）溶接欠陥の補修時，欠陥の除去方法をどのように規定しているか。（UW-38）

（5）炉で数回に分けてPWHTする場合，加熱部の重なりは少なくともどれだけ必要か。（UW-40（a）（2））

問題P-3.（選択）

溶接構造物の疲労損傷の発生要因を，溶接設計面から2つ，溶接施工面から2つ挙げよ。また，溶接後に行うことができる疲労き裂

の発生抑制法を 3 つ挙げよ。

(1) 溶接設計面での要因

　①

　②

(2) 溶接施工面での要因

　①

　②

(3) 溶接後に行うことができる疲労き裂の発生抑制法

　①

　②

　③

問題 P-4.（選択）

　JIS Z 3420：2003「金属材料の溶接施工要領及びその承認－一般原則」，及び，JIS Z 3422-1：2003「金属材料の溶接施工要領及びその承認―溶接施工法試験」に関して，次の問いに答えよ。

(1) 溶接施工法試験によって溶接施工要領書を承認するまでの手順を記せ。

(2) 工場内のある課が取得した溶接施工要領書の承認が，工場内の別の課でも有効となるのはどのような条件か。

(3) 新たな多層盛の溶接継手（板厚 32 mm）の溶接施工法の承認を受ける必要が生じた。いくらの板厚で溶接施工法試験を実施するか，その考え方を述べよ。なお，JIS Z 3422 では，承認される板厚範囲は，試験材の板厚を t としたとき $0.5t \sim 2t$（最大 150 mm）である。

問題 P-5.（選択）

　液化天然ガス（LNG）貯蔵タンクとして，地下式メンブレンタンクがある。これに関して，次の問いに答えよ。

(1) 地下式メンブレン方式の構造を説明せよ。

(2) 地下式メンブレン方式内槽材に要求される機能を述べ，内槽材にコルゲーションが設けられている理由を記せ。

　　　　要求される機能：

　　　　コルゲーションを設ける理由：

(3) 内槽材として用いられている材料は何か。

(4) メンブレンに適用される継手形式と溶接法を述べよ。

　　　　継手形式：

　　　　溶接法：

問題P-6.（選択）

　　オーステナイト系ステンレス鋼（SUS304）の溶接継手に発生する応力腐食割れ（SCC）について次の問いに答えよ。

(1) SCCを生じさせる環境を1つ挙げよ。

(2) 腐食環境以外のSCCの主要因を2つ挙げよ。

(3) SCCの防止策を環境対策を除いて3つ挙げよ。

「溶接法・機器」

問題E-1.（選択）

　　次の用語の意味をそれぞれ簡単に説明せよ。

(1) プラズマ：

(2) 埋れアーク：

問題E-2.（選択）

　　鋼板の突合せ溶接で，アークが板の端部に近づくと，板の中央部（ビード側）に向かってアークが偏向する（振れる）現象を生じることがある。この現象は何と呼ばれているか。また，この現象の原因について簡単に説明し，その軽減対策を2つ挙げよ。

(1) 現象の名称：

(2) 発生原因：

(3) 対策1：

　　　　対策2：

問題E-3.（選択）

　　太径ワイヤを用いるサブマージアーク溶接，及び細径ワイヤを用いるマグ溶接では，それぞれ一般に，垂下特性，及び定電圧特性の溶接電源が用いられる。各特性の溶接電源で溶接中にアーク長が変

動した場合のアーク長制御作用について説明せよ。

(1) 垂下特性電源を用いるサブマージアーク溶接の場合

(2) 定電圧特性電源を用いるマグ溶接の場合

問題 E-4.（選択）

エアアークガウジングの原理（方法）とそれに用いられる機器（電源，トーチ，電極等）について簡単に述べよ。

　原理（方法）：

　機器（電源，トーチ，電極等）：

問題 E-5.（選択）

ガス切断の原理を簡単に述べよ。また，予熱炎の役割を 2 つ挙げよ。

(1) 切断原理

(2) 予熱炎の役割

●2017年 6 月 4 日出題　特別級試験問題●
解答例

「材料・溶接性」

問題 M-1.（選択）

(1)

成分設計：Ｃや合金元素の添加量を低く抑えてC_{eq}を低くする。

圧延方法：普通圧延鋼より低温でスラブを加熱し，熱間圧延（粗圧延）後の冷却過程において，A_{r3}温度域直上（未再結晶 γ 域）または二相域温度で圧延（制御圧延）を行った後，必要に応じて水冷によって加速冷却を行う。

(2)

ミクロ組織の特徴：層状パーライトの低減や一部焼入れ組織とすること等により，ミクロ組織を微細化している。

機械的性質の特徴：鋼材の強度とじん性を高めている。

(3)

　メリット①，②：

　以下から2つ挙げる。

　　①溶接熱影響部の硬化の抑制

　　②溶接熱影響部のじん性低下の抑制

　　③低温割れ感受性の低減

　　④予熱条件の緩和

問題 M-2. （選択）

(1)

　HT780鋼の溶接熱影響部粗粒域のミクロ組織は，適正入熱条件では下部ベイナイトとなり，有効結晶粒径（ぜい性き裂の破壊単位）が小さく，じん性は比較的良好である。一方，溶接入熱を大きくすると粗粒域のミクロ組織は上部ベイナイトとなり，有効結晶粒径は大きくなるため，じん性が低くなる。さらに，粒界フェライトから鋸歯状に成長したフェライト（フェライトサイドプレート）の間に，島状マルテンサイト（MA）が生成しやすく，MAは硬化組織であるため，ぜい性き裂の発生起点となり，じん性は低下する。

(2)

　HT780鋼の溶接では，一般に，溶接入熱は約5 kJ/mm以下に制限される。ただし，この入熱上限値は板厚30mm以上の場合で，板厚が30mm以下では，板厚に応じて入熱上限値は低くなる。

問題 M-3. （選択）

(1)

　溶接凝固は溶接融合線からの柱状晶の成長で始まり，両側の融合線から成長してきた柱状晶が衝突（会合）して凝固は完了する。柱状晶が成長する際，柱状晶からC，P，S等の元素が残留融液に排出され，最終凝固域の融液にはこれらの元素が濃縮（凝固偏析）する。この凝固偏析により残留融液の融点が低下し，最終凝固域に低融点液膜が形成され，これに凝固にともなう引張ひずみが作用して最終凝固部が開口し，凝固割れに至る。

(2)

　溶接金属の凝固割れは溶融境界線から成長する柱状晶同士が会合する最終凝固域に発生する。柱状晶同士が斜めに会合すると，凝固割れが生じにくくなる。しかし，柱状晶同士が正面から会合すると，柱状晶の凝固収縮による引張ひずみが最終凝固域に集中し，凝固割れの発生を助長する。柱状晶の正面会合は，溶接速度が速い場合や，ビード幅に対し溶込み深さが深い（梨型ビードの）場合に生じやすい。

問題 M-4. （選択）

(1)

　二相ステンレス鋼は，微細なフェライト＋オーステナイト二相組織からなるため，一般にオーステナイト系ステンレス鋼（単相鋼）に比べ高い強度を有する。また，フェライト相とオーステナイト相の比が約1であり，細粒組織であるため，じん性，および耐食性に優れている。

(2)

　下記のうち，2項目
　①オーステナイト量の減少（フェライト相の増加）
　②Cr炭窒化物の析出
　③σ相の析出
　④フェライト相の二相分離（相分解）

(3)

　添加元素：N
　理由：
　　Nは拡散速度が大きく，溶接熱サイクルの冷却過程でも十分拡散してオーステナイト相を生成（オーステナイト相の安定化）して，フェライト／オーステナイト相比を母材原質部に近づける効果があるとともに，炭窒化物析出の抑制も期待できるため。

問題 M-5. （選択）

(1)

問題点：

　　チタンは活性であり，高温になると酸化や窒化が起こりやすくなると同時に，酸素，窒素，水素の固溶度が高くなり，これらの気体を吸収して，著しく硬化，ぜい化を引き起こす。また，開先面の汚れ等があると微細なブローホールが生じやすい等の問題点がある。

対策：

　　①十分なガスシールドを行い，大気巻き込みによる汚染を防ぐため，溶接部が約450℃以下に冷却されるまでトレーリングシールド（アフターシールド），バックシールドを確実に実施する。

　　②プリフロー時間を長くする。

　　③溶加材，開先面の汚れ（油分，水分等）を除去する。

(2)

　　チタンは酸化や窒化により表面が変色するため，溶接時のガスシールドの良否を色によって評価できる。チタン表面の色は，ガスシールドが不十分となるにつれて，銀白色→金色→紫色→青色→青白色→暗灰色→白色→黄白色と変化する。WES 8104（現在はJIS Z 3805）技術検定では，青色までを合格としている。なお，青白色～黄白色となると，硬化やぜい化を引き起こし，延性が低下する。

「設計」

問題 D-1.（英語選択）

(1)

　　溶接金属の規定引張強さの0.3倍（Table 2.3 の Fillet welds の欄）

(2)

　　83MPa（12ksi）（Table2.5 の Threshold F_{TH} の欄）

(3)

　　溶接金属中に存在する不連続部

　　溶融境界（ボンド）

厚さまたは幅の変化開始点

（Table 2.5 の Potential crack initiation point の欄）

問題 D-2.（英語選択）

（1）

　致死的物質の場合

（2）

　1.5 inch（38mm）を超える場合

（3）

　設計圧力が 50psi（350kPa）を超える場合は全板厚範囲で全線 RT を必要とする。

　設計圧力が 50psi（350kPa）以下の場合は，公称板厚が 1.5 inch（38mm）を超えると全線 RT を必要とする。

問題 D-3.（選択）

（1）

　「すみ肉溶接のサイズは，薄い方の母材の厚さ以下でなければならない」とある。サイズ 7mm は薄い方の板厚（10 mm）より小さいので，規定を満足する。

　さらに，「T 継手で，板厚 6mm を超える場合は，すみ肉のサイズは 4mm 以上で，かつ $1.3\sqrt{t}$ 以上でなければならない。ここに，t（mm）は厚い方の母材の板厚を示す」とある。サイズ 7mm は 4mm，及び $1.3\sqrt{t} = 1.3\sqrt{25} = 6.5$mm より大きいので，規定を満足する。（16.5 節）

（2）

　「応力を伝達するすみ肉溶接の有効長さは，すみ肉のサイズの 10 倍以上で，かつ 40mm 以上とすることを原則とする」とある。

　有効長さ 80mm は，10×7mm $= 70$mm，及び 40mm より大きいので，規定を満足する。（16.6 節）

（3）

　許容応力度：許容せん断応力度 $\tau_a = 325/(1.5\sqrt{3}) = 125$N/mm^2

　　　　許 容 最 大 荷 重： 許 容 最 大 荷 重 ＝ $\tau_a \times 7 \times 0.7 \times 80 \times 3 \times 2 =$
294,000N = 294kN

問題 D-4.（選択）

　(1)

　　(1-1) 1×10^4 回を超える回数の繰返し応力を受ける構造要素又は
　　それに隣接する部材（クレーンの走行桁，機械又は設備を支持
　　する部材等）（鋼構造設計規準7.1（1））

　　(1-2) 繰返し数が 2×10^6 回に達すると疲労破壊する応力範囲（鋼
　　構造設計規準7.3）

　(2)

　　(2-1) 1倍（同じ）（道路橋示方書・同解説　表-6.3.7（b））

　　(2-2) 0.65倍（道路橋示方書・同解説　表-6.3.7（b），および表-
　　解6.3.1）

　　(2-3) 0.8倍（道路橋示方書・同解説　表-6.3.7（c））

問題 D-5.（選択）

　(1) 1.00（Table UW-12（1））

　(2)

　　UG-27（1）の式から，$R = (SE - 0.6P)\ t/P$ となる。

　　ただし，R：円筒胴の内半径（mm），S：材料の許容応力 =
100MPa，E：継手効率，t：計算厚さ = 38 − 3 = 35mm，P：設計圧
力 = 2.8 MPa

　　$R = (100 \times 1 - 0.6 \times 2.8) \times 35/2.8 = 98.32 \times 35/2.8 = 1,229$mm

　　$D = 2R = 2,458$mm

　(3)

　　UG-27（1）の式が使えるための条件として次の2点を検証する。

・胴板の板厚が内半径の1/2を超えないこと

　　板厚 t は38mmで，内半径の $1/2 = 0.5 \times 1,229 = 614.5$mm より小
さい。

・設計圧力 P が $0.385\,SE$ を超えないこと

　　設計内圧 P は2.8MPaで，$0.385SE = 0.385 \times 100 \times 1.0 = 38.5$MPa

より小さい。

　　以上から，UG-27（1）の計算式を適用できる。

問題 D-6.（選択）

　（1）

　　凍結しない水温とする。(P.3.2)

　（2）

　　$P_t = 1.5P \times （\sigma_t / \sigma_a）$ で，題意から $\sigma_t = \sigma_a$ として，$P_t = 1.5 \times 1.2 \times 1 = 1.8$MPa（8.5b））

　（3）

　　気体を用いた耐圧試験（気圧試験）を行う。(P.2b))

　（4）

　　気圧試験の場合は $P_t = 1.25P \times （\sigma_t / \sigma_a）$ であるから，$P_t = 1.25 \times 1.2 \times 1 = 1.5$MPa（8.5c)

「施工・管理」

問題 P-1.（英語選択）

　（1）

　　板厚が25mmより小さい場合，アンダカットは深さ1mmまで許される。ただし，溶接部の任意の300mm長さ範囲で，合計50mmまでの長さのアンダカットなら深さ2mmまで許容される，と規定している。

　　当該アンダカットは，深さ1mmを超え，2mm以内であるので，合計長さが問題となるが，合計長さは60mmで許容値50mmを超えているため，許容されない。

　（2）

　　継手に垂直な方向に繰返し荷重が作用する管状でない溶接部では，パイプ状ポロシティは許容されない。

　（3）

　　溶接後48時間以上経過後

問題 P-2.（英語選択）

　（1）

スケール，錆，油，グリース，スラグ，有害な酸化物，および有害な異物から２つ記載してあればよい。

(2)

継手の分類（カテゴリー）と継手の薄い方の板厚との組合せにより決めている。

(3)

クレータ部をはつり取ること。

(4)

機械的方法または熱を用いたガウジング法により欠陥を除去しなければならない。

(5)

5ft（1.5m）

問題P-3.（選択）

(1) 溶接設計面での要因

　以下から２つ挙げる

　・応力集中の大きい継手の採用（ガセットプレート，裏当て金，ハードトウ，スカラップ等）

　・すみ肉溶接の採用

　・部分溶込み溶接の採用

　・構造的応力集中部と溶接部の重畳

(2) 溶接施工面での要因

　以下から２つ挙げる

　・溶接欠陥（アンダカット，ビード不整等）

　・余盛形状（余盛角が大きい），止端形状（止端曲率半径が小さい）

　・溶接変形（面外変形）

　・組立精度不良（目違い等）

(3) 溶接後に行うことができる疲労き裂の発生抑制法

　以下から３つ挙げる

　・ドレッシング（溶接ビードをグラインダ等で平滑に仕上げる，

　　　溶接ビード止端部をティグアークで溶融し滑らかに仕上げる）
　　・ピーニング（ハンマーピーニング，超音波ピーニング，ウォー
　　　タジェットピーニング，レーザピーニング等）
　　・PWHT，応力除去焼鈍
　　・機械的応力除去法（振動法）
　　・低温応力緩和法（リンデ法）

問題P-4.（選択）

(1)

　①実施工に先立ち，承認前の溶接施工要領書（pWPS）を作成す
　　る。

　②pWPSに従って溶接施工法試験（WPQT）を行う。

　③溶接施工法承認記録（WPQR）を作成する。

　④承認された溶接施工要領書（WPS）を作成する。

　　　pWPS：Preliminary Welding Procedure Specification

　　　WPQT：Welding Procedure Qualification Test

　　　WPQR：Welding Procedure Qualification Record

　　　WPS：Welding Procedure Specification

(2)

　製造事業者が取得した溶接施工要領書の承認は，その製造事業者
と同じ技術管理，および品質管理下にある作業場（作業現場）で行
う溶接に対して有効と規定されている。したがって，同じ技術管理，
および品質管理下が条件となる。

(3)

　次のいずれかが書いてあればよい。

　①試験材の2倍の板厚まで承認されるので，16mmの板厚（経費
　　が少ない）で試験を実施する。

　②実施工する観点から，32mmの板厚で試験を実施する。

　③将来，もっと厚い板厚に適用する可能性を考慮して，できるだ
　　け大きな板厚まで承認範囲にいれるため，今回の対象板厚が下
　　限値となるように64 mm の板厚で試験を実施する。

（$0.5t = 32$mm より，承認される板厚範囲は $0.5t \sim 2t$ すなわち $32 \sim 128$mm となる。）

問題P-5.（選択）

(1)

地中に設置したコンクリート躯体に荷重を負担させ，保冷材を介して液密性と気密性を有する内槽材を張り付ける構造。

(2)

要求される機能：液密（水密）と気密，形状変化の吸収，疲労強度

コルゲーションを設ける理由：LNG 温度（－162 ℃）までの冷却にともなう形状変化を吸収するため。

(3) 薄板SUS304

(4)

継手形式：重ね継手とへり継手

溶接法：ティグ溶接，またはプラズマアーク溶接

問題P-6.（選択）

(1)

塩化物水溶液，高温純水，およびポリチオン酸等から1つ記載されてあればよい。

(2)

材料のSCC感受性と引張応力。

(3)

次の対策から3つ記載されてあればよい。

材料面：

①オーステナイト系ステンレス鋼をフェライト系材料または高Ni合金等へ変更。

②低炭素オーステナイト系ステンレス鋼（L材，LN材）またはSUS321またはSUS347の採用。

③溶接熱影響部の鋭敏化域を耐SCC性の良い材料で遮蔽。

遮蔽方法としては溶射，スリーブ，クラッド等の方法がある。

④溶体化熱処理による鋭敏化域の消失。

応力面：

①鋭敏化しない条件で応力除去熱処理を施工。

②振動法，機械的方法による残留応力の低減。

③内面溶接水冷法（HSW）による内面溶接残留応力の圧縮化。

④高周波誘導加熱法（IHSI）による内面溶接残留応力の圧縮化。

⑤ピーニング法（ショットピーニング，ウォータジェットピーニング，レーザピーニング，超音波ピーニング等）による表面残留応力の圧縮化。

⑥外面バタリング溶接による内面残留応力の低減。

「溶接法・機器」

問題E-1.（選択）

(1) プラズマ：

　自由に運動する荷電粒子（電子とイオン等）の集合体。電離したアーク柱の状態や電離層の状態等がその例であり，全体として電気的な中性が保たれている状態である。荷電粒子で構成されるプラズマは電流を容易に流すことができ，一般に，電気伝導度は高い。

(2) 埋れアーク：

　アーク電圧を低下させてアーク長を短く保ち，アーク力で掘り下げられた溶融池の中までアーク柱のかなりの部分が突っ込んだ状態，またはアーク柱の大部分が母材表面より下に形成された状態。多量の大粒スパッタが発生しやすい炭酸ガスシールドのマグ溶接のグロビュール移行領域等で，スパッタの低減対策として用いられる。また，ティグ溶接でも，深い溶込みを確保する目的で，埋れアーク方式が採用される場合がある。

問題E-2.（選択）

(1) 現象の名称：磁気吹き

(2) 発生原因：

　　　磁界を形成する磁束は，鋼板中に比べて大気中の方が通りにくいため，アークが母材端部に近づくと非対称な磁界が形成される。溶接電流によって生じる磁場（磁界の強さ）が非対称になると，強磁場から弱磁場に向かって電磁力が発生する。そのため，アークには板の端部から中央部へ向かう電磁力が作用し，その影響を受けてアークは板中央部（ビード側）に向かって偏向する（振られる）ようになる。

(3) 対策1，2：

　　以下から2つ挙げる。

　　①母材（アース）ケーブルを数ヵ所に分けて接続する。

　　②母材（アース）ケーブルの接続位置を変える。

　　③アーク長を短く（アーク電圧を低く）する。

　　④タブ板を付ける。

　　⑤交流アークで溶接する。

問題E-3.（選択）

(1)

　　垂下特性電源ではアーク長が変化しても溶接電流は変化せず，アーク電圧が変化する。そのためアーク電圧をワイヤ送給モータにフィードバックし，アーク電圧が増加するとワイヤの送給速度を速くしてアーク長を減少させ，アーク長を元の長さに戻す。反対に，アーク長が短くなると逆の動作が行われ，元のアーク長が維持される。すなわち，アーク長（アーク電圧）の変動に応じてモータ回転速度を増減させることによって，アーク長を一定に制御する。

(2)

　　定電圧特性の溶接電源を使用してワイヤを一定速度で送給すると，アーク長の変動に応じて溶接電流が自動的に変化し，アーク長が一定に保たれる（電源のアーク長自己制御作用）。ワイヤが比較

的速い速度で送給されるマグ溶接では，アーク電圧の変動に応じて
ワイヤ送給速度を変化させて，アーク長を制御することは難しい。
しかし，定電圧特性の溶接電源を使用すると，アーク長が伸びると
溶接電源の外部特性に従って溶接電流は減少し，ワイヤの溶融速度
を低下させて，アーク長を元の長さに戻す。反対にアーク長が短く
なると，溶接電流は増加してワイヤの溶融速度を増大させ，元の
アーク長を維持するように作用する。

問題E-4.（選択）

原理（方法）：

　専用のトーチに炭素電極を装着し，電極と母材との間にアーク
を発生させて母材を局部的に溶融させる。そして，トーチに設け
た小孔から数気圧の圧縮空気を噴出させて溶融金属を吹き飛ばす
ことによって，母材上に局部的な溝を形成する。完全溶込み溶接
継手の裏はつりや補修溶接の溶接欠陥除去等に用いられる。

機器（電源，トーチ，電極等）：

　炭素鋼やステンレス鋼には，直流定電流特性電源または交流垂
下特性電源が用いられる。直流電源の場合の極性は，通常，電極
プラス（DCEP）である。トーチの外観は被覆アーク溶接用トー
チに類似しているが，通電ケーブルの他に圧縮空気の供給ホース
が付加され，電極ホルダ部には圧縮空気の噴出口が設けられてい
る。電極消耗やアーク安定性の観点から，炭素電極は銅でコー
ティングされている場合が多い。ガウジングに用いるアーク電流
は100〜2000A程度であるが，一般に，その電圧は溶接の場合に
比べて高い。

問題E-5.（選択）

（1）切断原理

　ガス切断は，切断対象材料と酸素との化学反応熱を利用した切断
法である。鋼の切断では，切断部に供給される高純度なOと切断前
面のFeとの化学反応熱で被切断材を溶融させ，溶融された酸化鉄
スラグを高速の切断酸素噴流で裏面側へ吹き飛ばして切断する。

（切断作業では，切断開始点の表面を予熱炎で加熱し，発火温度以上に達した部分に切断酸素を吹き付けて切断を開始する。）

(2) 予熱炎の役割

以下から２つ挙げる。

①切断開始点の温度を発火温度（鉄の場合900～950℃　程度）以上に上げる。

②切断中，切断材を加熱して切断の進行を助ける。

③切断酸素噴流を外気からシールドする（純度とモーメンタムの保持）。

④被切断材表面の錆，スケール，ペイント等を剥離し，切断酸素と鋼との反応を容易にする。

JIS Z 3410（ISO 14731）/WES 8103

【特別級・1級】筆記試験問題と解答例
—2022年度版 実題集—

定価はカバーに表示してあります。　　　2021 年 12 月 10 日　初版第 1 刷印刷
　　　　　　　　　　　　　　　　　　2021 年 12 月 20 日　初版第 1 刷発行

　　　　　　　　　　　　　　編　者　産 報 出 版 株 式 会 社
　　　　　　　　　　　　　　発行者　久　木　田　　　裕
　　　　　　　　　　　　　　発行所　産 報 出 版 株 式 会 社
　　　　　　　〒 101-0025　東京都千代田区神田佐久間町 1 丁目 11 番地
　　　　　　　　　　　　TEL 03-3258-6411 ／ FAX 03-3258-6430
　　　　　　　　　　ホームページ https://www.sanpo-pub.co.jp

　　　　　　　　　　　　　印刷・製本　株式会社 精興社